U0652513

高等学校新工科计算机类专业系列教材

Access 数据库技术及应用

Access SHUJUKU JISHU JI YINGYONG

主 编 刘敏华

副主编 孙 思

西安电子科技大学出版社

内 容 简 介

　　本书从数据库基础理论出发，深入浅出地阐述了 Access 数据库的各类对象。全书共 10章，分别是数据库设计基础、人工智能与数据库、Access 概述、Access 表设计、Access 查询设计、Access 窗体设计、Access 报表设计、Access 宏设计、Access 模块与 VBA 设计、高校学费管理系统。各章节紧密围绕实际案例展开，介绍了典型操作，有助于读者在实践中掌握 Access 数据库的精髓。无论是理论学习还是实际开发，本书都能为读者提供坚实的知识后盾和技能支持。

　　本书适合作为高等院校相关专业"数据库技术及应用"课程的教材，以及全国计算机等级考试(二级 Access)的培训用书。同时，对于从事数据库应用系统开发的人员，本书也是一本极具参考价值的实用指南。

图书在版编目(CIP)数据

Access 数据库技术及应用 / 刘敏华主编. -- 西安 ：西安电子科技

大学出版社, 2025. 8. -- ISBN 978-7-5606-7734-7

　　Ⅰ. TP311.132.3

中国国家版本馆 CIP 数据核字第 20258T8C56 号

策　　划　明政珠
责任编辑　明政珠
出版发行　西安电子科技大学出版社(西安市太白南路 2 号)
电　　话　(029)88202421　88201467　　　　邮　　编　710071
网　　址　www.xduph.com　　　　　　　　　电子邮箱　xdupfxb001@163.com
经　　销　新华书店
印刷单位　咸阳华盛印务有限责任公司
版　　次　2025 年 8 月第 1 版　　　　　　　2025 年 8 月第 1 次印刷
开　　本　787 毫米×1092 毫米　1/16　　　印　　张　16.5
字　　数　389 千字
定　　价　49.00 元
ISBN 978-7-5606-7734-7
XDUP 8035001-1
*** 如有印装问题可调换 ***

前　言

　　本书是依据教育部高等教育司制定的普通高等学校非计算机专业大学计算机教学基本要求及全国计算机等级考试(二级 Access)考试大纲(2025)精心编写而成的。书中以"高校学费管理系统"开发为主线，全面讲解了 Access 数据库的开发设计，并设专门的章节介绍了数据库与人工智能的相关知识。

　　本书以 Microsoft Office Access 数据库为平台，系统阐述了数据库的相关理论知识和实用技巧，并着重构建了本门课程教学所需的多元化教学资源，旨在培养学生的专业素养，锻炼和加强其自主学习的能力与意识。本书具有以下主要特色：

　　(1) 知识新颖、结构合理。Microsoft Office Access 凭借其强大的数据管理功能，成为中小型企业管理的得力工具。本书将其作为开发工具，介绍了人工智能的基本概念和算法模型，探讨数据库与人工智能的关联及应用前景。各章节内容相互关联又独立成章，每章开篇明确任务与知识点，依据教学特点精心编排教学内容，提供丰富案例与实践选题，以满足不同读者的学习需求。

　　(2) 内容丰富、详略得当。本书由经验丰富的教师根据教学经验，合理组织教材结构，紧密融合理论与实践教学，从数据库基础到 Access 数据库对象操作，从"高校学费管理系统"案例开发到系统集成方法介绍，逐步深入融合专业知识与信息技术。本书第 1 章介绍了数据库和关系模型的基本概念、关系模型的完整性约束和数据库发展趋势。第 2 章介绍了人工智能的基本概念、算法模型和数据库与人工智能的关系。第 3～10 章以"高校学费管理系统"的开发过程为主线，提供了丰富的拓展案例，对各种 Access 数据库对象进行了讲述。其中，第 3～9 章主要介绍了 Access 数据库的对象表、查询、窗体、报表、宏和 VBA 模块的设计及基本操作；第 10 章以一个完整的案例详细介绍了数据库应用系统开发的过程，重点讲解需求分析、功能结构设计、功能实现等主要开发活动，并介绍了系统集成的方法，给出了相应应用系统的设计思路，引导读者将所学专业知识与信息技术相融合，在一定程度上让读者感知身边的信息技术。

(3) 案例丰富、驱动教学。本书突破了传统教材模式，以案例教学为核心，在整个编写过程中始终围绕一个完整的案例——高校学费管理系统，具体描述系统设计与开发的基本过程：需求分析、关系模型图表述功能模块、设计数据库(设计表的结构、建立表间关系)、系统编码(Access 中相关对象的设计及运用)和系统集成(切换面板及菜单的集成等)。引导读者带着问题学习、思考、探究和操作，实现理论与实践相结合。

(4) 资源丰富、适用面广。为满足数字化学习的需求，本书配备了微课视频、电子教案、案例素材和拓展知识等教学资源。这些资源不仅为教师授课提供了便利，也为读者自主探索和深入研究创造了良好条件。通过扫描书中二维码，读者可以随时随地观看视频讲解，直观理解知识点与案例操作。为了方便学习，本书提供了配套的教学资源，包括电子教案、案例素材、拓展知识等内容，读者可登录西安电子科技大学出版社官网获取。

本书得到了广州大学教材出版基金的资助。本书由广州大学刘敏华任主编，孙思任副主编。其中，刘敏华编写了第 1、3、4、5、8、9、10 章，孙思编写了第 2、6、7 章。全书由刘敏华统稿。

由于时间仓促，加之作者水平有限，书中难免存在不当之处，敬请广大读者批评指正。

编　者

2025 年 3 月

目　录

第 1 章

数据库设计基础

学习目标

通过本章学习，在掌握数据库基本概念的基础上，对数据库系统、数据库管理系统有初步的认识，并能很好地理解关系模型。

学习要点

- 数据库的基本概念
- 关系模型

知识重点

- 数据库的基本概念
- 关系模型的完整性约束

知识难点

- 关系模型的完整性约束

学习提示

为了掌握数据库的设计方法，必须首先掌握并牢记与数据库相关的基本概念，如数据库系统、关系数据库、关系模型，以及关系模型中的关系、元组、属性、码等。

建议学习时间　　理论 2 课时

1.1　数据库概述

　　数据库是数据管理的有效手段和有效技术，是信息化社会中信息资源管理与开发利用的基础。目前，数据库技术已成为计算机领域应用最广泛的技术之一，已被广泛应用于政府、金融、电信、教育等行业领域。当前使用的各门户网站、数字城市、管理信息系统、企业资源规划、地理信息系统、决策支持系统、计算机集成制造系统等，都是以数据库技术为基础的。数据库的建设与应用已成为衡量一个企业、城市甚至国家的信息化程度的重要标志。

1.1.1　数据库的基本概念

1. 数据

　　数据(Data)是描述事物的符号记录。数据是数据库中存储的基本对象，它不仅仅是通常的数字，也可以有图像、图形、声音、文本、视频等多种表现形式。数据的表现形式不能完全表达其内容，需要加上语义，才能准确描述其含义。例如，在某高校教师数据库中有一条记录(251010，李佳明，男，副教授，1996)，这样的数据形式不能完全表达其内容，必须结合语义(教师编号，姓名，性别，职称，出生年份)，这样就可以知道这条数据记录的含义是：编号为 251010 的教师，姓名为李佳明，性别为男性，职称为副教授，出生年份为 1996 年。

2. 数据库

　　数据库(DataBase，DB)是长期存储在计算机内的、有组织的、可共享的数据集合。数据库中的数据按一定的数据模型组织、描述和存储，具有较小的冗余度、较高的数据独立性，可以为各种用户共享。数据库中收集了应用所需的大量数据，并将其保存起来以供进一步加工处理和抽取信息。数据库中的数据不是孤立存在的，数据之间是相互关联的。

3. 数据库管理系统

　　数据库管理系统(DataBase Management System，DBMS)是一种操纵和管理数据库的计算机系统软件，它介于用户与操作系统之间。数据库管理系统能够为数据库提供数据的定义、建立、维护、查询及统计等功能，它可以对数据库进行统一的管理和控制，以保证数据库的安全性和完整性。

4. 数据库系统

　　数据库系统(DataBase System，DBS)是一个实际可运行的存储、维护和为应用系统提供数据的软件系统，它是存储介质、处理对象和管理系统的集合体。数据库系统通常由数据库、数据库管理系统、应用系统和数据库管理员组成。

数据库系统的基本结构如图 1-1 所示。

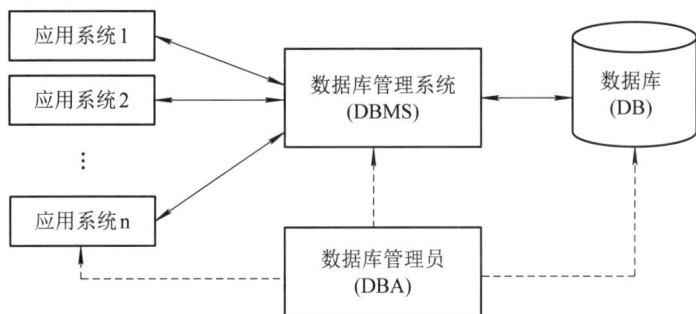

图 1-1　数据库系统的基本结构

1.1.2　数据库技术的产生与发展

社会的飞速发展使得数据信息成为各行各业的命脉，而大量的数据使得管理人员越来越束手无策，数据库技术就是在这种强烈的需求下产生的。

1. 人工管理阶段

从第一台计算机诞生到 20 世纪 50 年代中期，没有操作系统，更没有管理数据的各种软件，人们使用的外存只有磁带、卡片和纸带，因此对数据的处理完全由人工进行管理。人工管理阶段存在以下缺点：

(1) 数据不具有独立性。早期的数据是包含在程序中的，若数据的存储结构发生变化，就要通过修改程序的方式去修改数据。

(2) 数据不具有共享性。一组数据对应一个应用程序，设计的应用程序和数据捆绑在一起。另一个程序如果要使用同一组数据，就必须在程序中再一次建立数据，数据无法共享。

(3) 没有专用软件对数据进行管理。程序员设计应用程序时既要设计逻辑结构，还要设计物理结构，包括存储结构、存取方法、输入方式等，这就使程序员的任务很烦琐。

2. 文件系统阶段

在操作系统中，专门用于数据管理的软件称为文件系统。20 世纪 50 年代后期，计算机硬件和软件有了很大发展，出现了磁鼓、磁盘等大容量存储设备，同时也出现了操作系统，而且数据结构设计和数据管理技术也得到了迅速的发展，随之出现了专门的数据管理软件。文件系统阶段的数据管理有如下特点：

(1) 数据可长期保存在磁盘上，用户可使用程序对文件进行查询、修改、插入或删除等操作。

(2) 文件形式多样化。有了磁盘等存储设备，文件就不再局限于顺序文件了，还可建立譬如链接文件、索引文件等。

(3) 文件系统提供数据和程序之间的存取方法。文件管理系统是应用程序与数据文件的一个接口。用户不必关心数据的物理位置，数据和应用程序之间有了一定的独立性。

但文件系统阶段的数据库技术仍存在以下缺点：

(1) 数据的独立性差。文件系统中的数据文件是为某一特定应用服务的，如果数据的逻辑结构改变了,就必须修改程序文件,因此从结构上看,数据文件的独立性仍然差。

(2) 数据冗余度大。因为文件的兼容性差,所以可能有同样的数据在多个文件中重复使用,导致数据的冗余度大、共享性差。

文件系统阶段程序和数据之间的关系如图 1-2 所示。

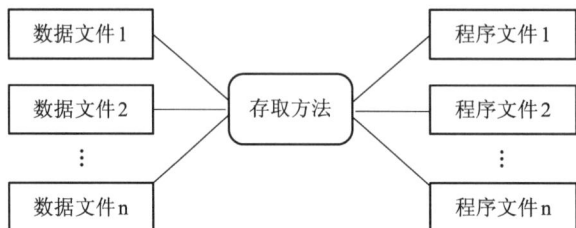

图 1-2   文件系统阶段程序和数据之间的关系

3. 数据库系统阶段

从 20 世纪 60 年代至今,数据管理技术进入了飞速发展时期。与人工管理和文件系统相比较,数据库系统具有显著的特点和优势,具体表现在以下几个方面:

数据库系统阶段的
特点和优势

(1) 数据的结构化。数据结构化是数据库与文件系统的根本区别。在数据库系统中,数据不再针对某一应用,而是面向全组织,具有整体化的结构。

(2) 数据的共享度高、冗余度低。通过数据库系统,相同的数据在数据库中只需存储一次,因此,数据共享大大减少了数据冗余,节约了存储空间。

(3) 数据独立性高。数据库中的数据独立于应用程序而不依赖于应用程序,因此数据的逻辑结构、存储结构与存取方式的改变不影响应用程序。

(4) 数据的一致性得到保证。在数据库中同一数据的不同出现应保持其值的一致性。数据库中数据冗余度的减少,不仅可以节省存储空间,而且还能避免数据的不一致性和不相容性。

(5) 数据由 DBMS 统一管理和控制。数据库中要实现多用户并发共享数据,必须通过 DBMS 来统一管理和控制。所谓的并发共享数据,就是多个用户可以同时存取数据库中的数据甚至是同一数据。

1.1.3   数据库管理系统

数据库管理系统(DBMS)是管理数据库的计算机系统软件,它是数据库系统的核心组成部分。数据库应用系统则是使用 DBMS 提供的各种工具进行数据管理的系统。数据库应用系统必须通过 DBMS 访问数据库。DBMS 不仅执行各种应用程序对数据库中数据的操作指令,还要承担数据库的维护、控制工作,以保证数据库的安全性和完整性。

数据库管理系统概述

DBMS 使数据易于为各种不同的用户所共享,增进了数据的安全性、完整性和可用性,并提供了数据的高度独立性。一般来说,一个完整的 DBMS 至少要具有以下功能:

(1) 数据定义。DBMS 通过提供数据定义语言(DDL)来定义数据库的结构，包括模式、外模式、内模式及其相互之间的映像，定义数据的完整性约束、保密限制等约束条件。定义工作是由数据库管理员完成的。

(2) 数据操纵。DBMS 通过提供数据操纵语言(DML)来实现对数据库的操作。基本的数据操作包括检索、插入、删除和修改。DBMS 提供的 DML 有两类，一类是嵌入在宿主语言(如 COBOL、FORTRAN、C 等)中使用的，这类 DML 称为宿主型 DML；另一类是可以独立交互使用的 DML，称为自主型或自含型 DML。目前流行的 DBMS 都支持这两类 DML。

(3) 数据控制。DBMS 通过提供数据控制语言(DCL)来实现对数据库的控制，主要通过数据安全性控制、数据完整性控制、多用户环境下的并发控制、数据库的恢复机制实现。

(4) 数据库维护。数据库的维护包括数据的装载、转换、转储，数据库的重构，数据字典和运行日志的自动维护及性能监视分析等，这些功能分别由各个应用程序来完成。

1.2　关 系 模 型

1.2.1　关系模型的基本概念

关系模型是目前最重要的一种数据模型，于 1970 年由美国 IBM 公司的 E. F. Codd 研究员提出。自 20 世纪 80 年代以来，被广泛应用的 DBMS 几乎都支持关系模型。关系模型是用二维表的结构形式来表示现实世界中的实体集及实体集间的联系。

1. 关系

一个关系(Relation)就是一张二维表，它由行和列组成，每个关系有一个名称。关系模型由一组关系组成。表 1-1 所示就是一个学生关系。

表 1-1　学 生 档 案 表

学号	姓名	性别	年级	专业编号
250801001	章鸣	男	2025	0801
250801002	郭嘉丽	女	2025	0801
250801003	付文骏	男	2025	0801
⋮	⋮	⋮	⋮	⋮

2. 元组

表中的行称为元组(Tuple)，元组也可以称为记录。

3. 属性

表中的列称为属性(Attribute)，属性也可以称为字段。每列都有一个属性名，同一个表中的属性应具有不同的属性名。例如，表 1-1 中的学号、姓名、性别、年级、专业编号分别是对应字段的属性名。

4. 码

由一个或多个属性组成的可以唯一确定一个元组的属性或属性组，称为码(Key)。如果码是一个属性组，则组中不应该含有多余的属性。例如，表 1-1 中的学号，它可以唯一标识一个学生，因此，学号是学生关系中的码。如果关系有多个码，则这些码被称为关系的候选码。从候选码中选取一个为主码，主码的所有属性称为主属性。

5. 域

属性的取值范围称为域(Domain)。例如，表 1-1 中学号的域是 9 位整数，性别的域是(男，女)。

6. 关系模式

关系模式(Relation Mode)是对关系的描述。一个关系模式对应一个关系的结构。关系模式的一般表示为：关系名(属性 1，属性 2，…，属性 n)。例如，学生关系可以描述为：学生档案(学号，姓名，性别，年级，专业编号)。

1.2.2　关系模型的性质

为了保证关系模型的规范化，必须对关系进行约束。在约束的基础上，关系模型具有如下基本性质：

(1) 每一列是不可再分的最小数据项。

(2) 每一列具有相异的名字。

(3) 列是同质的，即每一列的值来自同一个域，不同的列可出自同一个域。

(4) 关系中的行、列次序无关，即行、列次序可以任意交换。

(5) 关系中任意两个元组不能完全相同。

(6) 每个关系都由主码来唯一确定各个元组。

1.2.3　关系模型的完整性约束

关系模型的完整性约束是对关系中数据的约束，其目的是保证在对关系中的数据进行操作时保持数据的有效性和一致性。关系模型中包括了三类完整性约束，即实体完整性、参照完整性和用户定义的完整性。

关系模型的完整性约束

1. 实体完整性约束

实体完整性约束(Entity Integrity Constraint)规则：若属性 A 是关系 R 的主属性，则属性 A 的值不能为空值。

例如，学生关系中的学号是主属性，学号属性不允许为空值，而其他属性，如"性别"为空，则仅仅表明该学生的这些特征值还不清楚，但不影响该元组所表达的意义和它所具有的唯一性。

2. 参照完整性约束

参照完整性约束(Referential Integrity Constraint)规则：若属性(或属性组)F 是基本关系 R 的外码，它与关系 S 的主码 K_s 相对应(关系 R 和 S 可以是不同的关系)，则对于关系 R 中每个元组在 F 上的值必须取空值(F 的每个属性值均为空值)，或者等于关系 S 中某个元组的主码值。

例如，有学生档案、专业两个关系，其关系模型表示如下：

学生档案(学号，姓名，性别，年级，专业编号)

专业(专业号，专业名称，所属学院)

专业编号是学生档案关系的外码，它的值将参照专业关系的主码(专业号)属性。它的取值只能是：

(1) 空值。空值表示该学生至今还未分配专业。

(2) 非空值。该值只能来自专业关系的专业号属性中的某一个值。

3. 用户定义的完整性约束

用户定义的完整性约束(User-Defined Integrity Constraint)是针对某一具体关系数据库的约束条件，它反映的是某一具体应用所涉及的数据必须满足的语义要求。

当用户向关系表中输入数据时，如果某属性定义了约束，则 DBMS 会自动检测输入值是否符合约束条件，若不符合，DBMS 会拒绝该值的输入，从而保证了数据输入的合理性。例如，学生关系中的"性别"属性，定义其完整性为文本"男"或"女"。

1.3　数据库发展趋势

1.3.1　数据库新技术

1. 云计算

云计算是一种基于互联网的计算服务模式，通过网络将众多计算资源集中起来进行统一管理和按需分配，使用户能够便捷地获取和使用各种计算资源与服务。云计算的核心思想是将计算机资源作为一种可计量的服务提供给用户，用户无需关注底层硬件的细节，只需根据自身需求以付费或免费的方式使用这些资源。

云计算具有以下特点：

(1) 具备按需自助服务的特性，用户可自主获取所需的计算、存储、网络等资源，无需与服务提供商进行复杂的人工交互。

(2) 实现了广泛的网络接入，无论用户身处何地，使用何种设备，只要能接入互联网，就能方便地访问云计算资源。

(3) 资源池化，物理资源被抽象成资源池，为用户动态分配资源。

(4) 具有快速弹性伸缩的能力，能够根据业务负载的波动，迅速增加或减少资源，以满足不同场景下的需求。

2. 大数据

大数据技术专注于处理和分析规模庞大、类型多样的数据集。这些数据集通常包含结构化、半结构化和非结构化数据，如文本、图像、视频、音频等。大数据技术的核心在于能够高效地处理这些海量数据，并从中提取有价值的信息和知识。

大数据处理涉及多个方面，包括数据采集、存储、管理、分析和可视化等。在数据采集阶段，通过各种传感器、设备和系统收集数据。存储阶段则需要解决如何高效地存储这些海量数据的问题，常用的存储系统包括分布式文件系统、NoSQL 数据库等。数据管理则关注于如何组织、维护和优化数据，以便于后续的分析和查询。

大数据技术的另一个重要方面是数据可视化，它能够将复杂的数据以图形或图表的形式直观地展示出来，帮助人们更好地理解和分析数据。

3. NoSQL 数据库

NoSQL 数据库(NoSQL Database)，是指非关系型数据库。NoSQL 数据库随着互联网Web2.0 网站的兴起而发展，作为传统关系型数据库(如 MySQL、Oracle 等)的一种补充和替代，能够解决大规模数据存储、高并发访问等问题。

NoSQL 数据库具有以下特点：

(1) 采用分布式架构，能够方便地通过增加服务器节点来实现水平扩展，轻松应对海量数据和高并发访问的需求。例如，在云计算环境中，可快速添加服务器来提升数据库性能和容量，而无需更换高性能硬件。

(2) 采用数据冗余存储、故障自动切换等技术，确保数据的安全性和系统的稳定性。即使部分节点出现故障，系统也能自动切换到其他正常节点，保证业务连续性。

(3) 支持多种数据模型，如键值存储、文档存储、列族存储及图存储等。键值存储模型以简单的键值对形式存储数据，查询效率高，如 Redis；文档存储模型以文档(如 JSON或 XML 格式)为单位存储数据，适合处理复杂的数据结构，如 MongoDB；列族存储模型则将数据按列族组织，方便对大规模数据进行高效读写操作，如 HBase；图存储模型则擅长处理复杂的关系数据，如 Neo4j。

(4) 针对海量数据的读写操作进行了优化，查询速度快，能够满足互联网应用对实时性要求高的场景。

但是，NoSQL 数据库也有其局限性。它通常不支持复杂的事务操作和 SQL 语言查询，需要开发者采用新的数据访问和管理方式。同时，在数据一致性和标准化方面，NoSQL 数据库相对关系型数据库也存在一定的挑战。

1.3.2　数据库发展方向

1. 数据库即服务(DBaaS)

数据库即服务是一种云计算服务模型，其中数据库作为一种网络服务提供给用户。这种服务模型允许用户通过网络访问数据库服务，而无需在本地安装和维护数据库软件。DBaaS 提供了许多与传统数据库管理系统(DBMS)相同的功能，如数据存储、备份、恢复、监控和安全性等，但所有这些功能都是通过云服务提供商管理的。

DBaaS 的优势在于其灵活性和可扩展性。用户可以根据自己的需求动态地调整数据库的规模和性能，而无需担心硬件或软件的升级和维护。此外，DBaaS 通常采用按使用量付费的模式，这意味着用户只需为他们实际使用的服务付费，从而降低了成本。

DBaaS 还提供了高可用性和灾难恢复能力。云服务提供商通常会在多个地理位置部署数据库实例，并确保数据的安全性和一致性。如果发生硬件故障或网络中断，则 DBaaS 可以快速切换到备用实例，确保服务的连续性。

2. 多模型数据库

多模型数据库是一种先进的数据库管理系统，它能够支持多种数据模型，包括但不限于关系型、文档型、图形型等。这种数据库设计理念的核心在于提供一种灵活的数据存储和处理方式，以满足不同类型应用的需求。

在关系型数据模型中，数据以表格的形式组织，每张表由行和列组成，适合处理结构化数据。这种模型在传统数据库中非常常见，特别是在处理事务型应用时。

文档型数据模型则更加灵活，它允许存储和检索层次化或嵌套的数据结构，如 XML 文档。这种模型非常适合处理半结构化数据，常用于内容管理系统、日志记录和配置管理。

图形数据模型则专注于处理网络结构的数据，如社交网络、推荐系统和知识图谱。它使用节点、边和属性来表示和存储数据，能够高效地处理复杂的关系和连接。

3. 智能数据库

智能数据库是一种利用人工智能技术来优化和增强数据库管理功能的数据库系统。它通过集成机器学习、自然语言处理、数据挖掘和模式识别等技术，使数据库能够更加智能地处理数据，提高数据处理效率和准确性。

在智能数据库中，人工智能技术可以用于自动化数据库的日常运维任务，如性能监控、故障诊断、索引优化和查询优化等。通过学习数据库的使用模式和访问模式，智能数据库能够预测和解决潜在的性能问题，提高系统的整体性能。

智能数据库还可以通过自然语言处理技术提供更加友好的查询接口。用户可以使用自然语言提出查询请求，智能数据库能够理解并转换这些请求为数据库查询语言，从而简化了用户与数据库的交互过程。

此外，智能数据库可以利用数据挖掘和模式识别技术来发现数据中的隐藏模式和关联规则，帮助用户更好地理解和分析数据。这些智能化的分析能力可以应用于各种领域，如金融欺诈检测、客户行为分析及市场趋势预测等。

习 题 1

一、单选题

1. 数据库系统(DBS)是一个集合体，包含数据库、计算机硬件、软件和( )。

A. 系统分析员 B. 操作员

C. 数据库管理员 D. 程序员

2. 数据库管理系统和操作系统之间的关系是(　　)。

A. 操作系统可以调用数据库管理系统

B. 数据库管理系统可以调用操作系统

C. 可以互相调用

D. 互不调用

3. 数据库管理系统(DBMS)目前采用的数据模型中最常用的是(　　)模型。

A. 面向对象　　　　　　　　　　　B. 层次

C. 关系　　　　　　　　　　　　　D. 网状

4. 数据库管理系统(DBMS)通常提供授权功能来控制不同用户访问数据的权限,这主要是为了实现数据库的(　　)。

A. 可靠性　　　　　　　　　　　　B. 一致性

C. 完整性　　　　　　　　　　　　D. 安全性

5. 数据库管理系统(DBMS)能实现对数据库中数据的查询、插入、修改和删除,这类功能称为(　　)。

A. 数据定义　　　　　　　　　　　B. 数据库维护

C. 数据操纵　　　　　　　　　　　D. 数据控制

6. 数据库系统和文件系统的主要区别是(　　)。

A. 数据库系统复杂,文件系统简单

B. 文件系统不能解决数据冗余问题,而数据库系统能解决

C. 文件系统只能管理文件,而数据库系统还能管理其他类型的数据

D. 文件系统只能用于小型计算机、微型计算机,而数据库系统能用于大型计算机

7. 在数据管理技术的发展过程中,在下列几个阶段中数据独立性最高的是(　　)阶段。

A. 数据库系统　　　　　　　　　　B. 文件系统

C. 人工管理　　　　　　　　　　　D. 数据项管理

8. 应用数据库的主要目的是为了(　　)。

A. 解决保密问题　　　　　　　　　B. 解决数据完整性问题

C. 共享数据问题　　　　　　　　　D. 解决数据量大的问题

9. 数据库管理系统的工作不包括(　　)。

A. 定义数据库　　　　　　　　　　B. 对已定义的数据库进行管理

C. 为定义的数据库提供操作系统　　D. 数据通信

10. 数据库系统的数据共享是指(　　)。

A. 多个用户共享一个数据文件

B. 多个用户共享同一种语言共享数据

C. 多种应用、多种语言、各个用户相互覆盖地使用数据集合

D. 同一个应用的多个程序共享数据

11. 在数据库中,产生数据不一致的根本原因是(　　)。

A. 数据存储量太大　　　　　　　　B. 没有严格的数据保护

C. 未对数据进行完整性控制　　　　D. 数据冗余

12. (　　)处于数据库系统的核心位置。

A. 数据字典　　　　　　　　　　B. 数据库

C. 数据库管理系统　　　　　　　D. 数据库管理员

二、填空题

1. 数据库管理系统的主要功能包括_____、_____、_____、_____等四个方面。

2. 由_____负责全面管理和控制数据库系统。

3. 数据库系统由_____、_____、应用系统、_____组成。

三、简答题

1. 数据库系统与文件系统相比有何特点？

2. 简述数据库系统与数据库管理系统的主要区别。

第 2 章

人工智能与数据库

学习目标

理解并掌握人工智能的基本概念，了解人工智能的发展历程和算法模型及其在数据库管理中的应用。

学习要点

- 人工智能的基本概念和特征
- 人工智能的发展历程和重要里程碑事件
- 人工智能的分类、主要算法模型和应用
- 人工智能与数据库的关联

知识重点

- 人工智能的发展历史
- 人工智能与数据库的关系

知识难点

- 人工智能的主要算法模型特点
- 人工智能发展的关键节点

学习提示

人工智能的发展速度日新月异，与我们这个时代的每个人都息息相关。同学们除了学习教材上人工智能的历史等知识以外，更要及时掌握人工智能的发展动态。对于计算机和数学专业的同学们而言，未来可能进入人工智能的开发行业；对于化学、材料和物理专业的同学们而言，未来可能进入相关硬件制造行业；而对于其他专业的同学，更应该注重学习使用人工智能的相关工具，提升工作效率。

建议学习时间　　**理论 4 课时**

2.1　人工智能概述

2.1.1　人工智能的基本概念

人工智能(Artificial Intelligence，AI)毫无疑问已经成为 21 世纪推动世界发展的最大引擎，无论是在科学界还是在产业界甚至是军事领域都已经占据了最重要的地位，并指引了未来的发展方向。

1. 人工智能的定义与特征

对于类似 AI 这样一门涵盖范围广，学科融合度高，发展迅速的学科而言，给出一个明确定义是很困难也是不科学的事情，因为 AI 也在以我们意想不到的方式快速地拓展自身边界。虽然难以用一个精确的定义刻画 AI，但我们仍然可以通过以对其特征进行描述的方式来了解 AI。

AI 的诞生是多个学科交汇的结果，其基本算法思想来源于统计学，其大规模应用又得益于计算机科学和互联网的发展，实现其运算的 GPU 又依赖于电子信息及化学等学科。而其应用范围更是涵盖了计算机、电子信息、机械、生物学、医学、化学、材料科学、物理学、数学、军事科学、经济学、语言学、历史学、社会学、艺术等几乎所有学科。2024 年的诺贝尔奖颁奖典礼上，AI 更是同时摘得了物理学奖和化学奖两大桂冠。即便如此，根据相近程度，人们更习惯地将 AI 划分为计算机科学的一个分支。AI 的目标是理解智能的实质，培养出模拟人类并超越人类智能处理问题的能力。

2. 人工智能的分类

通过观察角度的不同，可以将 AI 按照不同的方式进行分类。

1) 根据实现方式分类

根据实现方式，AI 可以分为弱人工智能(Narrow AI)、强人工智能(General AI)和超人工智能(Super AI)三类。

(1) 弱人工智能。弱人工智能也称为应用型人工智能，是指能完成特定任务的智能系统。例如，语音识别系统、推荐系统、自动驾驶系统等。这种 AI 专业性强，但泛化能力弱(泛化是指将特定情境中学习到的知识、技能或规律，迁移到新情境或更广泛对象的能力)。

(2) 强人工智能。强人工智能也称为通用或全域人工智能，是指能够像人类一样在任何智能领域内都能工作的 AI。这种 AI 具有极强的泛化能力，但目前还仅处于理论阶段。

(3) 超人工智能。超人工智能是指在包括科学创新、通识和社交技能等几乎所有领域都超越人类智慧的 AI，是 AI 的最终形态。

2) 根据学习方式分类

根据学习方式的不同，AI 可以分为监督学习、无监督学习、半监督学习和强化学习四类。

(1) 监督学习。监督学习是利用已经标记的训练数据对模型进行训练，从而获得模型参数的方法。该方法需要训练者提供已经标记好的数据，如果标记数据难以完成，则该方法无法被使用。

(2) 无监督学习。无监督学习使用的训练数据没有标签，无需提前标记。无监督学习的目标是从未标记的数据中发现模式和结构，或者对数据进行分组和聚类。虽然无监督学习不需要提前标注数据，但其可解释性、应用范围以及性能评估方面都弱于监督学习。

(3) 半监督学习。半监督学习是介于监督学习和无监督学习之间的一种学习方法，它结合了标记和未标记数据来训练用于分类和回归任务，既降低了数据标记的成本，又提高了模型的准确性。但该方法仍有一定的局限性，例如被错误标记的数据可能会传导到后续系统中导致模型性能降低，此外半监督学习依赖于数据分布的假设，如果假设错误，那整个模型也是错误的。

(4) 强化学习。强化学习方法是受到行为心理学的启发，主要关注智能体如何在环境中采取不同的行动，以最大限度地提高累积奖励。该方法让智能体自主决策，并对其决策结果分别给予奖励或惩罚，最终训练出能够自主决策的智能体。

2.1.2　人工智能的发展历程

AI 并不是伴随着计算机的大规模应用衍生出来的，实际上 AI 的起源甚至比第一台电子计算机的出现还要早。众所周知，人类第一台电子计算机 "ENIAC" 是 1946 年诞生于美国宾夕法尼亚大学的，而人类第一个人工神经元模型则诞生在 1943 年，比 "ENIAC" 的出现还早三年。AI 的发展历史可以追溯到 20 世纪中叶，中间经历了多个重要的阶段和里程碑。人工智能的发展大致经历了以下四个阶段。

1. 起源(20 世纪 40—50 年代)

1943 年，为了模仿人类神经元的行为，心理学家 Warren McCulloch 和数学家 Walter Pitts 设计了第一个人工神经元的数学模型——"MP 模型"，为后来的神经网络研究奠定了基础。

1950 年，英国著名数学家、计算机科学和逻辑学家，被誉为"计算机科学之父"的 Alan Turing(图 2-1 左)发表了名为《计算机器与智能》的文章，提出了著名的图灵测试，并预言了智能机器的可能性。图灵测试是一个思想实验，简单来说，图灵测试通过让人类测试者与隐藏身份的机器和另一个人类进行文本交流的方式进行测试，经过测试后，如果测试者无法区分机器和人类，即认为机器通过了测试，说明该机器展现出了与人类相似的智能行为。

1956 年，来自数学、计算机科学、心理学等各领域的专家学者共同聚集在了美国新罕布什尔州的达特茅斯学院，召开了著名的达特茅斯会议。此次会议是 AI 历史上的一个重要里程碑事件，被公认为是 AI 诞生的标志。在此次会议上，图灵奖获得者、本次会议的发起人之一——John McCarthy(图 2-1 右)提出了"人工智能"这一术语，标志着 AI 领域的正式诞生。

Alan Turing(1912—1954 年)　　　John McCarthy(1927—2011 年)

图 2-1　图灵和麦卡锡

2. 初期发展(20 世纪 60—70 年代)

1965 年，Joseph Weizenbaum 在麻省理工学院开发了世界上第一台聊天机器人 ELIZA，为后来的自然语言处理和对话系统奠定了基础。ELIZA 的名字来源于爱尔兰剧作家萧伯纳的戏剧作品《卖花女》，剧中卖花女 Eliza 正是通过学习与上流社会沟通的方式改变了自己的命运。ELIZA 的核心是一个脚本解释器，它根据用户输入的关键词通过简单匹配和句子结构分析来"理解"输入信息，并生成回复。虽然设计 ELIZA 的初衷是为了构建一个研究人机对话的平台，但它却成为人类历史上第一台聊天机器人。

在同一时期，研究人员也开始构建能够解决特定问题的专家系统，如 DENDRAL 和 MYCIN 系统。DENDRAL 系统是由斯坦福大学的两位研究人员 Edward Feigenbaum 和 Joshua Lederberg 于 1965 年开始开发的。该系统能够根据化合物的分子式和质谱数据推断化合物的分子结构。MYCIN 系统是斯坦福大学于 20 世纪 70 年代研发的医学专家系统。该系统的核心是基于专家医学知识构建的一个包含数百条规则的知识库，通过一系列"是否"问题帮助医生诊断病人的遗传性血液疾病，并根据病人体重推荐抗生素用量。MYCIN 系统的诞生是 AI 在专家系统领域应用的一个里程碑事件，为后续医学专家系统的研究和开放奠定了基础。

3. 发展低谷(20 世纪 70—90 年代)

AI 的发展经历了两次低谷期。第一次是 1974—1980 年，在经历了人们对于 AI 过于乐观的时期之后，由于计算机的计算能力有限以及当时的硬件成本高昂，再加上人类认知的复杂性远远高于当时计算机能够构建的模型，导致投资遇冷，发展停滞，同时 AI 的潜力也受到严重质疑。20 世纪 80 年代，随着计算机硬件性能的提升，成本的降低和个人计算机的普及，尤其是这段时间专家系统在商业上获得了成功，使得 AI 再次获得了关注。然而，在经历短暂复苏之后，第二次冬天到来。20 世纪 80 年代末，因为这些专家系统成本高昂，难以大规模扩展，并且实现效果仍然与人类的决策能力相去甚远，导致再次投资遇冷，研究放缓。

4. 深度学习的兴起与发展(20 世纪 90 年代至今)

20 世纪 90 年代，在传统机器学习的基础上开始形成深度学习的概念，并逐渐发展出了卷积神经网络(CNNs)、循环神经网络(RNNs)和长短期记忆网络(LSTM)等模型。但受限于数据量太小，深度学习模型的优势难以发挥出来。

随着时间的推移，计算机的计算能力显著提升，同时互联网的发展极大推动了数据的产生和共享，由此带动了数据量的爆炸式增长，人类进入了大数据时代。面对海量的数据，深度学习模型的优势也体现出来。随着研究的深入，新的深度学习大模型(例如生成对抗网络、Transformer 模型)也被创造出来，进一步提高了 AI 的学习能力，AI 技术在众多领域都迎来了快速的发展。

近年来，AI 的进步速度达到了历史新高，现在基于 AI 的机器已经能够以超越人类的速度执行任务，并能够创造出前所未有的创意成果，包括文本、图像、视频等内容。AI 的演进是一个持续的过程，它被层出不穷的技术革新和应用实践所驱动，深刻影响着我们的工作与生活。随着技术的持续发展，AI 的能力和应用场景也在不断拓展并且必将重塑我们现在的整个社会结构。

2.1.3　人工智能的算法模型

AI 最重要的三大要素，即硬件(如 GPU)、数据和算法模型。优秀的算法能够有效提升 AI 模型的准确性、降低计算的复杂度、提高运行效率和鲁棒性。经过数十年的发展，AI 领域已经产生了数十种基础算法，并在此基础上衍生出了成千上万种算法模型。针对不同行业，研究人员会对算法进行修改以提高其对于特定问题的适应性。作为通识型内容，本书仅选择了部分具有代表性的算法，并且略去了算法背后复杂的数学模型，只对算法的功能进行简要介绍，对算法模型感兴趣的同学可以进一步阅读相关专著。根据算法模型的属性，本书将其分为机器学习模型和深度学习模型两大类分别介绍。

1. 机器学习模型

1) 支持向量机

支持向量机(SVM)是一种监督学习模型，主要用于分类和回归分析。它的目标是在特征空间中找到一个最优的超平面，用于区分不同类别的数据点。这个超平面应该能够最大化两个类别之间的间隔，即边距。支持向量机在处理高维空间的数据时表现尤其出色，并且可以通过核技巧(kernel trick)将非线性问题转化为线性问题。

2) 决策树

决策树(Decision Tree)是一种监督学习算法，广泛应用于分类和回归任务。它通过构建一个树形结构来进行预测，其中每个内部节点表示对某个特征的测试，每个分支代表该测试的结果，而每个叶节点代表最终的预测输出。决策树易于理解和解释，这使得它们在许多应用中非常受欢迎。

3) 贝叶斯网络

贝叶斯网络(Bayesian Network)，也称为信念网络(Belief Network)，是一种概率图模型，它使用有向无环图来表示一组随机变量及其条件依赖关系。贝叶斯网络提供了一种结构化的方法来描述和推理不确定性和因果关系，并能够有效地进行概率推理。它们在医疗诊断、风险评估、决策分析等领域有着广泛的应用。

4) K 近邻算法

K 近邻算法(KNN)是一种简单但有效的聚类算法，常用于分类和回归任务。它的工作原理基于"物以类聚"的思想：给定一个新样本，通过计算该样本与训练集中所有样本的距离，找到距离最近的 K 个邻居，然后根据这些邻居的信息来预测新样本的标签或值。

5) 人工神经网络

人工神经网络(ANN)是受到生物神经系统工作原理的启发，通过模拟大脑中的神经元及其连接方式来处理信息的，能够从大量数据中学习复杂的模式，并用于分类、回归、聚类等多种任务。

2. 深度学习模型

1) 卷积神经网络

卷积神经网络(CNNs)是一种专为处理具有网格结构的数据(如图像和视频)而设计的深度学习模型，通过卷积层、池化层、全连接层等组件自动提取特征并进行分类或回归。CNNs利用局部连接和权值共享减少参数量，同时通过多层抽象逐步捕捉数据中的复杂模式，在图像识别、目标检测、语义分割等领域表现出色，并广泛应用于计算机视觉、自然语言处理等多个领域。卷积神经网络模型如图 2-2 所示。

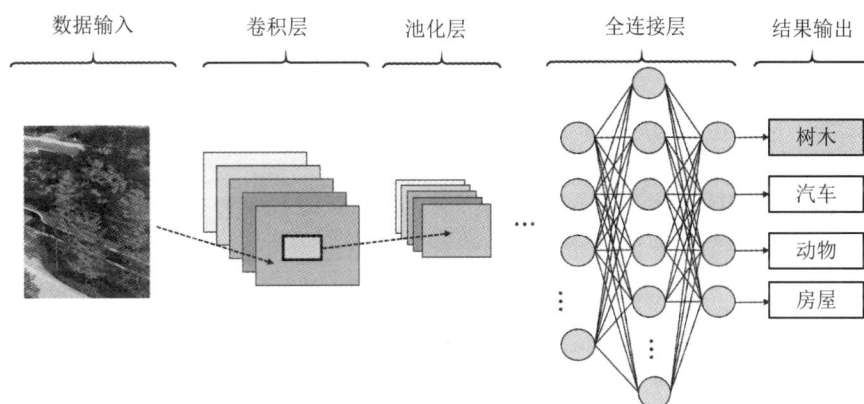

图 2-2 卷积神经网络模型

2) 循环神经网络

循环神经网络(RNNs)是一种专门设计用于处理序列数据的深度学习模型，能够捕捉数据中的时间依赖性和上下文信息。RNNs 通过在网络中引入循环连接，使得信息可以在时间步骤之间传递，从而有效地建模序列中的动态行为和长期依赖。RNNs 被广泛应用于自然语言处理、语音识别、时间序列预测等领域。

3) 生成对抗网络

生成对抗网络(GAN)是一种深度学习模型，由生成器和判别器两部分组成，二者相互对抗训练。生成器尝试从随机噪声中生成逼真的数据样本，如图像或音频，而判别器则努力区分这些生成的样本与真实数据。通过不断优化两者之间的博弈，生成器逐渐学会产生高度逼真的数据，而判别器的鉴别能力也不断提升。GAN 在图像生成、视频合成、数据增强、风格迁移等领域展现出强大的创造力和应用潜力。

4) Transformer 模型

Transformer 模型是一种基于自注意力机制的深度学习架构，摒弃了传统的循环和卷积结构，通过并行化处理序列数据，极大地提升了训练效率和性能。它在自然语言处理领域取得了突破性进展，能够有效捕捉长距离依赖关系，并广泛应用于机器翻译、文本生成、问答系统等任务。Transformer 模型的核心组件包括多头自注意力机制、前馈神经网络以及位置编码，这些组件共同作用，使模型能够在不依赖于顺序处理的情况下理解输入序列中的复杂模式。

2.1.4　人工智能的应用

得益于其全方位的快速拓展，AI 的应用范围已经涵盖到几乎所有领域，未来必将对整个社会造成颠覆性的冲击。

在医疗领域，AI 的应用极大地提升了诊断的准确性和治疗的个性化水平。通过分析医学影像(如 X 光、CT、MRI)，AI 系统能够辅助医生快速识别疾病特征，从而提高诊断效率。此外，基于患者的基因信息、病史和生活习惯，AI 可以制定个性化的治疗方案，实现精准医疗。药物研发方面，AI 通过模拟分子结构和预测药效，加速新药发现过程，降低研发成本。智能健康管理系统则利用可穿戴设备实时监测用户的健康状况，提供个性化的健康建议和预警，帮助人们更好地管理自己的健康。

在制造业中，AI 推动了智能制造的发展。机器人和自动化生产线的应用提高了生产效率和产品质量，降低了人力成本。预测性维护是 AI 的另一大亮点，通过实时监控设备运行状态，AI 可以提前预测故障，安排维护计划，减少停机时间，延长设备寿命。质量控制方面，视觉检测系统能够快速检查产品缺陷，确保出厂产品的高质量。

教育领域也受益于 AI 的进步。智能辅导系统可以根据学生的学习进度和知识掌握情况，提供个性化的学习路径和辅导，帮助学生更有效地学习。在线教育平台借助 AI 技术，支持大规模在线课程(MOOC)，打破了时间和空间的限制，让更多人获得优质教育资源。自动评分系统能够快速准确地批改作业和试卷，减轻教师的工作负担，提高教学效率。

娱乐和媒体行业同样迎来了 AI 的革新。内容生成技术使得新闻报道、剧本、音乐等内容可以自动生成，丰富了创作形式。图像和视频编辑工具利用 AI 进行修复、风格迁移、剪辑等操作，提高了制作效率和创意表达。游戏开发中，AI 创建了更加智能的 NPC(非玩家角色)，提升了游戏的真实感和互动性，为玩家带来更好的游戏体验。

AI 在科学研究中的应用加速了科研进程。数据分析方面，AI 能够处理和分析大规模科学数据，如天文观测、基因测序等，揭示隐藏的规律和模式。模拟实验借助 AI 构建复杂的物理、化学、生物模型，进行虚拟实验，减少了实际实验的成本和时间。新材料发现中，AI 预测材料性能，指导新材料的设计和合成，推动了材料科学的发展。

艺术和设计领域也迎来了 AI 的创新。创意生成工具辅助艺术家进行绘画、雕塑、建筑设计等创作，激发新的灵感。风格迁移技术将一种艺术风格应用于其他作品中，创造出独特的视觉效果。音乐创作方面，AI 生成旋律、编曲，甚至作词，推动了音乐产业的发展，为创作者提供了更多可能性。

　　政府和公共服务部门也在积极应用 AI 技术，提升服务水平。政策分析系统评估政策实施效果，预测政策影响，为决策提供支持。智慧城市整合城市管理各方面的数据，利用 AI 优化交通、能源、环保等系统的运作，提升城市的智能化水平。公共服务优化方面，AI 改进了医疗预约、教育报名等流程，提高了公众满意度，促进了社会和谐发展。

2.2　人工智能与数据库管理

2.2.1　数据库与人工智能的关系

　　如前文所述，AI 的发展离不开硬件、数据和算法模型三大要素，海量的数据是训练大模型并提升模型鲁棒性和实用性的关键一环。数据库是承载和组织并管理数据的重要工具，分布在全球各地的研究人员将获得的数据上传并保存到数据库中，AI 工程师再从数据库中抽取数据用于模型训练。因此，数据库与 AI 的关系可谓相辅相成，密不可分。

　　首先，数据库提供了安全、高效的数据存储解决方案，使得 AI 能够访问到所需的数据资源。无论是结构化数据(如关系型数据库中的表格数据)，还是非结构化数据(如文档、图像、视频等)，都有相应的数据库技术来管理和存储。此外，数据库管理系统不仅负责存储数据，还提供了诸如数据定义、数据操作、事务管理、并发控制、恢复机制等功能，确保了数据的一致性和完整性。这对于构建可靠模型来说非常必要。其次，通过 SQL 等查询语言，数据库允许用户方便地检索和分析数据，为 AI 快速准确地获取相关数据集进行有效学习和决策提供了便利，并且为了满足 AI 对大数据量和高吞吐量的需求，数据库采用了多种优化技术，如索引、分区、缓存、并行处理等，有效提高了查询效率和响应速度。

2.2.2　人工智能在数据库管理领域的展望

　　AI 的发展依赖于数据库，而 AI 的发展又势必会促进数据库管理技术的革新。在未来，AI 技术会使得数据库的管理朝着智能化、自动化的方向演进。

　　1. 数据库的维护

　　未来的数据库管理系统将集成更高级的机器学习算法，能够自动检测、诊断并修复系统中的问题，包括硬件层面的故障和软件配置错误以及性能瓶颈等。这将极大降低数据库检测的成本，提高数据库的安全性和可靠性。此外，AI 技术还将通过分析历史数据和实时监控指标，预测潜在的问题，如磁盘空间不足、网络延迟增加等，并提前采取措施进行预防，极大提高了用户使用数据库的稳定性并提高了效率。

　　2. 查询功能的智能化

　　AI 可以通过学习用户的查询模式和数据库的工作负载，自动生成最优的查询执行计划，极大地提高查询效率。此外，它还可以根据不同的工作负载动态调整索引策略，以最佳的工作状态适应变化的数据访问模式。由于数据库的性能高度依赖于缓存大小、连接池设置等配置参数，通常用户很难随时更改这些参数值，而 AI 则可以根据当前的工作负载自动调整这些参数，以达到最佳性能。此外，AI 可以帮助查询和纠正数据中的错误，如重复记录、格式不一致等问题。对于非结构化或半结构化数据，AI 可以利用自然语言处理和图像识别技术将其转换为结构化的数据形式，然后采用针对结构化数据的方式进一步分析。通过 AI，数据库还可以更好地理解和管理元数据，提供更丰富的语义信息，帮助用户更容易地找到和使用所需的数据。

3. 安全性保护和智能化服务

利用 AI 可以实时监控数据库活动，采用行为分析和模式识别技术来检测异常操作，如未授权访问或恶意攻击，并及时发出警报或采取防护措施。针对敏感信息，AI 可以在不影响数据分析的前提下，对数据进行智能化的脱敏处理。同时，AI 还可以用于优化加密策略，确保数据的安全性。

结合自然语言处理和可视化技术，AI 可以使非技术人员也能轻松进行复杂的数据分析，获取有价值的信息。例如，用户通过语言描述的方式即可获得详细的分析报告。通过分析历史数据和实时业务指标，AI 还可以为用户的业务流程提供优化建议，帮助用户提高运营效率。未来在 AI 的帮助下，数据库将不仅是存储结构化数据的工具，还将能够高效处理文本、图像、音频、视频等多种类型的数据，并且通过基于 AI 的多模态学习技术实现不同类型数据之间的关联分析和综合应用。

习　题　2

一、单选题

1. 下列(　　)不是深度学习算法。

A. 循环神经网络　　　　　　　　　　B. 支持向量机

C. 卷积神经网络　　　　　　　　　　D. Transformer 模型

2. 关于 AI 的描述，下列选项不正确的是(　　)。

A. AI 已经成为推动世界发展的最大引擎之一，广泛应用于多个领域

B. AI 的目标是理解智能的实质，并培养出模拟甚至超越人类智能处理问题的能力

C. AI 的发展仅限于计算机科学，与其他学科无关

D. AI 与数据库管理有着紧密的联系

3. 下列(　　)是指能够在专门领域内工作的 AI。

A. 弱人工智能　　　　　　　　　　　B. 强人工智能

C. 超人工智能　　　　　　　　　　　D. 以上都不是

4. 以下(　　)不是 AI 发展历程中的一个重要里程碑。

A. 1943 年，提出了第一个人工神经元的数学模型——"MP 模型"

B. 1950 年，Alan Turing 发表了《计算机器与智能》，并提出了图灵测试

C. 1965 年，Joseph Weizenbaum 开发了世界上第一台聊天机器人 ELIZA

D. 1980 年，深度学习的概念首次被提出

5. 未来，AI 技术在数据库管理领域的应用前景不包括(　　)。

A. 自动化的故障诊断与修复

B. 智能查询优化和性能提升

C. 疾病的诊断

D. 数据清洗与标准化

二、填空题

1. 在监督学习中，模型通过使用已经_____的训练数据进行训练，从而获得模型参数。

2. 生成对抗网络由_____和判别器两部分组成，二者相互对抗训练，以生成逼真的数据样本。

3. 决策树是一种监督学习算法，广泛应用于分类和回归任务，它通过构建一个_____结构来进行预测。

4. 强化学习方法是受到_____的启发，主要关注智能体如何在环境中采取不同的行动，以最大限度地提高累积奖励。

三、简答题

1. 简述监督学习、无监督学习和强化学习的主要特点，并举例说明它们的应用场景。

2. 描述人工智能在数据库管理中的三个主要应用，并简要说明每个应用的具体作用。

第 3 章

Access 概述

通过本章学习，了解 Access 数据库管理软件。

学习要点

- Access 的基本操作方法
- Access 的数据库对象和视图类型

学习提示

一位优秀的管理者需要对大量的业务数据进行查阅、统计和分析。掌握一门数据库应用技术，可以有效地提高信息化管理水平。应该怎样运用这种先进的管理技术呢？通过本章的学习，我们可以对当前流行的数据库管理软件——Access 有一个快速的了解。

建议学习时间　理论 2 课时，上机操作时间 1 课时

3.1 Access 的基本操作

　　Access 与其他的 Microsoft Office 组件一样，主要的构成元素包括选项卡、导航窗格、功能区、工作区等。例如，"文件"选项卡用于管理数据库文件的打开、保存等操作；导航窗格集中展示了数据库中的各类对象，方便用户快速定位和操作。Access 应用程序的界面如图 3-1 所示。

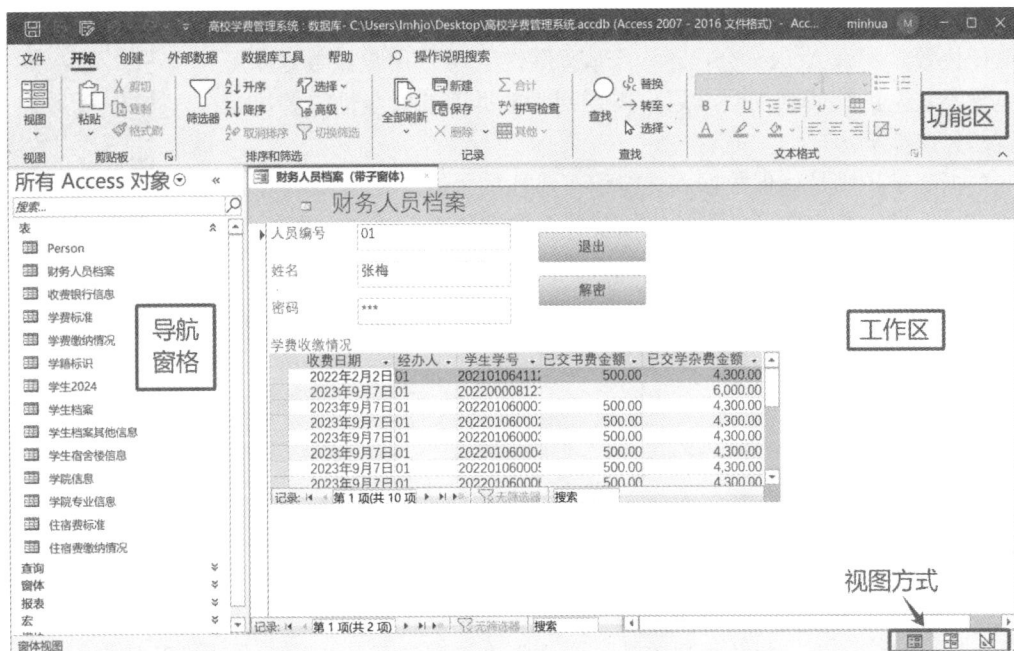

图 3-1　Access 应用程序的界面

3.1.1　导航窗格的基本操作

Access 数据库的操作可以从导航窗格开始。了解如何使用导航窗格是熟练掌握 Access 的必经之路，下面将介绍如何执行基本的导航窗格任务。

Access 软件的导航
窗格功能介绍

1. 运行数据库对象

通过导航窗格运行数据库对象的操作方法是：选择一个或多个需要被打开的数据库对象，双击或者将对象拖放到 Access 工作区中。

> 在 Access 中，VBA 代码和宏通常由其他数据库对象触发。如果从导航窗格直接运行宏或者 VBA 代码，则可能看不到结果，甚至可能会出现错误。

2. 在设计视图中打开数据库对象

通过导航窗格打开数据库对象设计视图的操作方法是：右击要更改的数据库对象，然后选择"设计视图"，或者将焦点放在一个或多个对象上，然后按 Ctrl + Enter 组合键。

Access 导航窗格的操作还包括查找数据库对象或快捷方式、创建和修改自定义类别和组、调整导航窗格的显示方式、在默认情况下禁止显示导航窗格等。

3.1.2　数据库信任与维护

数据库信任是 Access 数据库管理中的一个重要概念，它涉及数据库的安全性。当用户打开一个数据库时，Access 会检查该数据库是否在受信任的位置。受信任位置是指用户或管理员明确定义的文件夹，用于存放可依赖的文件。如果数据库不在受信任位置，那么 Access 会显示一个安全警告，提示用户该数据库可能包含不安全的代码或内容。用户需要判断数据库的安全性，并决定是否信任该数据库。

Access 为什么要
设置受信任位置

数据库维护则是确保数据库性能和可靠性的关键。在 Access 中，用户可以定期对数据库进行维护，以优化性能和修复可能的问题。

1. 设置受信任位置

打开一个从未信任过的数据库时，Access 会显示"安全警告"消息栏，如图 3-2 所示。

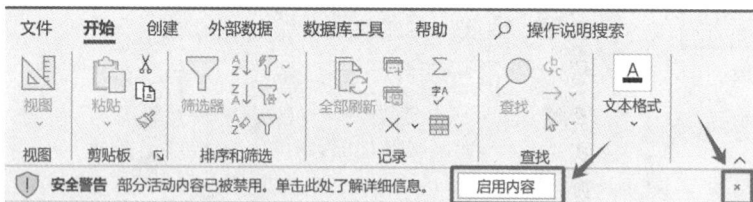

图 3-2　"安全警告"消息栏

单击"安全警告"消息栏右侧的"关闭"按钮，系统将隐藏消息栏，再次打开数据库时仍会重新显示该消息栏。如果确认某个文件夹及其子文件夹的安全性，并且该文件夹用于存放数据库系统，那么可以将该路径添加至"受信任位置"。设置的路径：文件｜选项｜信任中心｜受信任设置｜添加新位置，如图 3-3 所示。

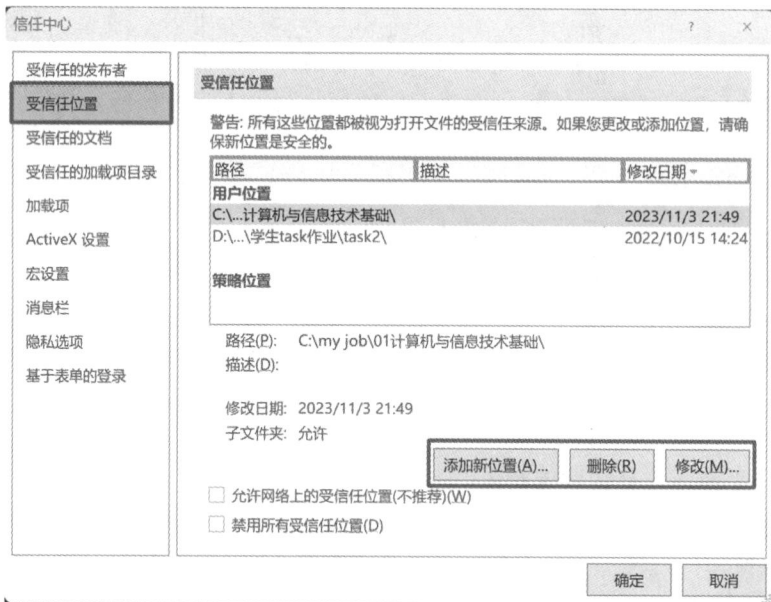

图 3-3　设置受信任位置

2. 压缩和修复数据库

随着用户使用数据库的次数不断增加，尤其是用户对数据进行反复的编辑、排序、检索或查询等操作后，会大大地降低数据库分析数据的时效以及加剧数据占用的磁盘空间。在 Windows 操作系统环境

压缩和修复数据库概述

下，用户可以定期进行磁盘清理和对磁盘进行碎片整理，在 Access 数据库环境下，用户可以对数据库进行定期的压缩和修复处理。

Access 数据库的压缩和修复处理的操作方法是：单击“文件”选项卡中“信息”组的“压缩和修复数据库”按钮，或者单击“数据库工具”选项卡中“工具”组的“压缩和修复数据库”按钮。

3.1.3　不同数据库版本之间的转换

Access 版本转换是指将数据库从一个版本的 Access 转换为另一个版本的 Access。由于 Access 的版本不断更新，用户可能需要将旧版本的数据库转换为新版本的格式，以便利用新版本的功能和改进。Access 数据库在不同版本之间通常是向下兼容的，这意味着高版本的 Access 可以打开和编辑低版本的数据库文件，但低版本的 Access 无法打开高版本的数据库文件。即：Access 2021 能够很好地兼容 Access 2019、Access 2010 或者更低版本的数据库，相反，Access 2010 不能正常运行 Access 2021 数据库文件。

建议用户选择较高版本的数据库，以实现更高性能、更智能化的管理应用系统。但是，如果用户安装的 Access 版本不一致，则建议将高版本数据库转换为较低版本。操作步骤如下：打开需要转换版本的数据库，选择文件|另存为｜数据库另存为，然后选择 Access 数据库(accdb 文件格式)、Access 2002-2003 数据库(mdb 文件格式)或者 Access 2000(mdb 文件格式)等选项。

进行版本转换时，需要注意以下几点：

(1) 在转换过程中，某些功能或数据可能会丢失或发生变化。因此，在转换之前，用户应该备份原始数据库，以便在出现问题时可以恢复数据。

(2) 用户应该检查转换后的数据库，确保所有功能都按预期工作。特别是对于转换为低版本的数据库，用户需要确保没有使用高版本特有的功能或数据类型。

(3) 在转换过程中，用户可能需要重新配置或更新数据库中的某些元素，如宏、查询或报表。这是因为不同版本的 Access 可能对某些元素的支持或行为有所不同。

3.2　Access 的数据库对象

本节对 Access 数据库对象及其基本操作进行简单的介绍，以便能够快速地了解 Access 及其对象。

3.2.1　Access 数据库对象

Access 数据库基本对象类型包括表、查询、窗体、报表、宏和模块。

Access 数据库
对象概述

1. 表(Table)

表是一个二维结构的数据集合，主要用来存储数据信息。表是 Access 数据库的核心，也是最基本的数据库对象，其他类型的对象都构建在表的基础上。每个表由一系列的列(字段)和行(记录)组成，字段定义了数据的类型和结构，记录则包含了具体的数据内容。在 Access 中，表可以用来存储各种信息，如学生档案、费用信息、产品数据、交易记录等。

2. 查询(Query)

查询是 Access 中用于检索、分析和操作数据的工具。通过查询，用户可以从一个或多个表中提取特定的数据，执行计算，或者对数据进行排序、筛选等操作。查询的结果是一个动态的数据集，本身并不保存数据。同时，查询还常用作窗体或报表等数据库对象的数据来源。

3. 窗体(Form)

窗体是 Access 中用于输入、编辑或显示数据信息的界面。窗体可以基于表或查询创建，提供一个直观的界面，使用户能够轻松地与数据库进行交互。窗体通常包含不同类型的控件，如文本框、按钮、列表框等，以增强用户界面的友好性和交互性。

4. 报表(Report)

报表是 Access 中用于展示和分析数据信息的工具。报表可以根据表或查询创建，通常包含分组、汇总、图表等元素，以帮助用户更好地理解和呈现数据。与窗体相比，报表虽然减少了人机交互的过程，报表中的数据也无法进行编辑，但是报表可用于生成打印输出，以便于共享和记录。

5. 宏(Macro)

宏是 Access 中用于自动化任务的工具。宏通常包含一系列的操作，如打开窗体、运行查询或导出外部数据文件等。宏可以看作是一种简化的编程语言，它允许用户在不编写代码的情况下实现一些基本的自动化功能，从而提高工作效率。

6. 模块(Model)

模块是 Access 中用于存储 VBA(Visual Basic for Applications)代码的工具。通过编写 VBA 代码，用户可以实现更复杂的数据处理和自动化功能。模块是声明、语句和过程的集合，包含过程、函数、变量等，可以作为一个单元来存储和运行。

在 Access 中，将多个对象存放在一个 accdb 格式的数据库文件中，而不像其他外部文件那样分别存放在不同的文件中，这样就更加有利于数据库对象的管理。

3.2.2　数据库对象的视图类型

1. 设计视图

设计视图是 Access 数据库中用于创建和修改数据库对象(如表、查询、窗体和报表)的界面。在设计视图中，用户可以定义数据库对象的布局、结构、属性和逻辑。设计视图提供了一个直观的界面，使用户能够轻松地创建和修改数据库对象，以满足他们的需求。

2. 数据表视图

数据表视图是 Access 数据库中用于查看和编辑表或查询数据的界面。在数据表视图中，数据以表格的形式呈现，用户可以直接在表格中输入、修改或删除数据。数据表视图提供了一个简单且直观的界面，使用户能够轻松地浏览和操作数据。

3. 窗体视图

窗体视图是 Access 数据库中用于显示和流程操作的界面。在窗体视图中，用户可以直接在窗体上输入、修改或查看数据。窗体视图提供了一个直观且友好的界面，使用户能够轻松地与数据库进行交互。

4. 报表视图

报表视图(打印预览视图)是 Access 数据库中用于查看和打印报表的界面。在报表视图中，报表以打印预览的形式呈现，用户可以查看报表的布局和内容，并可以打印报表。报表视图提供了一个直观且易于理解的界面，使用户能够轻松地查看和分析数据。

5. 布局视图

布局视图是 Access 数据库中用于编辑和调整窗体和报表的界面。在布局视图中，用户可以直观地看到数据库对象的实际布局和格式，并可以直接对对象进行编辑和调整。布局视图与窗体视图、报表视图的主要区别在于：在布局视图中，既可以编辑控件的基本格式，又可以显示数据。

习　题　3

一、单选题

1. 以下不属于 Access 对象的是(　　)。

A. 模块　　　　　　　　B. 窗体　　　　　　　C. 报表　　　　　　D. 工作表

2. 退出 Access 数据库的方法不包括(　　)。

A. 单击"文件"选项卡，然后单击"退出"按钮

B. 单击 Access 应用程序窗口右上角的"关闭"按钮

C. 按 Ctrl + Break 组合键

D. 按 Alt + F4 组合键

3. 新数据库的默认文件名是(　　)。

A. 文档 1.accdb　　　　　　　　　　B. Database1.accdb

C. 工作表 1-accdb　　　　　　　　　D. 工作簿 1.accdb

4. Access 中的数据保存在(　　)中。

A. 表　　　　　　　　　B. 查询　　　　　　　C. 窗体　　　　　　D. 报表

5. 隐藏导航窗格的方法是(　　)。

A. 单击导航窗格右上角的按钮 ≫　　　　B. 按 Alt 键

C. 按 F11 键　　　　　　　　　　　　D. 按 Shift 键

6. 除了新创建的空白数据库之外，Access 数据库中至少包含一个(　　)对象。

A. 查询　　　　　　　B. 窗体　　　　　　C. 报表　　　　　　D. 表

7. 打开数据库对象设计视图的按键是(　　)。

A. Enter　　　　　　　　　　　　　B. Shift + Enter

C. Ctrl + Shift + Enter　　　　　　　　　　D. Ctrl + Enter

二、填空题

1. Access 数据库文件的扩展名是＿＿＿＿＿＿＿＿＿。

2. 在 Access＿＿＿＿＿＿＿＿＿视图下，创建表更加容易了，不必预先在设计视图下定义表的结构。

3. Access 基本对象包括＿＿＿＿＿＿＿＿、＿＿＿＿＿＿＿＿、窗体、报表、＿＿＿＿＿＿＿＿和＿＿＿＿＿＿＿＿。

4. 在 Access 中，数据库对象的基本操作包括运行、编辑对象以及设置视图方式等，这些操作主要是通过左侧的＿＿＿＿＿＿＿和选项卡来完成的。

5. 在 Access 中，可以将数据导出为＿＿＿＿＿＿＿或 xps 文件格式以进行打印、发布和电子邮件分发。

6. 数据库对象通过不同的视图可以展现出不同的效果，在＿＿＿＿＿＿＿视图下可以浏览表中的数据。

三、简答题

1. 简述 Access 的新特性。

2. 比较一下两种创建 Access 数据库方法的优缺点。

3. 可以在 Access 应用程序窗口中隐藏"导航窗格"吗？应如何操作？

第 4 章

Access 表设计

学习目标

通过本章学习，了解表的结构和视图，通过示例熟悉创建表的方法，掌握设置字段属性、设置主键、建立表间关系等操作方法，并了解数据的输入方法。

学习要点

- 创建 Access 表的方法
- Access 表结构的维护
- 设置 Access 表中主键和索引的操作
- 表间关系的建立和编辑操作
- 向 Access 表输入数据的方法

知识重点

- Access 表字段属性的设置
- 表间关系的建立和编辑操作

知识难点

- Access 表字段属性的设置
- 表间关系的建立和编辑操作

学习提示

Access 数据库应用系统为什么能够保证数据的完整并且被准确地提取呢？因为，在关系数据库中基础数据被唯一地存放在二维表中。在软件的生存周期中，一旦确定了数据模型，就可以开始建立和维护表了。从本章开始，我们将通过"高校学费管理系统"案例，详细地介绍 Access 数据库的设计过程。

建议学习时间　理论 4 课时，上机操作时间 2 课时

4.1　创建 Access 表

Access 数据库文件中至少包含一个表。表是数据库的数据中心，也是最基本的数据库对象，其他对象都构建在表的基础上。

本节介绍创建 Access 表的主要方法：使用数据表视图、使用设计视图和导入外部数据创建新表。通过本节的学习，可以完成如表 4-1 所示的任务并掌握相应的知识点。

表 4-1　创建表的任务和知识点

任　　务	涉及的知识点
在数据表视图中创建新表"学院信息"	使用数据表视图创建新表
在数据表视图中创建新表"学院专业信息"	使用数据表视图创建新表
使用设计视图创建新表"学生档案"	使用设计视图创建新表
导入"缴费情况.xlsx"数据并创建新表	导入外部数据创建新表
导入"学生其他信息.txt"数据并创建新表	导入外部数据创建新表
导入"外部表.accdb"数据库文件中指定的表	导入外部数据创建新表

4.1.1　Access 表概述

Access 表是由若干个字段构成的，表中可以存储 0～n 条记录。Access 表中的每个字段都有一个名称，用于在表中唯一地标识该字段；字段具有与要存储的信息相匹配的数据类型。在数据表视图和设计视图中，字段名称、数据类型等信息以及常用的数据操作选项如图 4-1 所示。

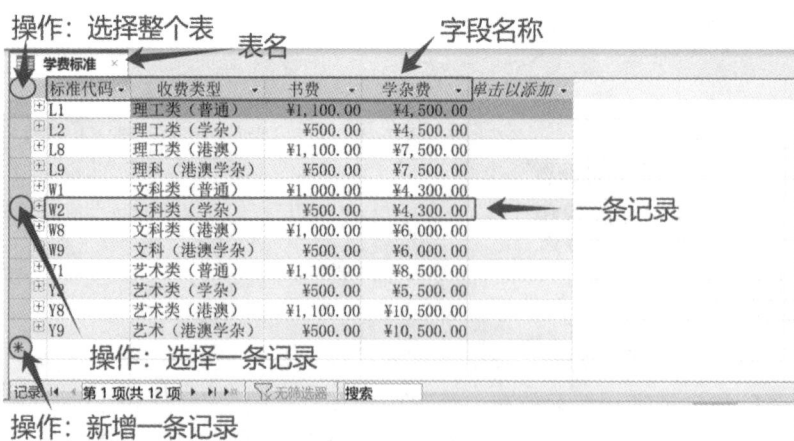

(a) 数据表视图

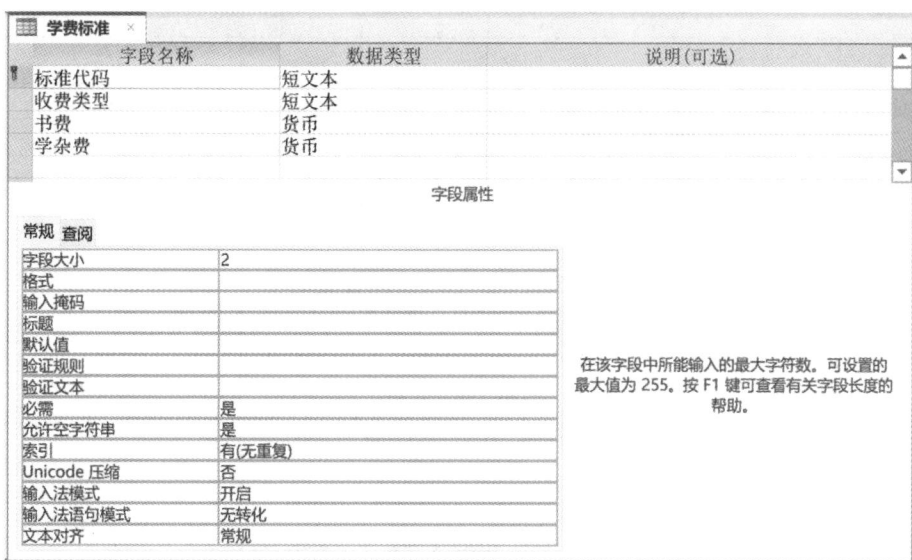

(b) 设计视图

图 4-1　Access 表的两种视图

1. 字段名称

字段名称是用于标识字段的，它可以由英文、中文和数字组成。字段名称必须符合 Access 的对象命名规则：

(1) 字段名称的最大长度为 64 个字符。

(2) 字段名称不能包含句号、感叹号、重音符和方括号。

(3) 字段名称不能用空格字符开头。为避免在 VBA 代码中构造查询或引用表时引起错误，字段名称尽量不使用空格字符，可使用下画线代替空格字符。

上述规则同样适用于其他数据库对象的命名。

2. 字段的数据类型

在数据表视图新字段中输入数据时，Access 将根据键入的信息来识别字段相应的数据类型。除了决定数据类型外，Access 还可以根据新字段中键入的内容自动设置该字段的"格式"属性。例如，如果在字段中键入"上午 10:20"，那么 Access 会将数据类型设置为"日期/时间"并将"格式"属性设置为"中时间"。

表 4-2 描述了 Access 表字段的可用数据类型。

表 4-2　Access 表字段的可用数据类型

数据类型	存　　储	大　　小
短文本	字母数字字符，用于不在计算中使用的文本或文本和数字(例如学生学号)	最大为 255 个字符
长文本	字母数字字符或具有 RTF 格式的文本，例如注释、较长的说明和包含粗体或斜体等格式的段落等	最大为 1 GB 字符，或 2 GB 存储空间
数字	数值(整数或分数值)，用于存储要在计算中使用的数字、货币值除外	1、2、4 或 8 个字节，或 16 个字节(同步复制 ID)

续表

数据类型	存 储	大 小
计算	计算表达式的运算结果	
日期/时间	日期和时间，存储的每个值都包括日期和时间两部分	8 个字节
货币	货币值，自动保留 2 位小数，并显示货币符号和千位分隔符	8 个字节
自动编号	添加记录时 Access 自动插入的一个唯一的数值，自动编号字段可以按顺序增加指定的增量，也可以随机选择	4 个字节或16个字节(同步复制 ID)
是/否	布尔值，用于包含两个可能的值(例如，"是/否"或"真/假")之一的"真/假"字段	1 位(8 位 ＝1 个字节)
OLE 对象	OLE 对象或其他二进制数据，用于存储其他 Microsoft Windows 应用程序中的 OLE 对象	最大为 1 GB
附件	图片、图像、二进制文件、Office 文件，用于存储数字图像和任意类型的二进制文件的首选数据类型	对于压缩的附件，为 2 GB；对于未压缩的附件，大约为 700 KB
超链接	用于存储超链接，以通过 URL 对网页进行单击访问，或通过 UNC 格式的名称对文件进行访问；还可以链接至数据库中存储的 Access 对象	最大为 1 GB 字符，或 2 GB 存储空间
查阅和关系	实际上不是数据类型，而是用于启动"查阅向导"，使用户可以创建一个使用组合框在其他表、查询或值列表中查阅值的字段	基于表或查询：绑定列的大小；基于值：用于存储值的文本字段的大小

> 一个表只能有一个自动编号类型字段，相似的字段可以使用数字类型字段。自动编号类型字段的数值不能人为地更改，也不会因为删除记录释放原记录的字段值。

4.1.2　使用数据表视图创建新表

Access 表是由若干个字段构成的，创建表应从添加字段开始。

1. 在数据表视图中添加字段

Access 的数据表视图主要用于数据记录的浏览、编辑、搜索、筛选等操作。此外，数据表视图还可以对字段进行简单的维护，如添加新字段、设置字段的数据类型等。

基本操作步骤如下：

(1) 在导航窗格中双击需要打开的表名，打开该表的数据表视图。

(2) 单击数据表视图首行位置的"单击以添加▼"图标，并从展开的列表中选择一种字段类型，如"短文本"。

(3) 一个新字段出现在插入列标记的位置上，新字段默认的字段名称是"字段 1"。按照设计要求，可以自行修改字段名称、默认值或者字段大小。

在数据表视图中，"单击以添加▼"展开列表中的"查阅和关系"是一种特殊的字段。选择"查阅和关系"后，显示"查阅向导"，完成向导即可为新字段提供列表的形式以方便数据的输入，该列表数据可以是来自其他的表或查询，也可以是自行输入的若干项固定的值。

基本操作步骤如下：

(1) 打开表的数据表视图。

(2) 单击数据表视图首行位置的"单击以添加▼"图标，并从展开的列表中选择"查阅和关系"。

(3) 随即启动 Access"查阅向导"功能，如图 4-2 所示。

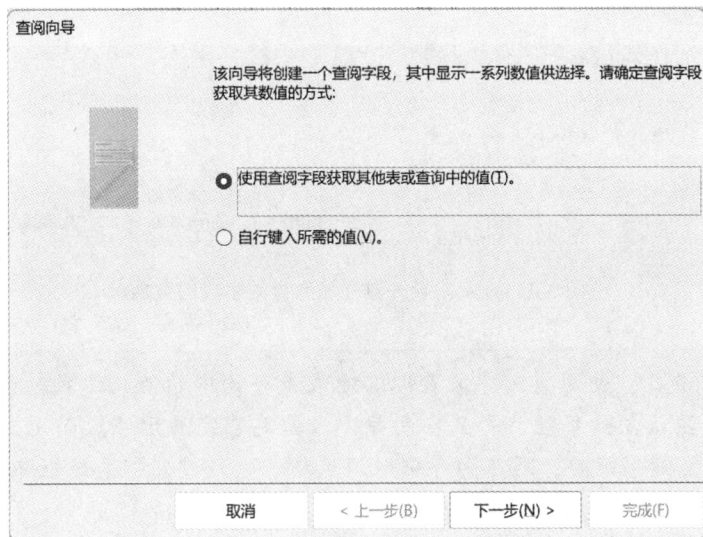

图 4-2　查阅向导—取值方式

(4) 根据步骤(3)选择的取值方式，确定如图 4-3 所示的查阅字段的数据源或者如图 4-4 所示自行键入所需的值。

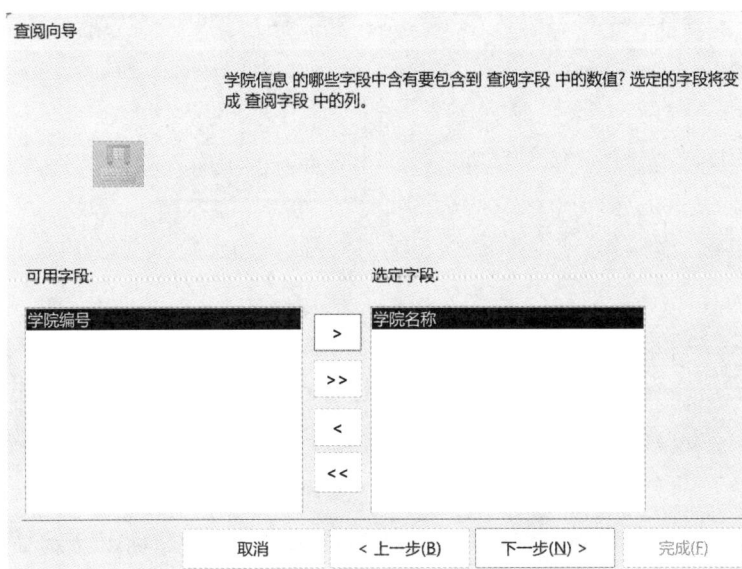

图 4-3　查阅向导—确定查阅字段的数据源

查阅向导

请确定在查阅字段中显示哪些值。输入列表中所需的列数，然后在每个单元格中键入所需的值。

若要调整列的宽度，可将其右边缘拖到所需宽度，或双击列标题的右边缘以获取合适的宽度。

列数(C):   1

第 1 列
管理学院
经绣学院
*

| 取消 | < 上一步(B) | 下一步(N) > | 完成(F) |

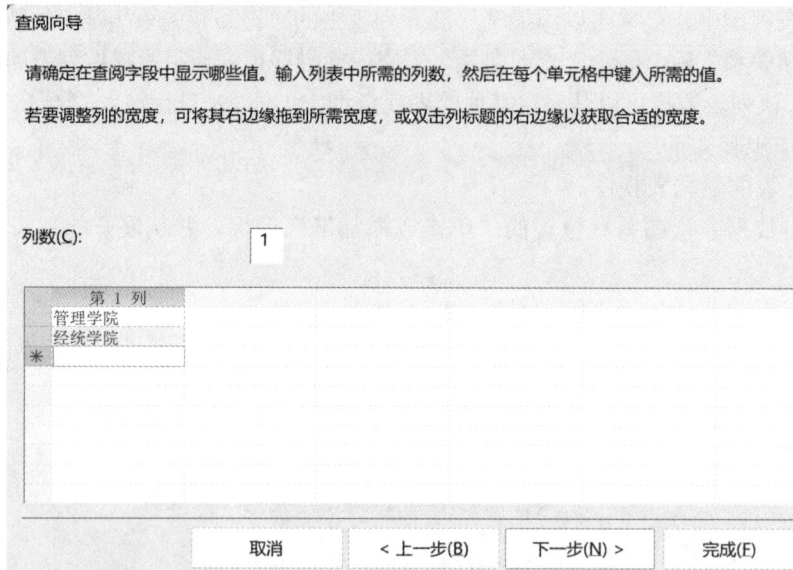

图 4-4   查阅向导—自行输入查阅字段的数据

当步骤(3)选择"使用查阅字段获取其他表或查询中的值"方式时，如果不需要在查阅字段中显示主键字段，那么在向导中只需要选定显示字段而无需选择主键字段，确需显示主键字段时，则在向导中取消选中"隐藏键列"复选框即可，如图 4-5 所示。

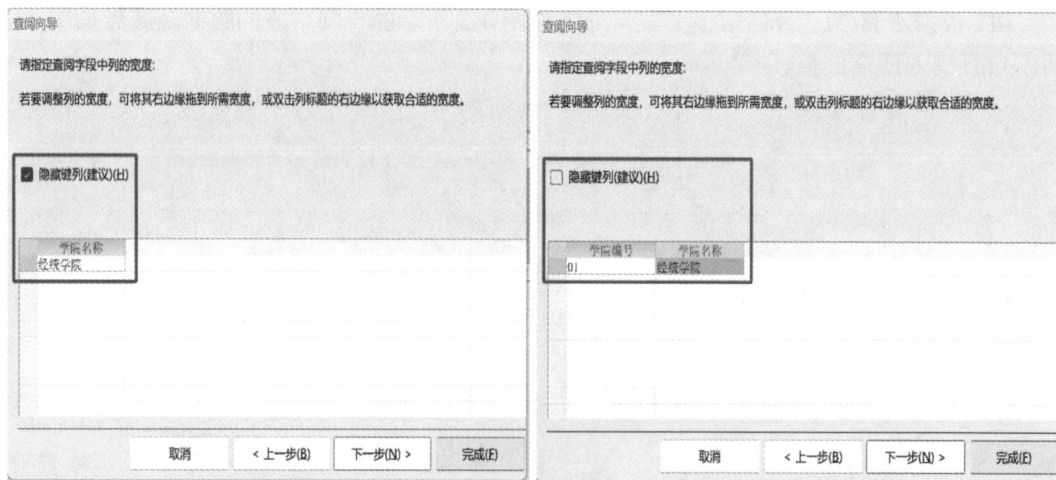

查阅向导

请指定查阅字段中列的宽度：

若要调整列的宽度，可将其右边缘拖到所需宽度，或双击列标题的右边缘以获取合适的宽度。

☑ 隐藏键列(建议)(H)

学院名称
经绣学院

| 取消 | < 上一步(B) | 下一步(N) > | 完成(F) |

查阅向导

请指定查阅字段中列的宽度：

若要调整列的宽度，可将其右边缘拖到所需宽度，或双击列标题的右边缘以获取合适的宽度。

☐ 隐藏键列(建议)(H)

学院编号	学院名称
01	经绣学院

| 取消 | < 上一步(B) | 下一步(N) > | 完成(F) |

(a) 隐藏键列   (b) 取消"隐藏键列"

图 4-5   查阅向导—隐藏键列效果对比

(5) 在最后的查阅向导对话框中，输入查阅字段标签(字段名称)以及确定是否启用数据完整性，如图 4-6 所示。

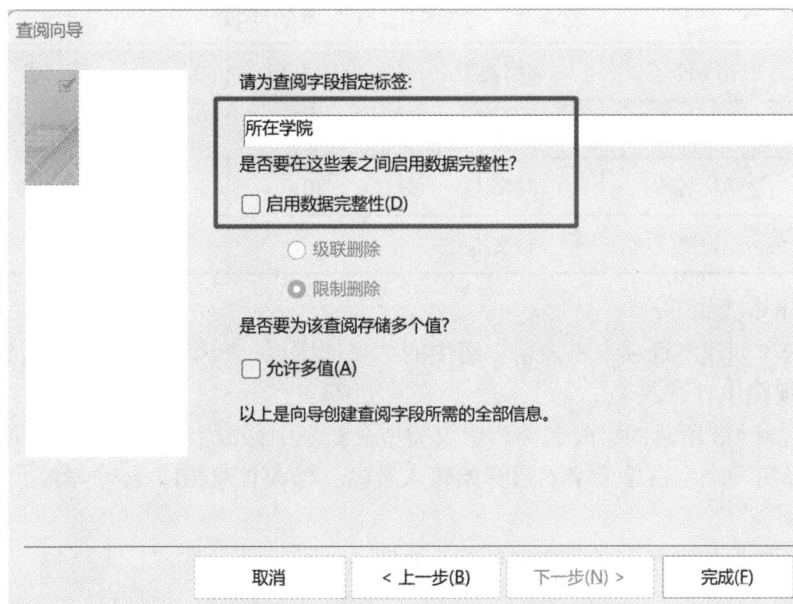

图 4-6　查阅向导—指定字段标签

2. 在数据表视图中创建新表

Access 数据表视图与 Excel 工作表的显示效果非常相似，都包含可存储数据的单元格网格。熟悉 Excel 操作的用户都知道输入数据是一件很简单的事情：打开 Excel 工作表，单击某个单元格，即可输入数据。在 Access 使用数据表视图创建新表的操作时，用户在形如 Excel 工作表网格中输入数据的同时可以编辑表结构，并创建新表。

在数据表视图中创建新表的操作方法是：单击"创建"选项卡"表格"组中的"表"图标，如图 4-7 所示。

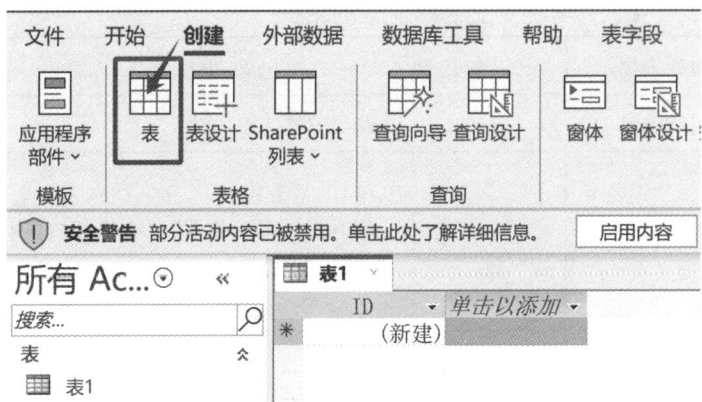

图 4-7　在数据表视图中创建表

在数据表视图中
创建表

【例 4-1】打开"高校学费管理系统"数据库，在数据表视图中创建名为"学院信息"的新表，并向新表输入一条数据记录：学院信息(01，经统学院，经济与统计学院)。该表的结构如表 4-3 所示。

表 4-3   "学院信息"表的结构

序号	字段名称	数据类型	字段大小	要 求
1	学院编号	短文本	2	修改原来的 ID 字段名称
2	学院名称	短文本	20	
3	说明	长文本		

基本操作步骤如下：

(1) 单击"创建"选项卡"表格"组中的"表"图标。一个新表将被插入到数据库中，并在数据表视图中打开。

(2) 根据表 4-3 所示的字段名称和字段类型在新表中修改字段名称或者添加字段。

(3) 选择第一个空白单元格然后开始输入数据：学院信息(01，经统学院，经济与统计学院)。

(4) 保存并命名新表为"学院信息"，如图 4-8 所示。

在数据表视图中创建表(含查阅字段)

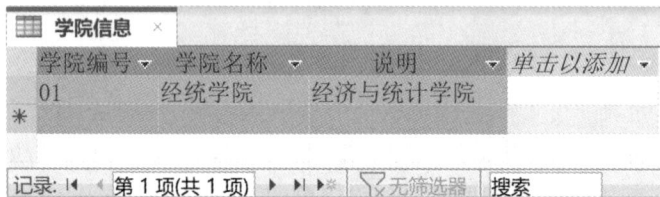

图 4-8   在数据表视图中创建及编辑表

【例 4-2】   打开"高校学费管理系统"数据库，在数据表视图中创建名为"学院专业信息"的新表，并向新表输入一条数据记录：学院专业信息(0106，经统学院，数字经济，数经)。该表的结构如表 4-4 所示。

表 4-4   "学院专业信息"表的结构

序号	字段名称	数据类型	字段大小	要 求
1	ID	自动编号		新表中默认的字段
2	专业编号	短文本	4	
3	所在学院	短文本	2	使用"查阅和关系"，在查阅向导中选择列表显示内容来源自"学院信息"表"学院名称"字段，隐藏键列
4	专业名称	短文本	30	
5	说明	长文本		

基本操作步骤如下：

(1) 单击"创建"选项卡"表格"组中的"表"图标，在数据表视图中显示一个新表。

(2) 在数据表视图中添加如表 4-4 所示的字段。通过"查阅和关系"添加"所在学院"查阅字段。

(3) 向新表输入数据：学院专业信息(0106，经统学院，数字经济，数经)。

(4) 保存并命名新表为"学院专业信息"，如图 4-9 所示。

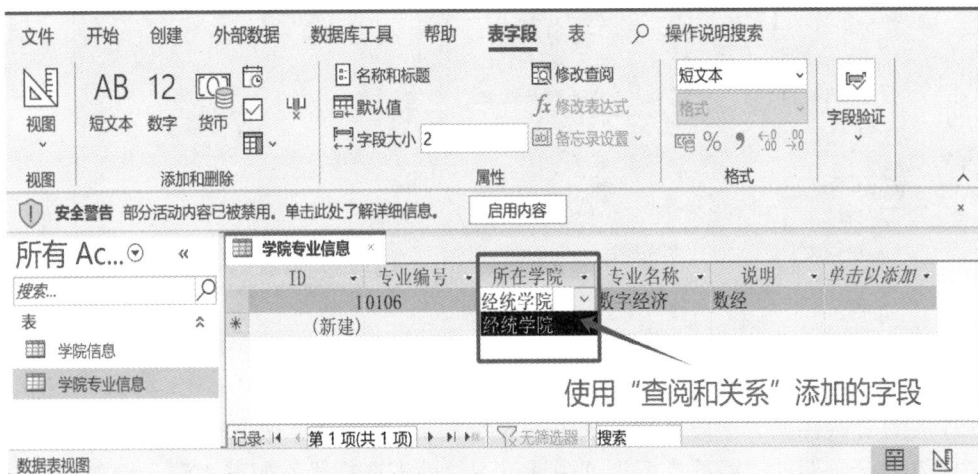

图 4-9　在数据表视图中创建及编辑表

新表中名为"ID"的字段被默认为是一个"自动编号"数据类型的主键，在例 4-2 中暂时保留该字段，在 4.3.1 小节有关操作中再进行主键的撤销并删除该字段。

自动编号类型
ID 字段的作用

4.1.3　使用设计视图创建新表

设计视图(Design View)是指用于编辑数据库对象的视图。在设计视图中，可以新建数据库对象和修改现有对象的设计。

【例 4-3】　打开"高校学费管理系统"数据库，使用设计视图创建名为"学生档案"的新表。该表的结构如表 4-5 所示，其中"性别"字段使用"查阅向导"，列表数据为"自行键入所需的值"，内容为"男"/"女"，并且取值限于列表，不允许多值。

使用设计视图创建表

表 4-5　"学生档案"表的结构

序号	字段名称	数据类型	字段大小	序号	字段名称	数据类型	字段大小
1	学号	短文本	12	7	学费标准	短文本	2
2	姓名	短文本	10	8	宿舍楼编号	短文本	3
3	性别	短文本	1	9	联系电话	短文本	20
4	年级	短文本	4	10	籍贯	短文本	30
5	专业	短文本	4	11	学生账号	短文本	18
6	班号	短文本	2				

基本操作步骤如下：

(1) 单击"创建"选项卡"表格"组中的"表设计"图标，如图 4-10 所示。

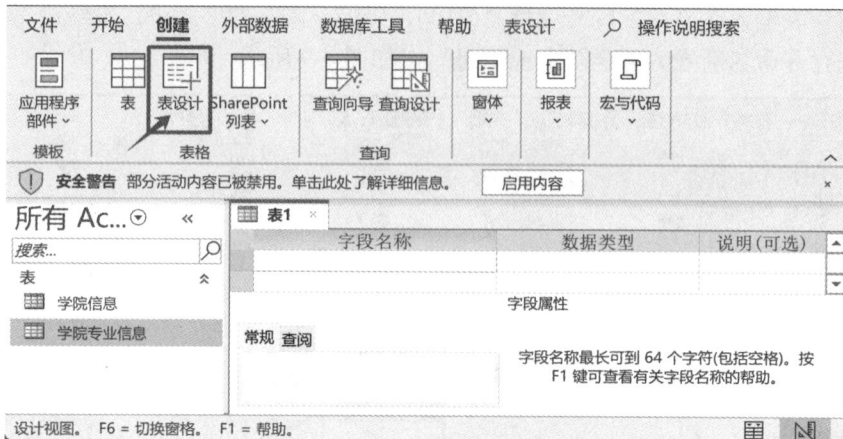

图 4-10　使用设计视图创建表

(2) 在设计视图的"字段名称"列中输入如表 4-5 所示的字段名称。

(3) 在设计视图的"数据类型"列中通过下拉列表选择输入如表 4-5 所示的字段类型。

(4) 重复操作步骤(2)和步骤(3)，直至表 4-5 所示的所有字段添加完毕。

(5) 保存并命名新表为"学生档案"，如图 4-11 所示。

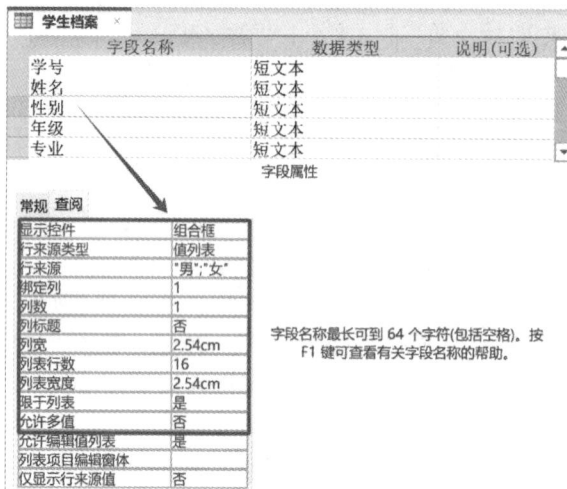

图 4-11　使用设计视图创建表—添加字段

保存并命名新表后，Access 可能会出现如图 4-12 所示的提示信息，在本例中单击"否"按钮，稍后设置主键。

- 单击"是"：由 Access 为该表添加一个数据类型为"自动编号"的主键 ID。
- 单击"否"：直接保存新表，另行设置主键(详见 4.3.1 小节中的有关介绍)。

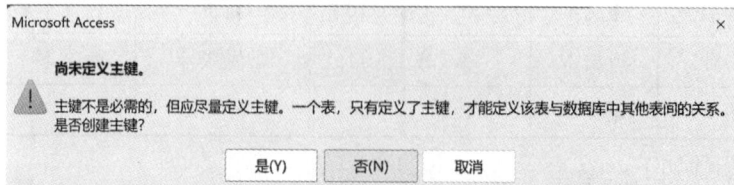

图 4-12　使用设计视图创建表—尚未定义主键提示信息

　　使用"查阅向导"方式添加"性别"字段后，该字段的数据类型由 Access 依据"查阅向导"中自行键入的"男"/"女"等文字内容自动识别为"短文本"。

4.1.4　通过导入或链接方式创建新表

　　可以导入或链接至 Excel 工作表、SharePoint 列表、XML 文件、其他 Access 数据库、Microsoft Office Outlook 文件夹以及许多其他数据源中存储的信息。导入信息时，将在当前数据库的一个新表中创建信息的副本；链接信息时，则是在当前数据库中创建一个链接表，表示指向其他位置所存储的现有信息的活动链接。因此，在链接表中更改数据时，也会同时更改原始数据源中的数据。

　　【例 4-4】　在"高校学费管理系统"中，导入"缴费情况.xlsx"中的数据并创建名为"学费缴纳情况"的新表，暂不定义主键，该表的结构如表 4-6 所示。

表 4-6　"学费缴纳情况"表的结构

序号	字段名称	数据类型	序号	字段名称	数据类型
1	收费日期	日期/时间	5	已交学杂费金额	货币
2	学生学号	短文本	6	收费银行	短文本
3	收费学年	短文本	7	经办人	短文本
4	已交书费金额	货币			

基本操作步骤如下：

(1) 选择"外部数据"选项卡|新数据源|从文件|Excel，如图 4-13 所示。

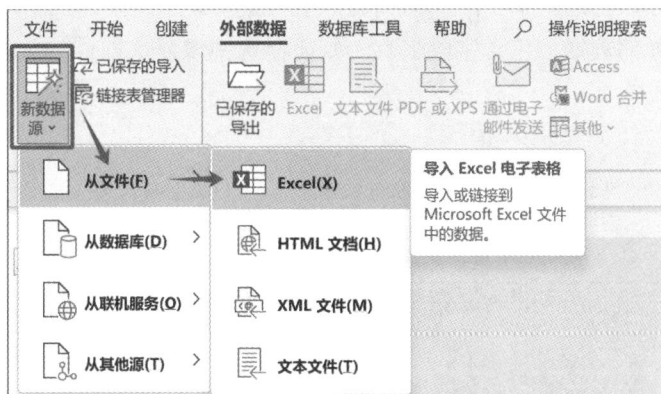

图 4-13　导入外部数据创建表—选择数据源类型(Excel)

(2) 弹出对话框式向导。输入外部文件名，如"缴费情况.xlsx"。

(3) 指定数据在当前数据库中的存储方式和存储位置：将源数据导入当前数据库的新表中。

导入数据在当前数据库中的存储方式和存储位置包括：

① 将源数据导入当前数据库的新表中：如果指定的表不存在，Access 会予以创建；如

果指定的表已存在，Access 则覆盖原有的表。

② 向表中追加一份记录的副本：如果指定的表已存在，Access 会向表中添加记录；如果指定的表不存在，Access 会予以创建。

③ 通过创建链接表来链接到数据源：Access 将创建一个链接表，它将维护一个到 Excel 中的源数据的链接。对 Excel 中的源数据所做的更改将反映在链接表中，但是无法从 Access 内更改源数据。

(4) 如图 4-14 所示，确定源数据所在的 Excel 工作表或区域。

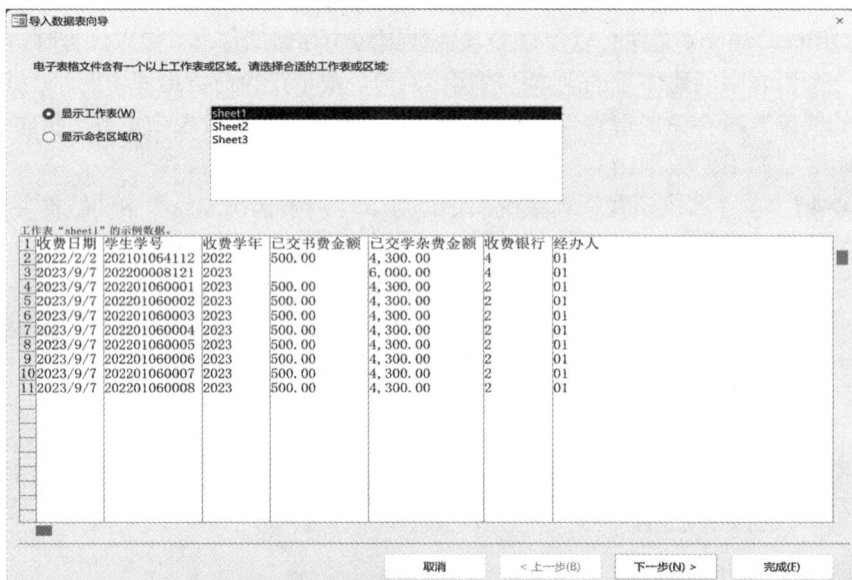

图 4-14　导入外部数据创建表—确定源数据所在工作表或区域

(5) 单击图 4-14 中所示的"下一步"按钮后，如图 4-15 所示，选中"第一行包含列标题"复选框(如果外部数据不包含字段名称，则无需选中该复选框)。

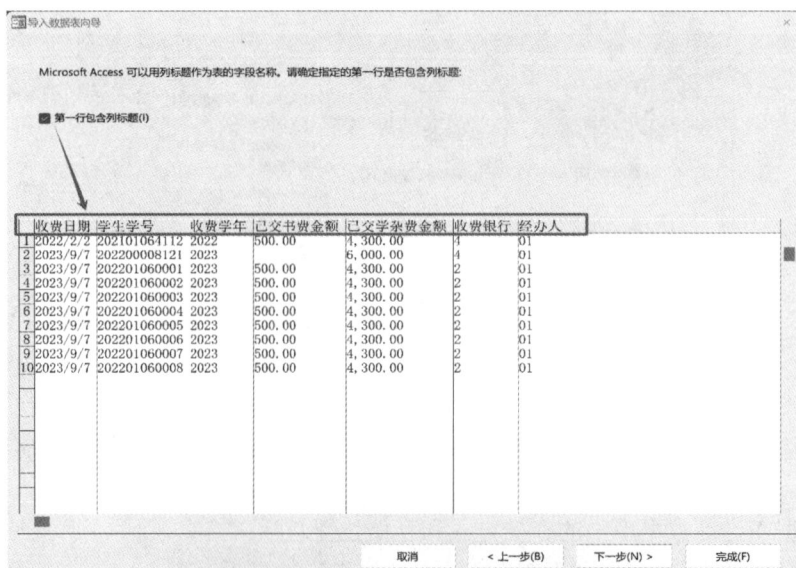

图 4-15　导入外部数据创建表—确定源数据的第一行是否包含列标题

(6) 单击图 4-15 中所示的"下一步"按钮后，根据表 4-6 设置导入新表中各字段的名称、数据类型等，如图 4-16 所示。

图 4-16　导入外部数据创建表—指定导入字段的有关信息

(7) 单击图 4-16 中所示的"下一步"按钮后，如图 4-17 所示，选择"不要主键"。

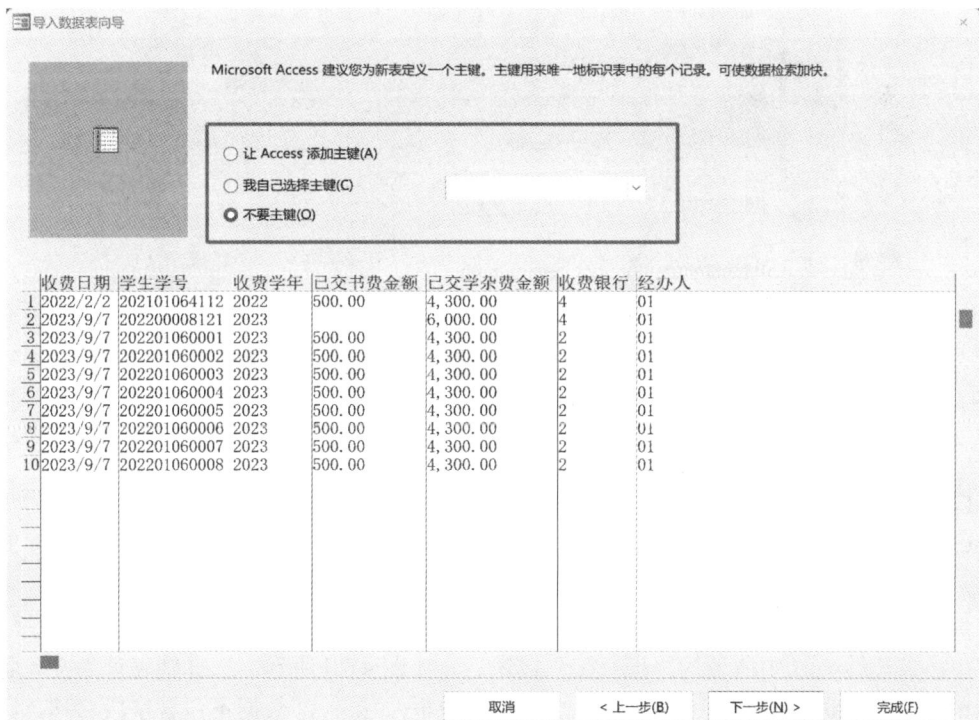

图 4-17　导入外部数据创建表—设置主键

在实际的操作中，根据导入数据情况选择是否需要添加主键或者指定某个字段作为新表的主键。在查询向导中，主键的设置选项包括以下几项：

① 让 Access 添加主键：自动添加一个数据类型为"自动编号"的字段。

② 我自己选择主键：从下拉列表中选择现有字段作为新表的主键。

③ 不要主键：暂时不设置主键，可以另行单独设置主键。

(8) 输入新表的名称为"学费缴纳情况"，完成导入数据表向导。

【例 4-5】 在"高校学费管理系统"中，导入"学生其他信息.txt"中的数据并创建名为"学生档案其他信息"的新表，文本文件中各列数据按制表符分隔，文本识别符为双引号，该表的结构如表 4-7 所示。

导入文本文件
方式创建表

表 4-7　"学生档案其他信息"表的结构

序号	字段名称	数据类型	索引	要求
1	学号	短文本	有(无重复)	主键
2	家庭地址	短文本		
3	政治面貌	短文本	有(有重复)	

基本的操作步骤如下：

(1) 选择"外部数据"选项卡|新数据源|从文件|文本文件，如图 4-18 所示。

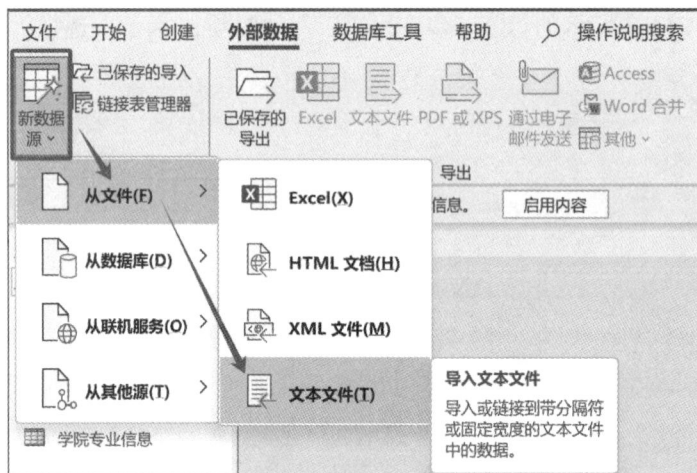

图 4-18　导入外部数据创建表—选择数据源类型(文本文件)

(2) 输入外部文件名，如"学生其他信息.txt"。

(3) 指定数据在当前数据库中的存储方式和存储位置：将源数据导入当前数据库的新表中。

(4) 如图 4-19 所示，选择文本中数据的格式为"带分隔符"。

(5) 单击图 4-19 中所示的"下一步"按钮后，如图 4-20 所示，选择制表符为文本各列数据的分隔符，选中"第一行包含字段名称"复选框(如果外部数据不包含字段名称，则无需选中该复选框)。由于文本数据列中的数据使用双引号作为文本识别符，因此在本例中选

择该符号作为文本识别符。

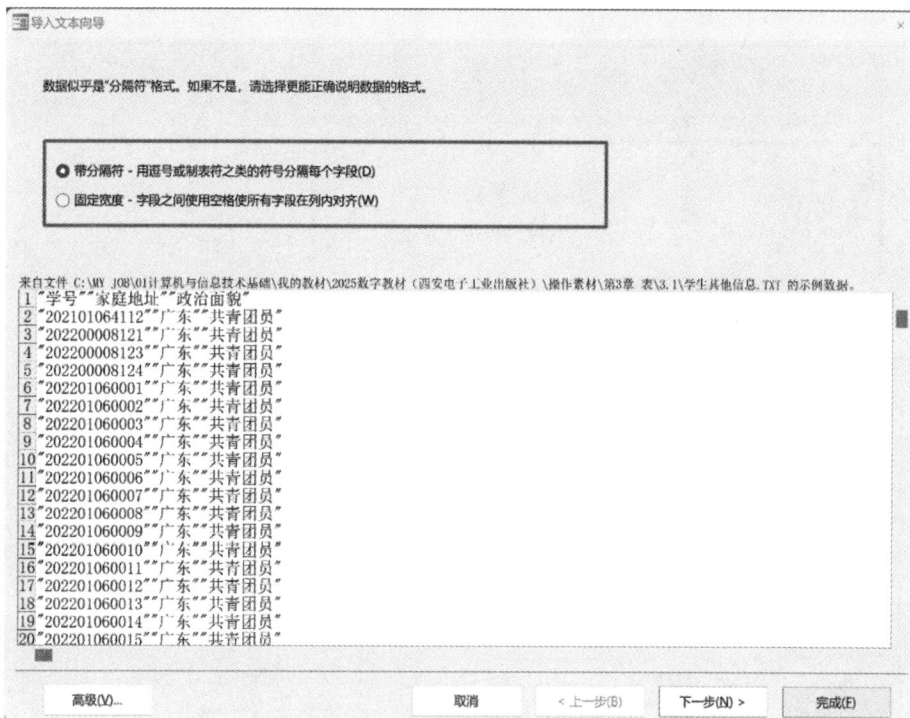

图 4-19　导入外部数据创建表—选择文本数据的格式

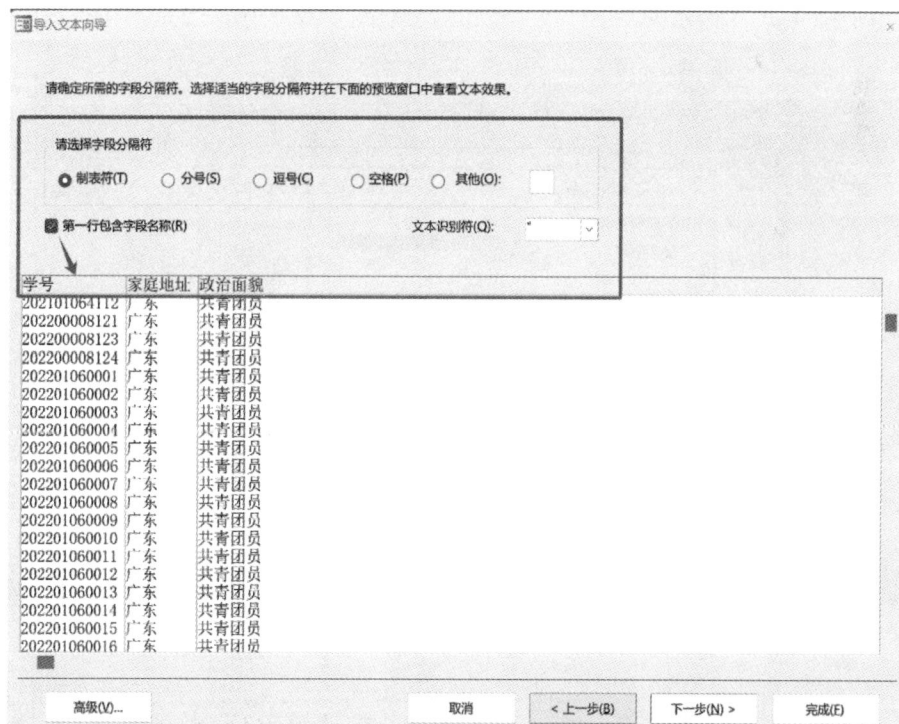

图 4-20　导入外部数据创建表—确定字段分隔符

(6) 单击图 4-20 中所示的"下一步"按钮后，根据表 4-7 设置导入新表中各字段的名称、索引选项等，如图 4-21 所示。

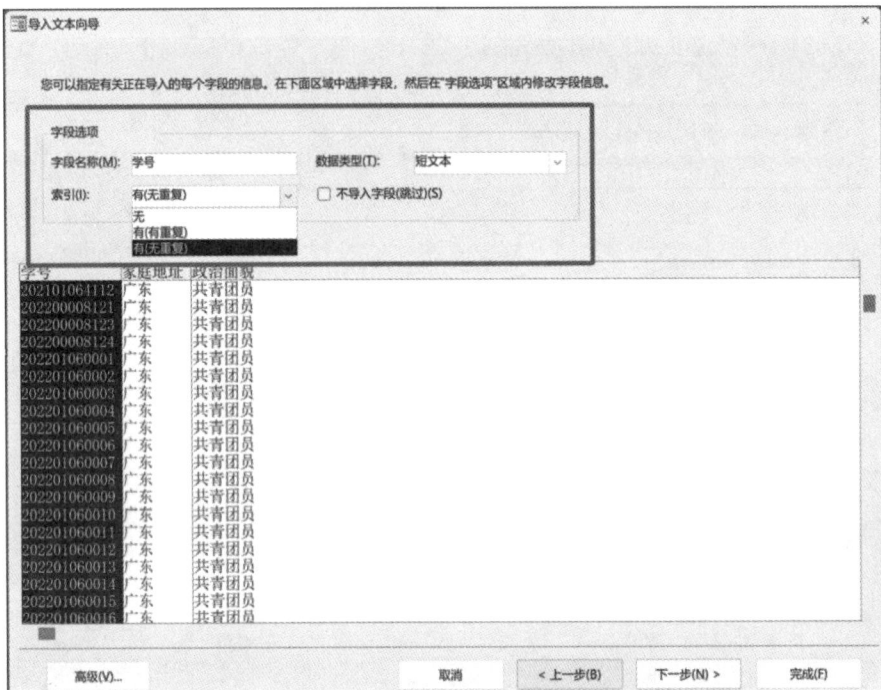

图 4-21　导入外部数据创建表—指定导入字段的有关信息

(7) 单击图 4-21 中所示的"下一步"按钮后，如图 4-22 所示，选择"学号"作为主键。

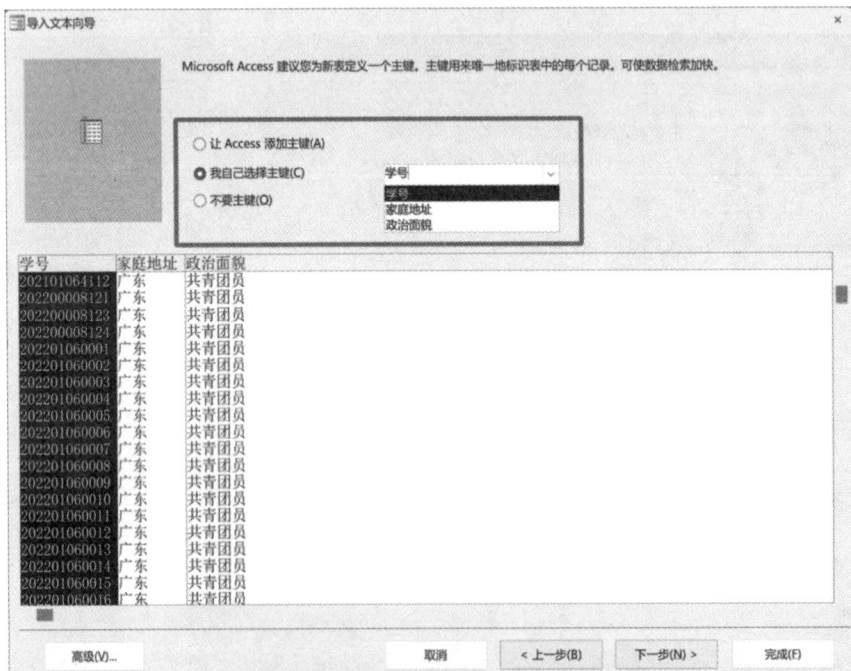

图 4-22　导入外部数据创建表—设置主键

(8) 单击图 4-22 中所示的"下一步"按钮后，输入新表的名称为"学生档案其他信息"，完成导入文本向导。

【例 4-6】 通过导入"外部表.accdb"数据库文件中所有的表，在"高校学费管理系统"中生成新表。

导入 Access 文件
方式创建表

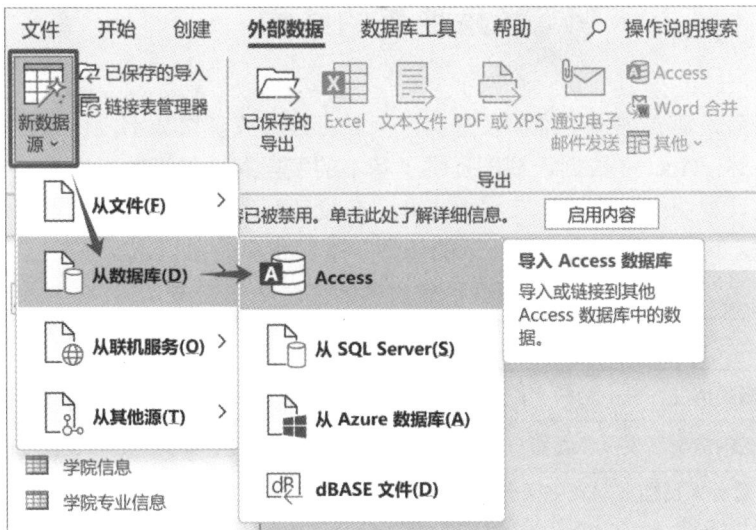

基本操作步骤如下：

(1) 选择"外部数据"选项卡|新数据源|从数据库| Access，如图 4-23 所示。

图 4-23　导入外部数据创建表—选择数据源类型(Access 数据库)

(2) 输入外部文件名：外部表.accdb。

(3) 指定数据在当前数据库中的存储方式和存储位置：将表、查询、窗体、报表、宏和模块导入当前数据库。

(4) 选择导入对象。如图 4-24 所示，单击"全选"按钮选择所有的表，然后单击"确定"按钮完成外部 Access 数据库对象的导入。

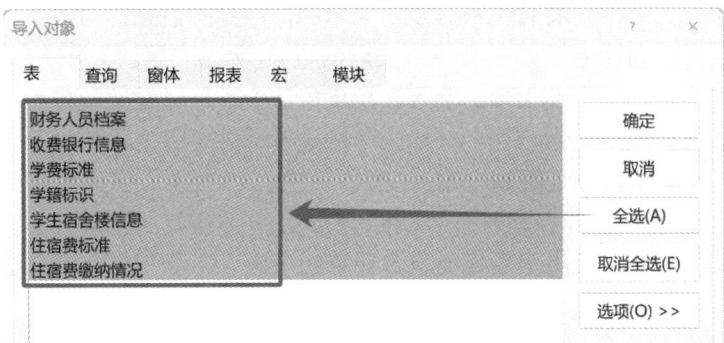

图 4-24　导入外部数据创建表—选择导入对象

Access 表的创建有多种方法，本节介绍了使用数据表视图、设计视图和导入外部数据源等创建新表的操作方法。每一种创建表的方法都具有各自的特点。

(1) 使用数据表视图创建新表：创建新表的同时可以完成数据的输入，并且 Access 允许在数据表视图中对字段名称、数据类型、字段大小等字段属性进行编辑。

(2) 使用设计视图创建新表：创建新表时，可以设置字段的所有属性，但是在创建新表的同时无法输入数据。

(3) 使用导入外部数据创建新表：能够快速地将保存在其他文件格式中的数据连同字段结构副本添加到数据库中。

4.2   维护表的结构

创建新表后，需要进一步维护表结构，例如，修改或者增加字段、设置数据类型和字段属性等。虽然，Access 数据表视图提供了基本的字段属性的设置，但是，更全面的表结构编辑应在设计视图中进行。本节将重点介绍在设计视图中字段属性设置的操作方法，通过本节的学习，可以完成如表 4-8 所示的任务并掌握相应的知识点。

表 4-8   维护表结构的任务和知识点

任　　务	涉及的知识点
设置"学费缴纳情况"表中相关字段的字段大小	设置字段的字段大小
设置"学费缴纳情况"表中"收费日期"字段的格式为"长日期"格式	设置字段的格式
为了保证"财务人员档案"表中密码的私密性，每个输入的字符对应显示为一个"*"符号	设置字段的输入掩码
设置默认值，使得添加"学生档案"新记录时，"性别"自动填入"女"	设置字段的默认值
限制"学费缴纳情况"表中"收费日期"不得超出系统日期，否则提示"收费日期不能在今日之后！"	设置字段的验证规则和验证文本

4.2.1   字段的属性

在一个表中，每个字段的名称都必须是唯一的，存储的信息也与数据类型相符。此外，每个字段还具有一组关联的设置(称为"属性")，用于控制信息的显示、防止不正确的输入、指定默认值、加速搜索和排序，以及控制其他外观或行为特征。例如，"格式"属性定义字段的显示布局，即字段在显示时应呈现的方式。

数据类型支持的
字段属性

字段的数据类型决定了可以设置的属性，因此，并非所有的字段都拥有相同的属性。例如，"表达式"属性仅适用于数据类型为计算的字段，不能为任何其他数据类型的字段设置此属性。

在 Access 中设置字段属性有以下两种方法。

1. 在数据表视图中为表设置字段属性

(1) 将焦点定位在要为其设置属性的字段。

(2) 通过如图 4-25 所示的"表字段"选项卡设置字段属性。

图 4-25　"表字段"选项卡

在数据表视图中，只能设置上述的基本字段属性。要访问和设置字段属性的完整列表，必须使用设计视图。

2. 在设计视图中为表设置字段属性

(1) 打开如图 4-26 所示的设计视图。表的设计视图分为上下两部分，上半部分显示表的字段列表，下半部分显示字段的属性。

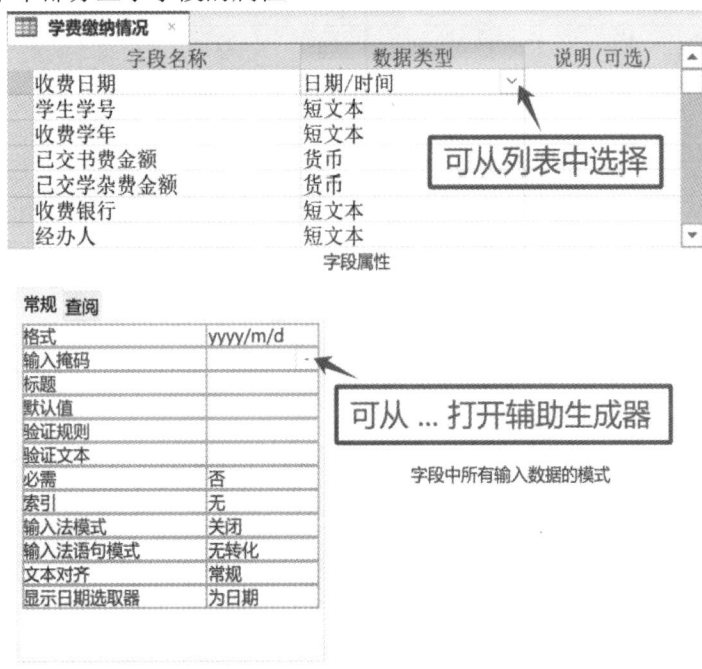

图 4-26　Access 表的设计视图

(2) 单击要为其设置属性的字段，然后选择需要设置的属性操作。

① 在设计视图的上半部分编辑字段名称、数据类型或者字段的说明。不要随意更改数据类型，因为更改数据类型时 Access 可能会删除数据。

② 在设计视图的下半部分会根据当前字段的数据类型仅显示相应的"字段属性"。单击要设置的字段属性对应的框，为该属性键入设置，如果有箭头显示在属性框的右侧，则单击该箭头，从该属性的设置列表中进行选择。

> 按 Shift + F2 组合键显示"缩放"框，在属性框中可以提供更多空间以输入或编辑设置。单击属性框旁边的图标 ┈ 进入生成器界面，可以辅助输入掩码或校验表达式的设置。

4.2.2　设置字段的属性

1. 字段大小

字段大小属性适用于"短文本""数字"或者"自动编号"数据类型的字段。根据不同的数据类型，字段大小属性的设置方式有所不同。下面通过示例介绍设置"字段大小"属性的方法。

设置字段大小属性

【例 4-7】 设置"学费缴纳情况"表中相关字段的字段大小属性，如表 4-9 所示。

表 4-9　"学费缴纳情况"表结构(部分)

序号	字段名称	字段类型	字段大小	序号	字段名称	字段类型	字段大小
1	学生学号	短文本	12	4	已交学杂费金额	数字	整型
2	收费学年	短文本	4	5	收费银行	短文本	2
3	已交书费金额	数字	整型	6	经办人	短文本	2

对于"文本"数据类型字段，"字段大小"属性可以输入 1～255 的值(Access 默认值为 255)，此数字指定每个字段值可以具有的最大字符个数；对于"数字"数据类型字段，"字段大小"属性可以设置为字节、整型、长整型、单精度型、双精度型、小数等。

基本操作步骤如下：

(1) 打开"学费缴纳情况"表的设计视图。

(2) 单击选择需要设置属性的字段。

(3) 对于"短文本"数据类型字段，在设计视图下半部分"字段大小"编辑框中输入 1～255 的值；对于"数字"数据类型字段，可从图 4-27 所示的下拉列表中选择适用的字段大小。

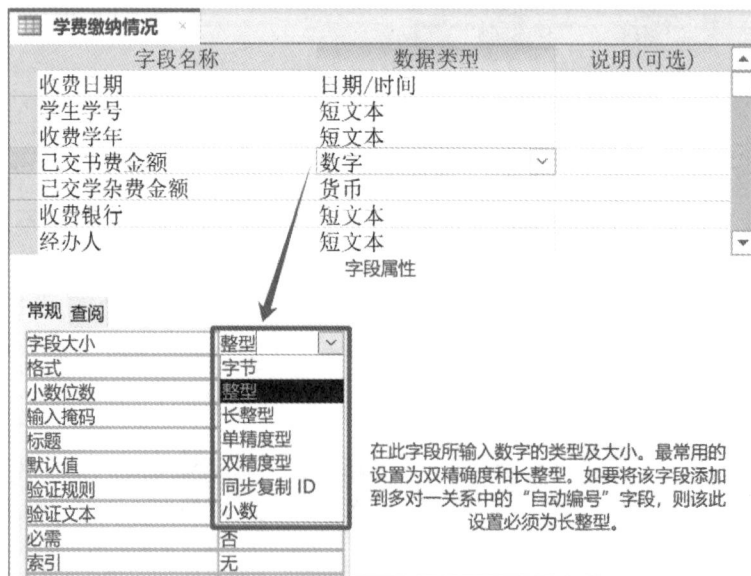

图 4-27　"数字"数据类型的字段大小属性列表

(4) 设置其他字段的"字段大小"属性，并且保存表。

更改字段属性后，如果字段保存的数据长度或者取值范围变小，那么 Access 会发出如图 4-28 所示的警告。确定修改属性的操作时，单击"是"按钮。

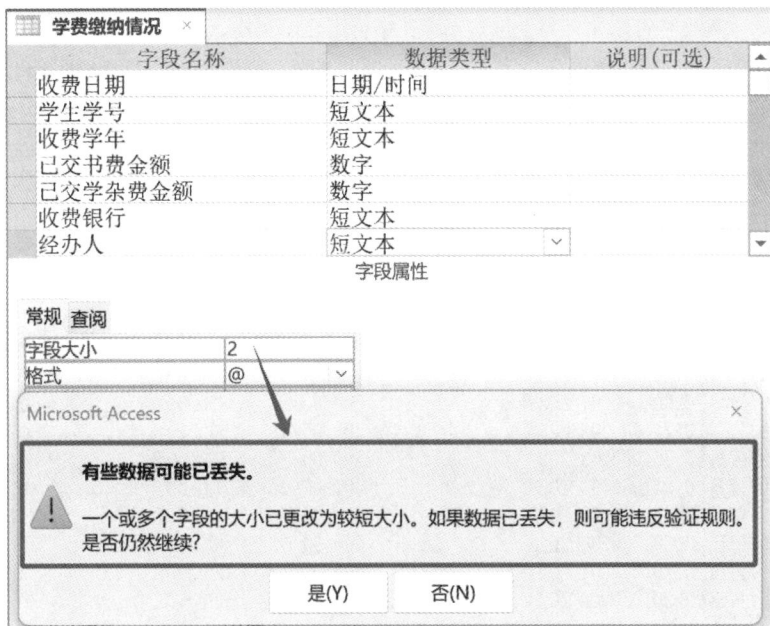

图 4-28　改变字段属性后的系统警告信息

2. 格式

格式属性适用于除 OLE、附件外的所有数据类型字段。表 4-10 列出并描述了常见的可用于为数值数据创建自定义格式的占位符和字符。当指定格式时，Access 将使用来自基础字段的数据填充占位符。

自定义格式字符概述

表 4-10　常见的数值数据自定义格式字符

字符	说　　明
#	用于显示一个数字。如果某个位置不存在任何值，则 Access 将不显示
0	用于显示一个数字。如果某个位置不存在任何值，则 Access 将显示零(0)
\	用于强制 Access 显示紧随其后的字符，相当于双引号
!	用于强制所有值左对齐
#	用于强制所有值右对齐
<	用于强制 Access 显示小写英文字符
>	用于强制 Access 显示大写英文字符
%	用作格式字符串中的最后一个字符。将该值乘以 100 并在结果后面显示一个尾随百分号

字符	说　明
"文本"	用双引号括起希望用户看到的任何文本
[颜色]	用于向格式中某个部分的所有值添加颜色。必须用方括号括起颜色的名称并使用下列名称之一：黑色、蓝色、蓝绿色、绿色、洋红、红色、黄色、白色
@	原本输出字符，如果某个位置不存在字符则显示空格，可用于字符串的右对齐。与"\"搭配使用时，如果出现在自定义格式表示式的中间，则表示一个字符，否则表示整个字段值
&	原本输出字符，如果某个位置不存在字符则不显示，可用于字符串的左对齐

【例 4-8】 将"学费缴纳情况"表中的"收费日期"字段格式设为形如"××××年××月××日"的"长日期"格式，结果如图 4-29 所示。

图 4-29　设置指定"格式"属性的数据表视图

基本操作步骤如下：

(1) 打开"学费缴纳情况"表的设计视图。

(2) 选择"收费日期"字段，在"格式"属性编辑框中输入或选择"长日期"。

(3) 保存表。

设置字段格式属性

3. 输入掩码

掩码是一组字面字符和掩码字符，控制能够或者不能够在字段中输入哪些内容。例如，YYYY-MM-DD。由于输入掩码强制用户以特定方式输入数据，因此输入掩码在很多时候可以提供数据验证。

(1) 输入掩码的设置方法。可以通过运行输入掩码向导，或通过在"输入掩码"属性中手动输入掩码，将输入掩码添加到表字段。向窗体上的控件添加输入掩码时应遵循相同的基本过程。

(2) 输入掩码的组成部分和语法。输入掩码包含三部分：输入掩码的格式符、0/1 或空白、占位符，这些部分都用分号隔开。第一部分是强制的，其余部分是可选的，含义分别是：

① 第一部分定义掩码字符串，并由占位符和字面字符组成。

② 第二部分定义是否希望将掩码字符和任何数据一起存储到数据库中。如果希望同时存储掩码和数据，则输入 0；如果只希望存储数据，则输入 1 或空白。

③ 第三部分定义用来指示数据位置的占位符，默认是下画线。

(3) 输入掩码和显示格式之间的区别。在执行操作时，可以定义输入掩码强制用户以特定方式输入数据，然后对相同的数据应用不同的显示格式。例如，可以定义强制用户以欧洲格式(如 YYYY.MM.DD)输入日期的输入掩码，但随后为该字段设置格式属性为"长日期"。那么，在数据表视图中该字段值显示为 YYYY 年 MM 月 DD 日的"长日期"格式。

输入掩码与格式
属性的应用技巧

(4) 输入掩码的占位符和字面字符。

表 4-11 列出并描述了可在输入掩码中使用的占位符和字面字符。

表 4-11　输入掩码中的占位符和字面字符

字符	用　　法
0	数字。必须在该位置输入一个数字(0~9)
9	数字。可以在该位置输入一个数字(0~9)
#	在该位置输入一个数字、空格、加号或减号。如果跳过此位置，则 Access 自动填入一个空格
L	字母。必须在该位置输入一个字母(A~Z 或 a~z)
?	字母。可以在该位置输入一个字母(A~Z 或 a~z)
A	字母或数字。必须在该位置输入一个字母或数字(A~Z、a~z 或 0~9)
a	字母或数字。可以在该位置输入一个字母或数字(A~Z、a~z 或 0~9)
&	任何字符或空格。必须在该位置输入一个字符或空格
C	任何字符或空格。该位置上的字符或空格是可选的
YYYY	四位数字的年份
MM	两位数字的月份。输入的数字范围是 01~12
DD	两位数字的日期。输入的数字范围是 01~31
. , : ; - /	小数分隔符、千位分隔符、日期分隔符和时间分隔符。选择的字符取决于 Microsoft Windows 区域设置
>	其后的所有字符都以大写字母显示
<	其后的所有字符都以小写字母显示
!	从左到右(而非从右到左)填充输入掩码
\	强制 Access 显示紧随其后的字符，这与用双引号括起一个字符具有相同的效果
密码 Password	在表或窗体的设计视图中，将"输入掩码"属性设置为"密码"或 Password 会创建一个密码输入框。当用户在该框中键入密码时，Access 会存储这些字符，但是会将其显示为星号(*)

【例 4-9】 为了防止人员密码被盗用，设置"财务人员档案"表中"密码"字段的输入掩码为"密码"。设置输入掩码前后的数据表视图分别如图 4-30(a)和图 4-30(b)所示。

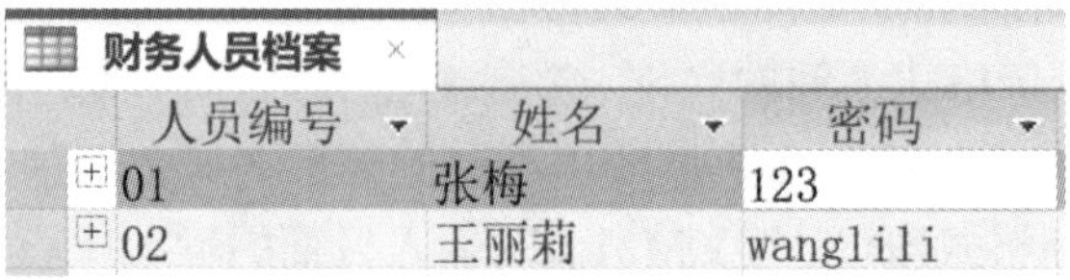

(a) 未设置输入掩码为"密码"的数据表视图

设置字段输入
掩码属性

(b) 已设置输入掩码为"密码"的数据表视图

图 4-30　输入掩码效果对比

基本操作步骤如下：

(1) 打开"财务人员档案"表的设计视图。

(2) 选择"密码"字段，在"输入掩码"属性编辑框中输入"密码"，或者从属性框生成器 $\boxed{\cdots}$ 执行"输入掩码向导"并选择"密码"(或 Password)，然后保存表，如图 4-31 所示。

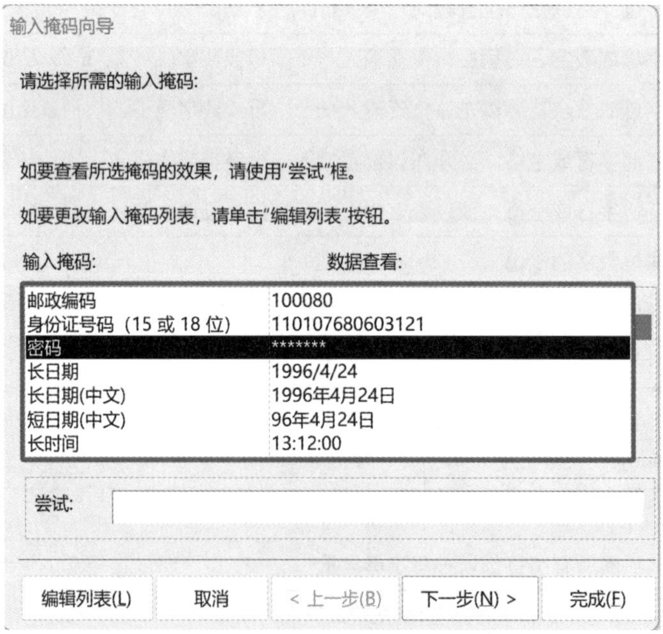

图 4-31　设置输入掩码属性

"输入掩码向导"只适用于文本或日期/时间类型字段。

4. 默认值

当字段设置"默认值"属性框中的表达式后，添加新记录时自动向字段分配该表达式返回的值。默认值的效果仅在设置之后，用于新增记录的对应字段。

【例 4-10】 设置"学生档案"表"性别"字段的默认值属性，使得用户添加新记录时该字段值自动填入"女"。

设置字段默认值属性

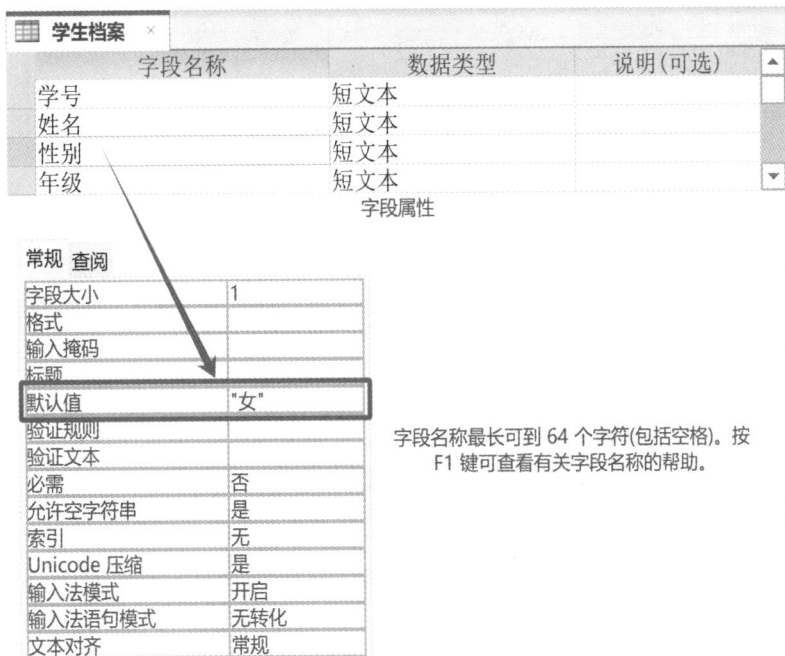

基本操作步骤如下：

(1) 打开"学生档案"表的设计视图。

(2) 如图 4-32 所示，选择"性别"字段，在"默认值"属性编辑框或者表达式生成器中输入"女"，然后保存表。

学生档案 ×		
字段名称	数据类型	说明(可选)
学号	短文本	
姓名	短文本	
性别	短文本	
年级	短文本	

字段属性

常规　查阅

字段大小	1
格式	
输入掩码	
标题	
默认值	"女"
验证规则	
验证文本	
必需	否
允许空字符串	是
索引	无
Unicode 压缩	是
输入法模式	开启
输入法语句模式	无转化
文本对齐	常规

字段名称最长可到 64 个字符(包括空格)。按 F1 键可查看有关字段名称的帮助。

图 4-32　设置默认值属性

5. 验证规则和验证文本

验证规则通常使用一个表达式进行约束，当表达式返回结果为 True 时才能在该字段中添加或更改值。如果输入的信息违反了"验证规则"框中的表达式，则会显示"验证文本"框中的文本。

设置字段验证规则和验证文本属性

【例 4-11】 设置"学费缴纳情况"表"收费日期"字段的验证规则和验证文本属性，禁止输入系统日期之后的日期作为该字段的值，当输入的日期违反规则时提示"收费日期不能在今日之后！"。

基本操作步骤如下：

(1) 打开"学费缴纳情况"表的设计视图。

(2) 如图 4-33 所示，选择"收费日期"字段，在"验证规则"属性编辑框或者表达式生成器中输入"<=Date()"，在"验证文本"属性编辑框或者表达式生成器中输入"收费日期不能在今日之后！"，然后保存表。

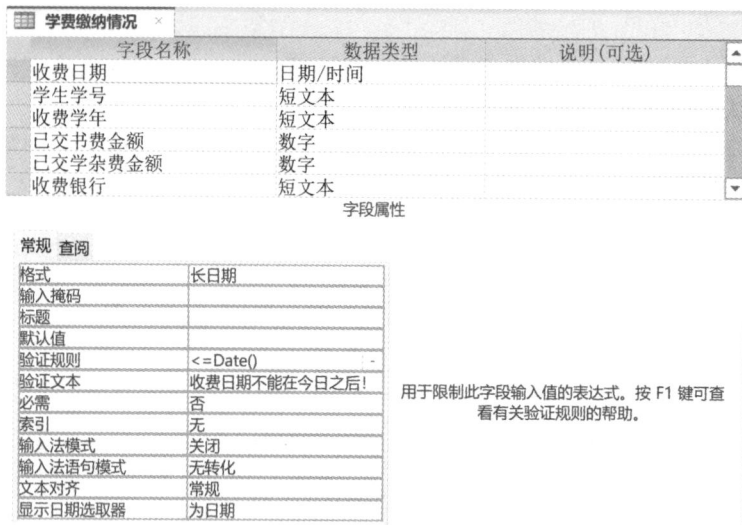

图 4-33   设置验证规则和验证文本属性

Access 表结构的维护可以在数据表视图或者设计视图中进行。虽然在数据表视图中能增加或删除字段、定义字段的名称和标题或设置默认值、字段大小、数据类型等维护操作，但是更多的字段属性设置仍然需要在设计视图中完成，例如输入掩码、验证规则和验证文本等。

4.3   设置主键和索引

根据关系数据库的实体完整性规则，每一个表都应该设置一个主键。本节将介绍如何设置 Access 表的主键和索引。通过本节的学习，可以完成如表 4-12 所示的任务并掌握相应的知识点。

表 4-12   创建报表的任务和知识点

任 务	涉及的知识点
将"学费缴纳情况"表中的"收费日期"+"学生学号"字段设置为该表的主键(复合主键)	设置或更改主键
删除"学院专业信息"表中的主键字段"ID"	删除主键
设置"学院专业信息"表"专业编号"字段为主键，"所在学院"字段索引属性为"有(有重复)"	创建单字段索引

4.3.1   设置主键

Access 表都要求设有一个主键，当使用多个列作为主键时，主键又被称为复合主键。

在数据表视图中创建新表时，如果没有指定主键，Access 会自动创建一个主键，并为它指定字段名称为 ID 和"自动编号"数据类型。

1. 设置或更改主键

【例 4-12】 将"学费缴纳情况"表中的"收费日期"+"学生学号"字段设置为该表的主键(复合主键)。

基本操作步骤如下:

(1) 打开"学费缴纳情况"表的设计视图。

(2) 选择作为主键的字段:"收费日期"+"学生学号"字段。

若选择一个字段,则单击所需字段的行选择器。

设置复合主键

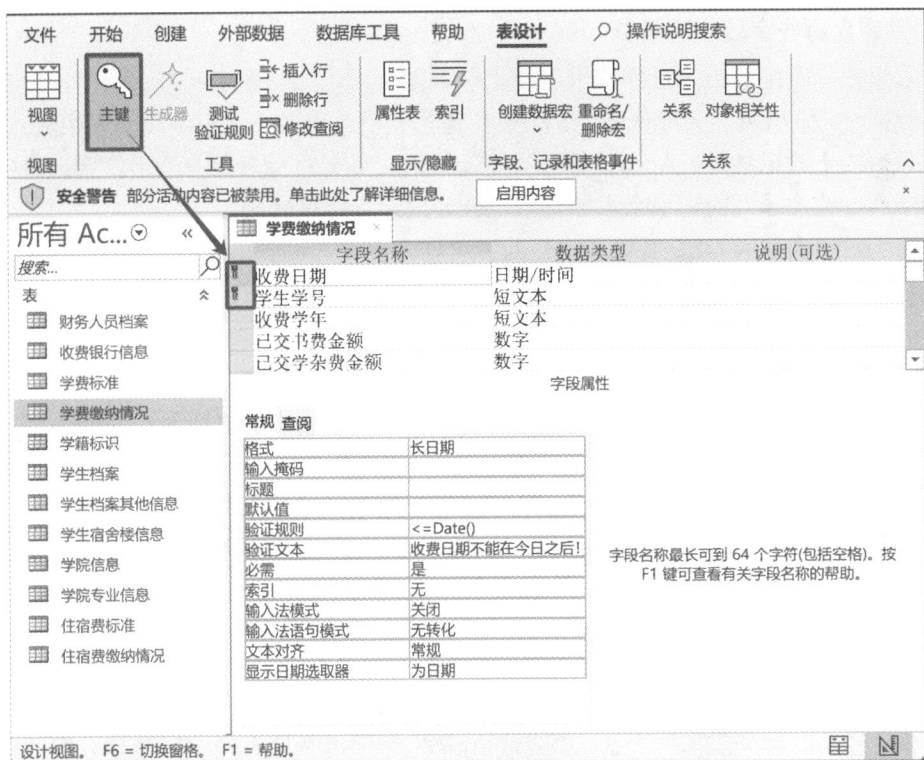

若选择多个字段,则按住 Ctrl 键,同时单击每个字段的行选择器。

(3) 单击如图 4-34 所示的"表设计"选项卡"工具"组中的"主键"图标,键指示器将添加到指定为主键的一个或多个字段的左侧。

图 4-34　设置主键

如果表中已经设置了主键,则改变原有主键的操作与设置新的主键一样。重新设置主键后,原有主键左侧的键指示器会自动消失,同时,新的主键左侧会出现键指示器。

2. 删除主键

【例 4-13】 删除"学院专业信息"表中的主键"ID",并删除该字段。

基本操作步骤如下:

(1) 打开"学院专业信息"表的设计视图。

(2) 选择字段"ID"。

删除主键字段

(3) 单击如图 4-34 所示的"表设计"选项卡"工具"组中的"主键"

图标，键指示器随之消失，表示主键已经被删除。

(4) 单击"表设计"选项卡"工具"组中的"删除行"图标或按 Delete 键，删除 ID 字段。

(5) 保存表。

4.3.2　创建和维护索引

如果经常需要依据特定的字段搜索表或对表的记录进行排序，则可以通过创建该字段的索引来加快执行这些操作的速度。Access 在表中使用索引与书籍中使用目录的功能相同。Access 索引的创建有以下两种：

(1) 自动创建，如表的主键。

(2) 手动创建索引，如多字段索引。

1. 确定为哪些字段创建索引

可以根据一个字段或多个字段来创建索引。索引可以加快搜索和查询速度，但在添加或更新数据时，索引可能会降低性能。如果在包含一个或更多个索引字段的表中输入数据，则每次添加或更改记录时，Access 都必须更新索引。如果目标表包含索引，则通过使用追加查询或通过追加导入的记录来添加记录也会导致运行速度较慢。

无法为数据类型为 OLE 对象或附件的字段创建索引。对于其他字段，如果满足以下所有条件，则考虑为字段创建索引：

(1) 预期会搜索存储在字段中的值。

(2) 预期会对字段中的值进行排序。

(3) 预期会在字段中存储许多不同的值。如果字段中的许多值都是相同的，则索引可能无法显著加快查询速度。

如果需要经常同时依据两个或更多个字段进行搜索或排序，则可以为该字段组合创建索引。例如，如果经常在同一个查询中为"年级"和"专业"字段设置条件，则在这两个字段上创建多字段索引就很有意义。

2. 创建索引

要创建索引，首先要决定是否需要多字段索引。

如果仅仅需要创建单字段索引，则可以在设计视图设置该字段的"索引"属性或者在数据表视图中选择"表字段"选项卡"字段验证"组中的有关设置选项。"字段验证"选项中"已索引"表示该字段的索引属性为"有(有重复)"，"唯一"表示该字段的索引属性为"有(无重复)"。Access 表单主键字段的索引属性均为"有(无重复)"。表 4-13 列出了索引属性的可能设置。

表 4-13　字段的索引属性

索引属性的设置	含　　义
无	不在此字段上创建索引(或删除现有索引)
有(有重复)	在此字段上创建索引，如：复合主键字段
有(无重复)	在此字段上创建唯一索引，如：单主键字段

【例 4-14】 设置"学院专业信息"表"专业编号"字段为主键，"所在学院"字段索引属性为"有(有重复)"。

基本操作步骤如下：

(1) 打开"学院专业信息"的设计视图。

(2) 参照 4.3.1 小节的操作方法设置"专业编号"字段为主键。设定字段为表中的单主键后，该字段的索引属性自动定义为"有(无重复)"，如图 4-35 所示。

设置主键和索引属性

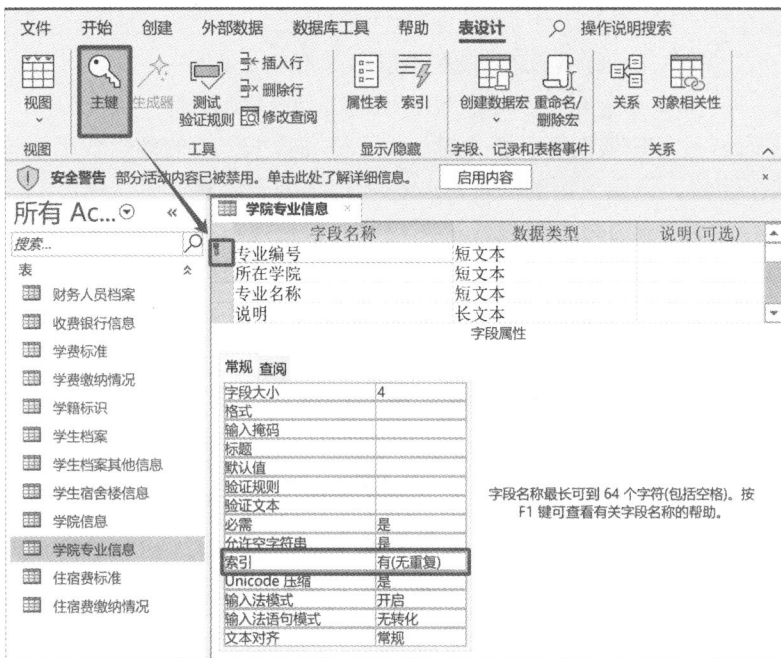

图 4-35　单主键字段的索引属性

(3) 选择需要创建索引的字段"所在学院"，在"索引"属性下拉列表中选择"有(有重复)"选项。

(4) 保存表。

除了在设计视图中设置索引属性外，单字段的索引属性也可以在数据表视图中设置。操作方法是：单击"表字段"选项卡"字段验证"组中的"唯一"或者"已索引"图标，分别定义字段的索引属性为"有(无重复)"和"有(有重复)"，如图 4-36(a)和图 4-36(b)所示。

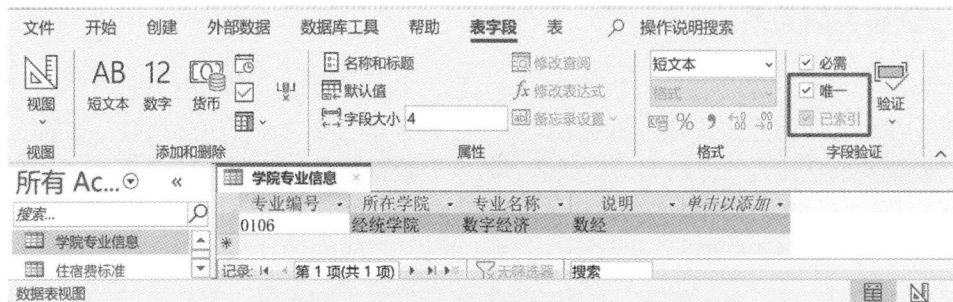

(a) 设置单字段索引属性为"有(无重复)"

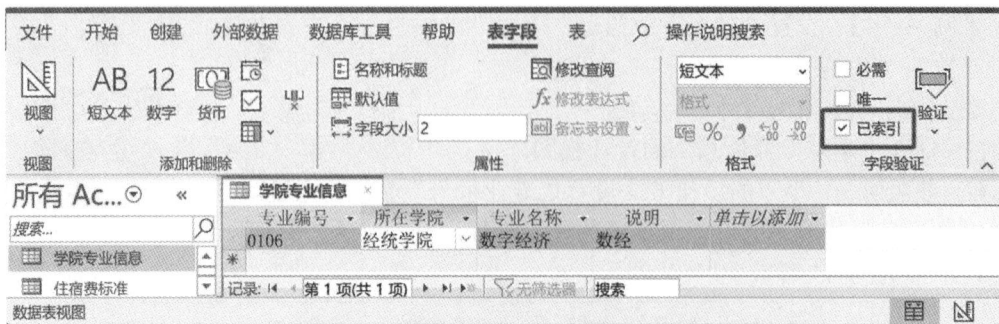

(b) 设置单字段索引属性为"有(有重复)"

图 4-36   数据表视图中设置单字段索引属性

每一个 Access 表都应该拥有一个主键。为了提高数据记录的搜索效率，通常会在表中设置适当的索引字段。设置主键的同时，Access 自动为表创建索引。建立主键必须在表的设计视图中进行定义，索引可以在设计视图或者数据表视图中定义。本节除了通过若干个示例介绍了如何建立表的主键和索引之外，还介绍了如何选择字段作为主键或者索引字段。

4.4 Access 表间关系

本节介绍创建、编辑和删除表间关系的操作步骤，参照完整性的实施方法以及级联选项的设置方法。通过本节的学习，可以完成如表 4-14 所示的任务并掌握相应的知识点。

表 4-14   创建报表的任务和知识点

任 务	涉及的知识点
创建"学生档案"表和"学费缴纳情况"表之间的关系	在关系视图中建立表间关系
创建"学生档案"表和"学院专业信息"表之间的关系	使用"查阅向导"建立表间关系
编辑"学院信息"表和"学院专业信息"表之间的"一对多"关系，并实施参照完整性	编辑表间关系(实施参照完整性)
设置"学院信息"表和"学院专业信息"表之间的联接类型和级联更新、级联删除	编辑表间关系(设置级联选项)

4.4.1 创建表间关系

可以在"关系"文档选项卡中创建表间关系，也可以通过设置"查阅向导"来创建表间关系。在表之间创建关系时，关联字段不一定具有相同的名称，但必须具有相同的数据类型。对于关联字段是"自动编号"或者"数字"数据类型的字段，要求其"字段大小"(FieldSize)属性也相同。例如，自动编号字段与数字字段的"字段大小"属性都是"长整型"，才可以将这两个字段相匹配。

【例 4-15】 将"学生档案"表中"学号"字段设置为主键，然后通过"关系"视图创建"学生档案"表和"学费缴纳情况"表之间的关系，如图 4-37 所示。

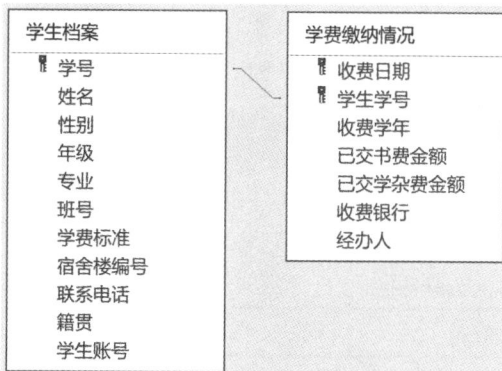

在关系视图中
建立表间关系

图 4-37　"关系"视图中的表间关系

基本的操作步骤如下:

(1) 打开"学生档案"表的设计视图,将"学号"字段设置为主键。

(2) 保存并关闭"学生档案"表。

(3) 单击"数据库工具"选项卡"关系"组中的"关系"图标,打开 Access 的"关系设计"选项卡。

(4) 单击"关系设计"选项卡"关系"组中的"添加表"图标,将"学生档案"表和"学费缴纳情况"表添加到"关系"视图,如图 4-38 所示。

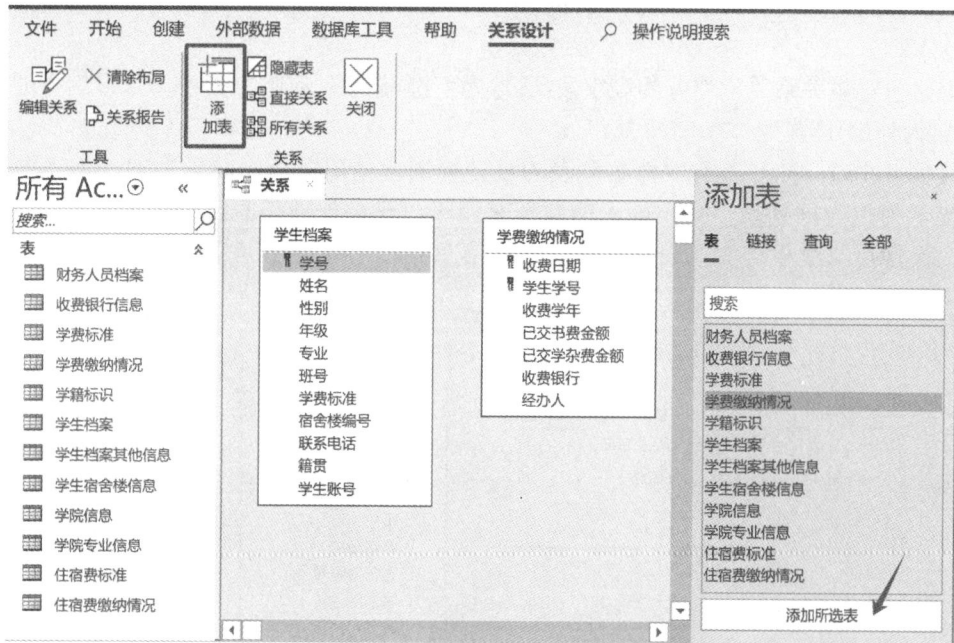

图 4-38　"关系设计"选项卡

(5) 将关联字段(通常为主键,以粗体字体显示)从一个表拖至另一个表中的关联字段(外键)。例如,单击"学生档案"表中的"学号"字段,按住鼠标将其拖动到"学费缴纳情况"表中的"学生学号"字段位置,然后放开鼠标。

(6) 在"编辑关系"对话框中单击"创建"按钮,Access 将在"学生档案"表和"学费缴纳情况"表之间绘制一条关系线,如图 4-39 所示。

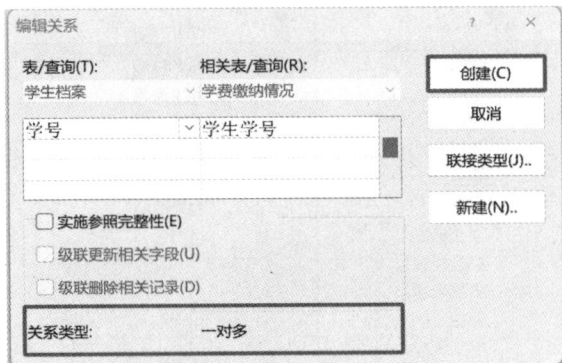

图 4-39　"编辑关系"对话框

(7) 单击"关系设计"选项卡"关系"组中的"关闭"图标,保存关系布局。

> Access 会根据关联字段的索引属性设置,在"编辑关系"对话框中显示相应的关系类型,例如图 4-39 所示的"一对多"。如果"编辑关系"对话框中无显示关系类型,则检查关联字段是否已设置字段的索引属性。

创建一对一关系的两个关联字段都必须具有唯一索引,即字段的索引属性设置为"是(无重复)"。

创建一对多关系"一"方的表字段(通常为主键)必须具有唯一索引,"多"方的表字段(通常为外键)设置为"有(有重复)"索引。

【例 4-16】　打开"学生档案"表的设计视图,使用"查阅向导"方式将"专业"字段显示为组合框列表,列表显示的数据来源于"学院专业信息"表中的"专业名称"字段。操作后"学生档案"表和"学院专业信息"表之间自动创建相应的表间关系,如图 4-40 所示。

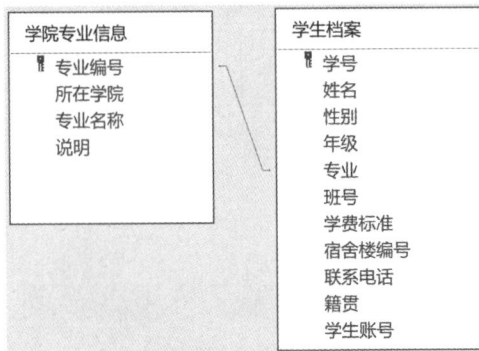

使用查阅向导建
立表间关系

图 4-40　表间关系

基本的操作步骤如下:

(1) 打开"学生档案"表的设计视图。

(2) 在"专业"字段的数据类型中选择"查阅向导…"。在"查阅向导"中选择"学院专业信息"表的"专业名称"字段作为列表显示的数据来源。

(3) 保存并关闭"学生档案"表。

(4) 单击"数据库工具"选项卡"关系"组中的"关系"图标，打开 Access 的"关系"视图，"学生档案"表和"学院专业信息"表之间已有关系线。

(5) 单击"关系设计"选项卡"关系"组中的"关闭"图标，保存关系布局。

4.4.2　编辑表间关系

更改表间关系的方法是在"关系"视图中选择关系线，然后对其进行编辑。编辑 Access 表间关系，包括了标明表间关系的类型、实施参照完整性、设置级联更新字段和级联删除记录等。

1. 实施参照完整性

【例 4-17】　打开"关系"视图，将"学院信息"表和"学院专业信息"表之间的关系类型设置为一对多，并实施参照完整性，如图 4-41 所示。

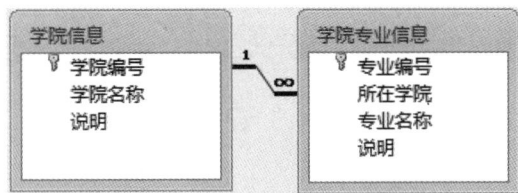

实施参照完整性

图 4-41　表间关系—已实施参照完整性

基本操作步骤如下：

(1) 单击"数据库工具"选项卡"关系"组中的"关系"图标，打开 Access 的"关系"视图。

(2) 双击连接在"学院信息"表和"学院专业信息"表之间的关系线，使被选中的关系线变粗；或者单击选中连接线，然后单击"关系设计"选项卡"工具"组中的"编辑关系"图标。

(3) 选中"实施参照完整性"复选框，如图 4-42 所示。

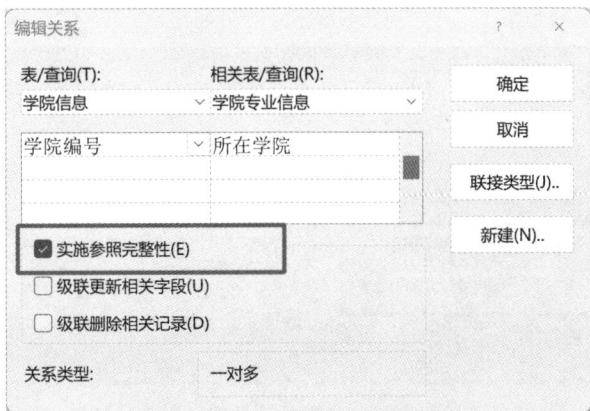

图 4-42　"编辑关系"对话框

(4) 单击"编辑关系"对话框中的"确定"按钮，保存设置。在"关系"视图中，关系连线的两端将标明关系的类型，如图 4-42 所示的"一对多"类型关系连线中"一"方（"学院信息"表)表显示数字"1"，"多"方表("学院专业信息"表)显示无限大符号(∞)。

(5) 单击"关系设计"选项卡"关系"组中的"关闭"图标，保存"关系"布局。

在实施参照完整性时需要满足以下条件：

(1) 来自主表的关联字段必须为主键或具有唯一索引。

(2) 关联字段必须具有相同的数据类型。

(3) 两个表都应该存在于同一个 Access 数据库中。不能对链接表实施参照完整性。

2. 设置级联选项

表间关系"实施参照完整性"之后，可以设置级联更新相关字段，使得用户在更改"一"方表联接字段值的时候，同步更新在"多"方表或相关表中匹配行的联接字段值，以确保关系线两侧表中的数据符合关系数据模型中的参照完整性约束规则。

同样，也可以在"实施参照完整性"后设置级联删除相关记录，使得用户在删除"一"方表联接字段所在记录的同时，删除在"多"方表或相关表中的匹配记录行。

【例 4-18】 打开"关系"视图，设置"学院信息"表和"学院专业信息"表之间的"级联更新相关字段"和"级联删除相关记录"。

基本操作步骤如下：

(1) 单击"数据库工具"选项卡"关系"组中的"关系"图标，打开 Access 的"关系"视图。

(2) 双击连接在"学院信息"表和"学院专业信息"表之间的关系线，使被选中的关系线变粗；或者单击选中连接线，然后单击"关系设计"选项卡"工具"组中的"编辑关系"图标。

设置级联更新和
级联删除

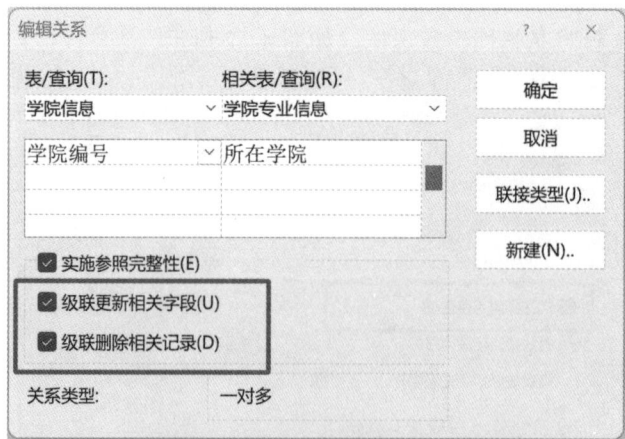

(3) 如果关系没有设置"实施参照完整性"，则选中该复选框(只有选中了"实施参照完整性"选项，两个级联选项才会从原来的灰色不可选状态变为黑色的可选状态)。

(4) 选中"级联更新相关字段"和"级联删除相关记录"复选框，如图 4-43 所示。

图 4-43　设置级联选项的"编辑关系"对话框

(5) 单击"编辑关系"对话框中的"确定"按钮，保存设置。

(6) 单击"关系设计"选项卡"关系"组中的"关闭"图标，保存"关系"布局。

4.4.3 删除表间关系

已建立的表间关系,如果原有关系变得多余,则需要在"关系"视图中删除该关系线。删除表间关系的基本操作步骤如下:

(1) 单击"数据库工具"选项卡"关系"组中的"关系"图标,打开 Access 的"关系"视图。

(2) 单击将被删除的关系线,被选中的关系线变粗。

(3) 按 Delete 键删除关系线;或者鼠标右击该关系线,然后从快捷菜单中执行"删除"命令来删除关系线。

(4) 单击"关系设计"选项卡"关系"组中的"关闭"图标,保存"关系"布局。

> 若要修改已建立关系线两侧关联字段的字段属性(尤其是字段的数据类型),必须先删除该字段上原有的关系线。

在关系数据库中为每个主体创建表后,必须为 Access 提供在需要时将这些信息重新组合到一起的方法。具体方法是在相关的表中放置公共字段,并在表之间定义表关系。当两个表之间已建立一对多关系时,这两个表之间就形成了父子表的关系,通常"一"方称为父表,"多"方称为子表。本节通过对数据库各相关表间关系的编辑,为后续章节关于查询、窗体、报表等数据库对象的学习打下扎实的基础。

4.5 数据的输入

创建新表之后,就可以在表的数据表视图中输入数据了。为了确保表中的数据记录满足完整性约束,应该在完善表结构、设置主键和索引、建立表间关系之后再进行数据的输入和维护。通过本节的学习,可以完成如表 4-15 所示的任务并掌握相应的知识点。

表 4-15 数据输入的任务和知识点

任 务	涉及的知识点
将"学院信息.xlsx"文件的数据导入到"学院信息"表	向表导入外部 Excel 文件数据
将"专业信息.txt"文件的数据导入到"学院专业信息"表	向表导入外部 TXT 文件数据
将"学生.xlsx"文件的数据粘贴到"学生档案"表	向表粘贴外部数据
向"学费缴纳情况"表添加新记录:学费缴纳情况(2024-09-03, 202101064112, 2024, 500, 4300, 1, 02)	手工输入文本、数字和日期/时间类型字段值
向"财务人员档案"表输入"电子邮箱"字段内容:jsj@gzhu.edu.cn	手工输入超链接类型字段值
向"学生档案"表添加"照片"附件字段并为该字段选择一个 .jpg 文件	手工输入附件类型字段值

4.5.1　导入外部数据

如果需要将其他文件中的数据输入到当前数据库的表中，则当数据量很大的时候，可以通过导入现有的外部文件数据完成这项任务。常见的外部文件类型包括电子表格 Excel、文本 TXT、其他数据库文件等。

1. 从电子表格或其他程序导入数据

很多用户都是先使用 Excel 构建报表，然后才开始使用 Access 的。使用 Excel 是开始构建列表的好方法，但随着列表的增长，它会变得难以组织和保持更新。同样，如果数据已经保存在外部的文本文件、XML 文件、SharePoint 列表、ODBC 数据库或者 Outlook 文件夹中，则通过 Access "外部数据"功能可以实现数据的快速输入。

【例 4-19】将"学院信息.xlsx"中的所有数据导入到"学院信息"表中。

基本操作步骤如下：

(1) 向表中导入外部数据前先关闭对应表。如本例中，确认已关闭"学院信息"表。

(2) 单击"外部数据"选项卡，从"新数据源"列表中选择"从文件"组中的"Excel"图标，Access 将弹出"获取外部数据—Excel 电子表格"向导。

从 Excel 文件导入数据

(3) 选择或输入外部文件的名称为"学院信息.xlsx"。

(4) 指定数据在当前数据库中的存储方式和存储位置为"向表中追加一份记录的副本"，选择表名为"学院信息"。

(5) 完成向导。

【例 4-20】将"专业信息.txt"文件的所有数据导入到"学院专业信息"表中，文本文件中各数据列之间使用"逗号"作为分隔符，第一行为字段名称，使用双引号作为文本识别符。

基本操作步骤如下：

(1) 向表中导入外部数据前先关闭对应表。如本例中，确认已关闭"学院专业信息"表。

从文本文件导入数据

(2) 单击"外部数据"选项卡，从"新数据源"列表中选择"从文件"组中的"文本文件"图标，Access 将弹出"获取外部数据—文本文件"向导。

(3) 选择或输入外部文件的名称为"专业信息.txt"。

(4) 选择导入类型为"向表中追加一份记录的副本"，并从下拉列表中选择"学院专业信息"表。

(5) 在向导中确定各数据项的分隔标准为"带分隔符"。

(6) 选择"逗号"作为导入文本文件的分隔符，选择双引号作为文本识别符，选中"第一行包含字段名称"复选框。

(7) 完成向导。

2. 将数据从另一个源粘贴追加到表中

对于大量数据的输入，可以复制 Excel、Access 和 Word 图表等来源

从 Excel 文件粘贴
追加数据

中的列标题和数据,并将数据粘贴到 Access 表中。该过程与其他的 Office 文档复制操作相类似:选择并复制数据,单击表中的第一个空白单元格,然后单击"粘贴追加"选项。

【例 4-21】 将"学生.xlsx"文件的所有数据粘贴到"学生档案"表中。

基本操作步骤如下:

(1) 打开"学生.xlsx"文件。

(2) 复制"学生.xlsx"文件中需要粘贴的数据区域,如 A2:K585。

(3) 打开"学生档案"表的数据表视图,将焦点定位在空白行(行的左侧显示为符号 ✱)上的第一个字段。

(4) 单击"开始"选项卡"剪贴板"组中"粘贴"图标下的"粘贴追加"选项,结果如图 4-44 所示。

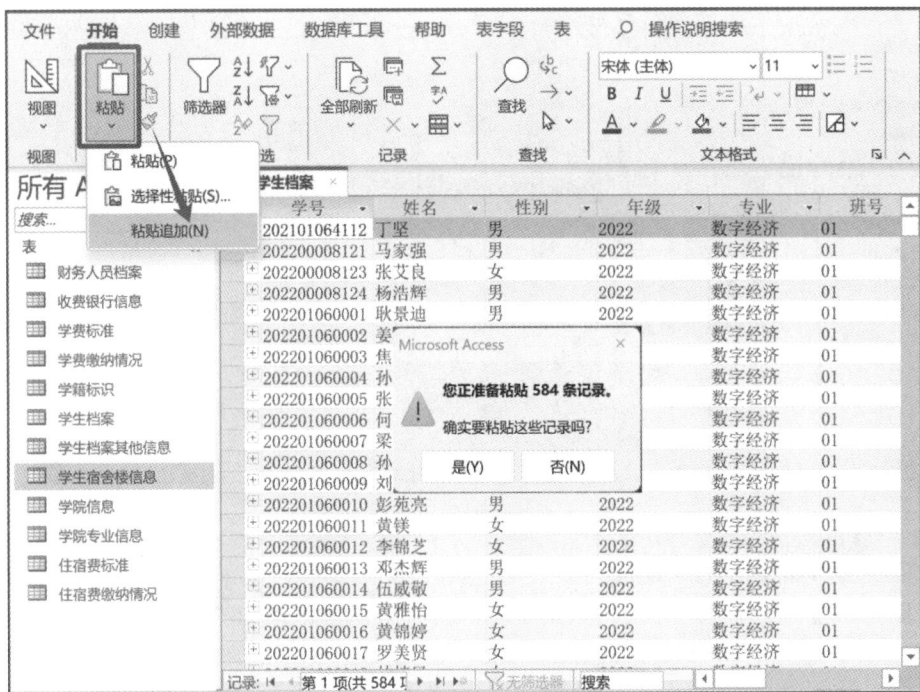

图 4-44 从外部文件粘贴数据到表

4.5.2 手工输入与编辑数据

除了通过导入外部数据方式输入数据外,还可以通过键盘手工输入数据。对于不同数据类型的字段,输入数据的操作方法略有不同。下面介绍几种主要数据类型字段值的输入方法。

1. 编辑文本、数字或日期/时间类型的字段

【例 4-22】 向"学费缴纳情况"表添加新记录:学费缴纳情况 (2024-09-03, 201101064112, 2024, 500, 4300, 1, 02)。

基本操作步骤如下:

(1) 打开"学费缴纳情况"表的数据表视图。

输入表中数据的
基本操作

(2) 在空白行(行的左侧显示为符号 ✳)各个字段中依次输入新记录，然后保存表。

① 文本或数字类型字段：直接通过键盘输入。

② 日期/时间类型字段：字段右侧出现一个如图 4-45 所示的日期选择器，在选择器中点取某一年度、月份和日期即可完成日期数据的输入。

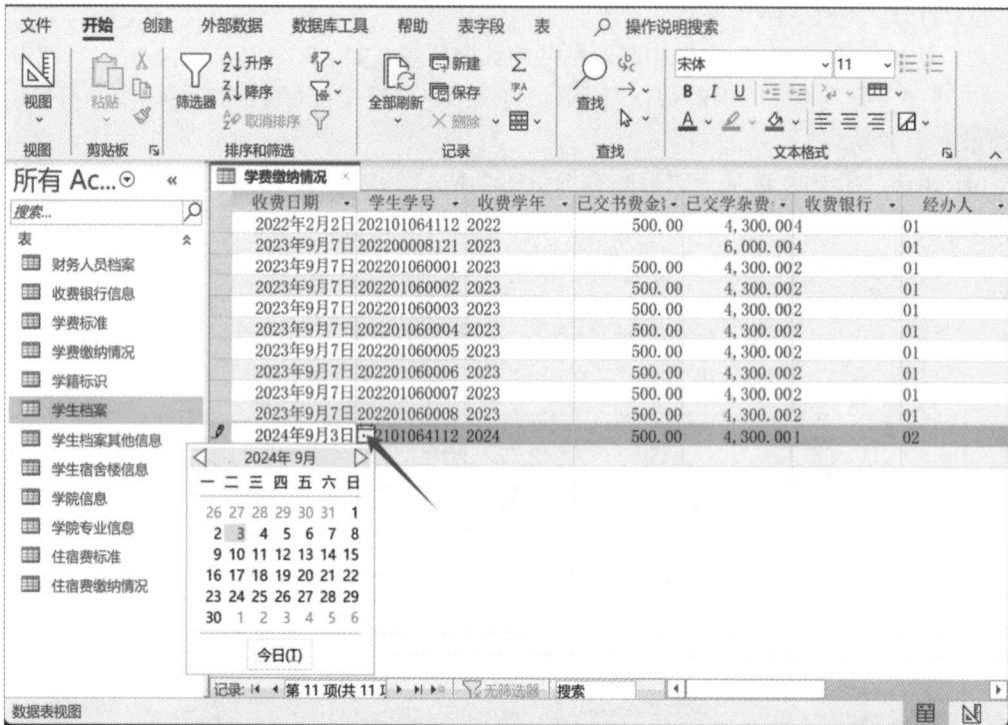

图 4-45　日期/时间字段值的输入

2. 编辑超链接类型的字段

【例 4-23】　打开"财务人员档案"表，编辑第一条记录的"电子邮箱"字段的超链接，指向电子邮件地址为"jsj@gzhu.edu.cn"，显示的文字为"学校邮箱"，结果如图 4-46 所示。

输入超链接
字段数据

图 4-46　带有超链接字段的数据表视图

基本操作步骤如下：

(1) 打开"财务人员档案"表的数据表视图。

(2) 将焦点定位在第一条记录的"电子邮箱"字段上，该字段的数据类型为超链接。

(3) 右击鼠标，在如图 4-47 所示的快捷菜单中选择"超链接"|"编辑超链接"选项，Access 将显示编辑超链接对话框。

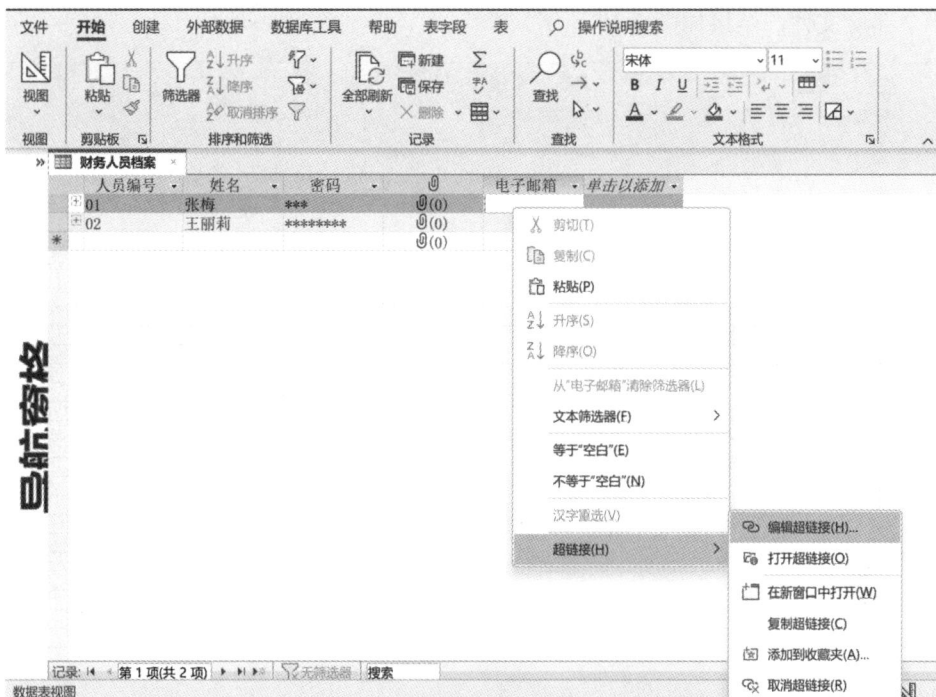

图 4-47　输入超链接字段值—编辑超链接菜单

（4）在"编辑超链接"对话框中，单击链接类型为"电子邮件地址"，输入要显示的文字为"学校邮箱"，电子邮件地址为"jsj@gzhu.edu.cn"，如图 4-48 所示。

图 4-48　编辑超链接对话框

（5）保存并关闭表。

3. 编辑附件类型的字段

【例 4-24】打开"学生档案"表的数据表视图，在"宿舍楼编号"字段右侧添加一个新的字段，该字段的数据类型为"附件"，字段名称为"照片"，字段标题为"头像"。然后向第一条记录的"照片"字段

输入附件字段数据

添加一个 .jpg 文件，结果如图 4-49 所示。

图 4-49　带有附件字段的数据表视图

基本操作步骤如下：

(1) 打开"学生档案"表的数据表视图。

(2) 选择"宿舍楼编号"字段列，然后单击"表字段"选项卡"添加和删除"组中"其他字段"列表中的"附件"选项，添加新字段，如图 4-50 所示。

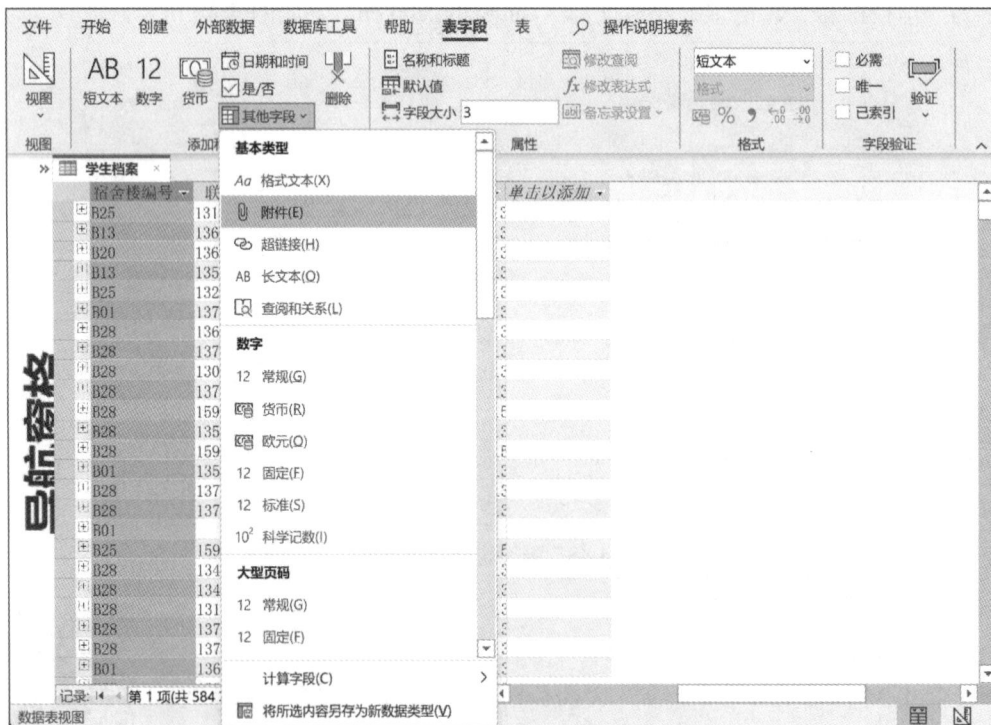

图 4-50　在数据表视图中添加"附件"类型字段

(3) 选择刚添加的新字段列，单击"表字段"选项卡"属性"组中的"名称和标题"

图标，输入字段名称为"照片"，标题为"头像"，如图 4-51 所示。

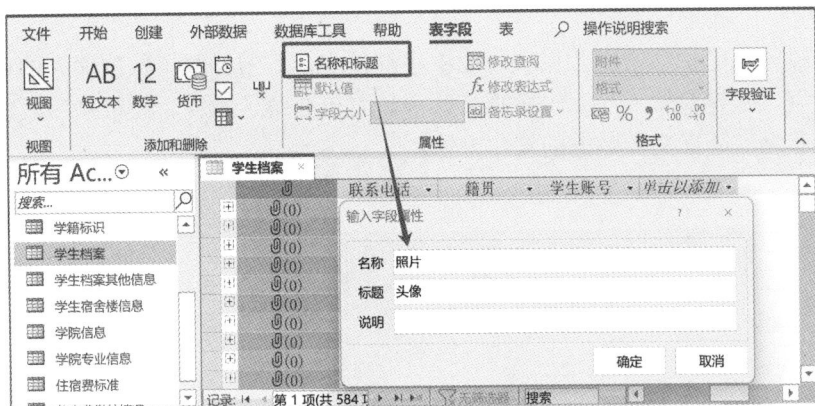

图 4-51　在数据表视图设置字段名称和标题属性

(4) 对于数据类型为附件的字段，标题默认显示为回形针图案 ，如果附件类型字段内容为空，则显示为 。

(5) 双击该附件字段添加文件，显示如图 4-52 所示的"附件"对话框。

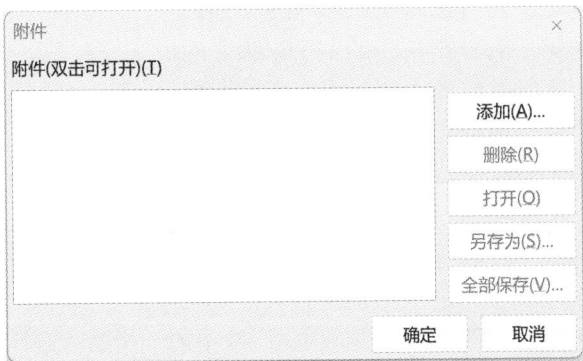

图 4-52　输入附件字段值—附件对话框—无附件文件

(6) 在"附件"对话框中单击"添加"按钮，选择作为附件的一个或多个文件后，单击"打开"按钮。

(7) 返回"附件"对话框，显示已选定文件的列表，如图 4-53 所示。

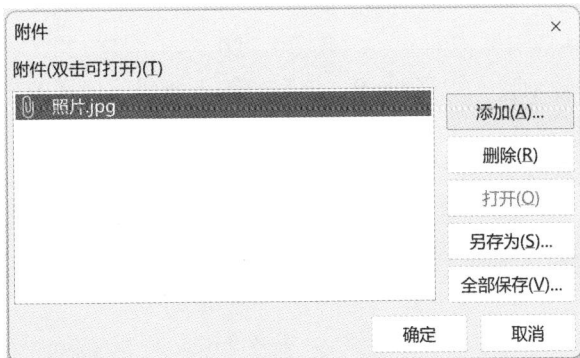

图 4-53　输入附件字段值—附件对话框—已选定附件文件

(8) 单击"确定"按钮，返回数据表视图，附件字段中显示回形针图案以及附件文件的个数，如 ⓪(1)。

(9) 保存并关闭表。

数据的输入和维护通常在数据表视图中进行操作。本节介绍了数据输入的两种途径：导入外部数据、从键盘输入与编辑数据。其中，重点介绍了附件、超链接字段的数据输入方法、导入和粘贴外部文件数据的操作方法。

习　题　4

一、单选题

1. 在 Access 表中，可以定义三种主键，它们分别是(　　)。

A. 单字段、双字段和多字段　　　　　　　B. 单字段、双字段和自动编号

C. 单字段、多字段和自动编号　　　　　　D. 双字段、多字段和自动编号

2. 假设表 A 与表 B 建立了"多对一"关系，下述说法中正确的是(　　)。

A. 表 B 中的一条记录能与表 A 中的多个记录匹配

B. 表 A 中的一条记录能与表 B 中的多个记录匹配

C. 表 B 中的一个字段能与表 A 中的多个字段匹配

D. 表 A 中的一个字段能与表 B 中的多个字段匹配

3. 在以下关于"输入掩码"的叙述中，错误的是(　　)。

A. 定义字段的输入掩码时，既可以使用输入掩码向导，也可以直接使用占位符或者字面字符

B. 定义字段的输入掩码，是为了设置密码

C. 输入掩码中的字符"0"表示必须输入 0～9 中的一个数字

D. 直接使用字符定义输入掩码时，可以根据需要将字符组合起来

4. Access 提供的数据类型中不包括(　　)。

A. 长文本　　　　　B. 文字　　　　　C. 货币　　　　　D. 日期/时间

5. 若"短文本"类型的字段大小设置为 20，则最多可输入的汉字数和英文字符数分别是(　　)。

A. 10，10　　　　　B. 10，20　　　　　C. 20，20　　　　　D. 20，40

6. 要求某个字段必须输入数字 0～9，该字段输入掩码应使用的占位符是(　　)。

A. 0　　　　　B. C　　　　　C. A　　　　　D. 9

7. 如果要限制输入数据值的范围，则可以设置的字段属性是(　　)。

A. 字段大小　　　　　B. 默认值　　　　　C. 输入掩码　　　　　D. 验证规则

8. 在表中，能够使用"输入掩码向导"设置属性的数据类型是(　　)。

A. 数字和短文本　　　　　　　　　　　B. 短文本和日期/时间

C. 长文本和短文本　　　　　　　　　　D. 短文本和货币

9. 如果表的字段中要存储两个图片文档，那么该字段的数据类型应该是(　　)。

A. 附件　　　　　B. OLE 对象　　　　　C. 超链接　　　　　D. 长文本

10. 以下可以改变"字段大小"属性的字段类型是(　　)。

A. 时间/日期　　B. 是/否　　　　C. 数字　　　D. 长文本

11. 设置字段的(　　)属性,当输入该字段的数据时显示"*"号。

A. 格式　　　　　B. 默认值　　　C. 标题　　　D. 输入掩码

12. 默认值设置是通过(　　)操作来简化数据输入的。

A. 用指定的值填充字段　　　　　B. 用与前一个字段相同的值填充字段

C. 清除用户输入数据的所有字段　　D. 清除重复输入数据的必要

13. Access 表中不包含以下(　　)字段类型。

A. 短文本　　　　B. 数字　　　　C. 主键　　　D. 计算

14. 在 Access 的数据表视图中,不能进行的操作是(　　)。

A. 修改字段名称　　　　　　　　B. 设置验证规则

C. 设置索引　　　　　　　　　　D. 设置字段大小

15. 如果要限制字段输入四位数字年份,则字段的输入掩码应设置为(　　)。

A. 9999　　　　　B. 0000　　　　C. ####　　　D. YYYY

16. 向现有的 Access 表中导入外部数据时,不能向(　　)字段导入数据。

A. 短文本　　　　B. 数字　　　　C. 附件　　　D. 货币

17. 建立表间关系时,关系连线中至少有一侧是(　　)字段。

A. 单主键　　　　B. 复合主键　　C. 单索引　　D. 复合索引

二、填空题

1. Access 提供了短文本和＿＿＿＿＿＿两种字段数据类型保存文本和数字组合的数据。

2. Access 表都要求设置＿＿＿＿＿＿个主键。

3. 表间关系类型包括:一对一、＿＿＿＿＿＿和多对多。

4. 在 Access 数据库中,OLE 对象和＿＿＿＿＿＿类型字段可以存储二进制数据和文件。

5. 数据库中的每个表都应该有一个字段或字段集,用来唯一标识该表中存储的每条记录。这个字段或字段集称为＿＿＿＿＿＿。

6. 单主键字段的索引属性应设置为＿＿＿＿＿＿。

7. 超链接类型的字段值可以是指向原有的文件/网页或者＿＿＿＿＿＿。

8. 在 Access 数据表视图中,可以通过＿＿＿＿＿＿选项卡设置字段属性。

三、简答题

1. Access 表字段有哪些数据类型?

2. 在表中定义索引时,应优先考虑哪些字段?

3. 建立表间关系并确定"实施参照完整性"后,为什么还需要设置级联更新或者级联删除?

第 5 章

Access 查询设计

通过本章学习，了解数据库查询的基本概念，通过示例熟练掌握对数据库的各种查询的创建和运行方法。

学习要点

- Access 查询的功能和分类
- Access 查询的创建方法
- Access 查询的准则
- Access 的操作查询
- Access 的 SQL 查询

知识重点

- Access 中各种查询的操作

知识难点

- Access 实现查询的各种方法

学习提示

虽然表是创建数据库的根源，但是查询也是十分关键的。当在 Access 数据库中需要查看、添加、更改或删除数据时，就需要使用查询了。查询是数据库中应用最广的功能，通过不同的查询对象可以查看、更改和分析数据，也可以将查询对象作为窗体和报表的记录源。本章以"高校学费管理系统"的开发为例，详细介绍 Access 中查询的定义及使用过程。

建议学习时间　　理论 6 课时，上机操作时间 4 课时

5.1　Access 查询概述

5.1.1　查询的功能

Access 的查询是获取数据结果、数据操作或者是这两者的请求。例如，可以从一个或多个表中提取数据并按照指定的顺序排列，还可以根据条件准则对数据进行分组和汇总计算。查询的结果仍然是一个表，因此，Access 查询和表的名称不能够重复。

在 Access 中，用于从表中检索数据或进行计算的查询称为选择查询；用于添加、更改或删除数据的查询称为操作查询。Access 的查询功能包括以下几个方面：

(1) 查看按特定顺序排列的来源于多个表的数据(如"已交费名单查询")。

(2) 对选择的记录集进行多种类型的计算(如"缴纳费用汇总查询")。

(3) 查找并显示重复和不匹配的记录(如"重名学生查询""未缴学费学生查询")。

(4) 更新数据、删除记录或在已有表中追加新记录(如"按学年删除缴费情况")。

(5) 使用表或查询中的数据创建一个新表(如"生成某年级学生档案")。

5.1.2　查询的视图

查询常用的视图包括数据表视图、SQL 视图和设计视图。打开某个查询后，单击图 5-1 所示的"视图"图标可切换到不同的视图。下面对各种视图的定义进行介绍。

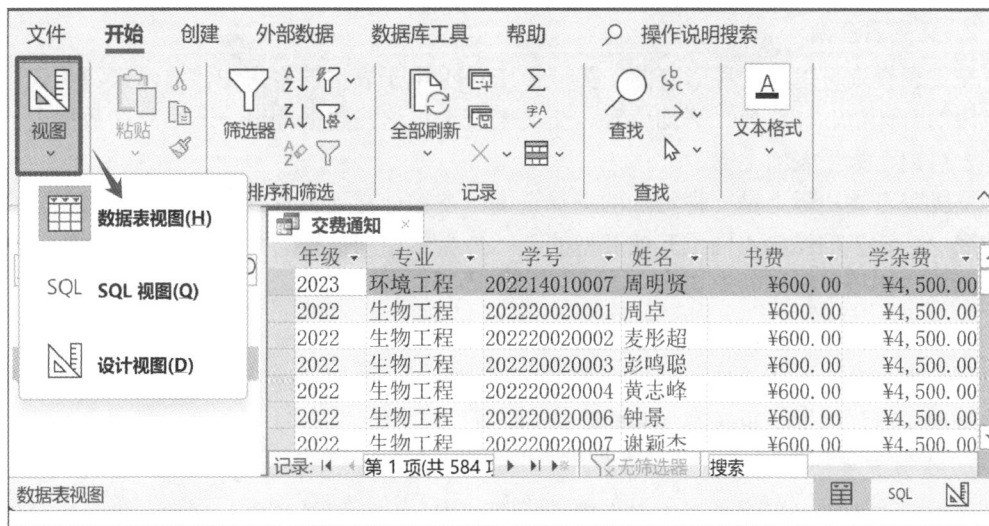

图 5-1　查询的视图

1. 数据表视图

数据表视图主要用于编辑和显示当前数据库中的数据。用户在录入数据、修改数据、删除数据的时候，大部分操作都是在数据表视图中进行的。

2. SQL 视图

SQL 视图通过编写 SQL 语句完成一些特殊的查询，也可以查看其他视图的等效 SQL 语句。

3. 设计视图

设计视图向设计网格添加一个或者多个表的字段、编辑查询准则、定义查询类型等，单击"运行"图标运行查询。

5.1.3 查询的分类

Access 中提供了四种类型的查询：选择查询、交叉表查询、操作查询和 SQL 查询。

1. 选择查询

选择查询是最常见的查询类型，它从一个或多个表中检索数据。使用选择查询可以对记录进行分组，并且可对记录进行总计、计数以及求平均值等类型的计算。

在选择查询类别中，有一种特殊运行效果的查询，称为参数查询。与普通的选择查询最大的区别在于：执行参数查询时会弹出对话框，提示用户输入必要的信息(参数)，然后将这些信息作为实际的条件进行查询。参数查询尤其适用于不同具体内容的查询。例如，可以设计一个参数查询，用弹出的对话框来提示用户输入某一次查询的具体时间，然后检索满足该时间的记录。

参数查询可以作为窗体和报表的基础。例如，以参数查询为基础创建月报表。打印报表时，Access 显示对话框询问所需报表的月份，用户输入月份后，Access 便打印相应的报表。

2. 交叉表查询

交叉表查询可以在一种紧凑的、类似于 Excel 电子表格的格式中，显示来源于表中某个字段的合计值、计算值、平均值等。交叉表查询将这些数据分组，一组列在数据表的左侧，一组列在数据表的上部。

交叉表查询实际上是一种特殊的选择查询。在运行交叉表查询时，结果显示在一个临时的表中，该表的结构不同于其他类型的表。与显示相同数据的简单选择查询相比，交叉表查询的结构使数据更易于阅读。

3. 操作查询

操作查询是指在一个操作中更改多条记录的查询。操作查询又可分为四种类型，即生成表查询、追加查询、更新查询和删除查询。

1) 生成表查询

生成表查询可以根据一个或多个表中的全部或部分数据新建表。例如，将学生档案中所有"宿舍楼编号=W1"的学生生成一个副本"W1 学生名册"表，在数据库中以一个表对象的形式另行保存。

2) 追加查询

追加查询可以将一个或多个表中的一组记录副本添加到另一个表的尾部。例如，获得了一些包含新生信息表的数据库，使用追加查询可将有关新生的数据添加到原有"学生档案"表中，而不必手工键入这些内容。

3) 更新查询

更新查询可以对一个或多个表中的一组记录进行批量更改。例如，可以给某一类学生调整收费标准。使用更新查询，可以更改表中已有的数据。

4) 删除查询

删除查询可以从一个或多个表中删除一组记录。例如，可以使用删除查询来删除已经毕业的学生。使用删除查询，仅对数据记录进行删除，并不会删除表或者字段。

4. SQL 查询

SQL 查询即使用 SQL 语句创建的查询。有些查询无法在设计视图中创建，而需要在 SQL 视图中编写 SQL 语句来完成，这类查询包括联合查询、传递查询、数据定义查询、子查询等。

5.2　Access 查询的准则

5.2.1　运算符

Access 的运算符(Operator)是一个标记或符号，用于指定在一个表达式内执行的计算类型，包括数学运算符、比较运算符、逻辑运算符及引用运算符等。Access 支持多种运算符，其中包括算术运算符(如 +、-、*(乘)和 /(除))，以及用于比较值的比较运算符、用于确定 True 或 False 值的逻辑运算符、用于连接文本的连接运算符。

使用算术运算符可以计算两个或多个数字的值，或者将某个数字的符号从正更改为负，或从负更改为正。Access 的算术运算符及其功能如表 5-1 所示。

表 5-1　Access 的算术运算符及其功能

算术运算符	功　能	示　例
^	一个数的乘方	X^5
*	两个数相乘	X*Y
/	两个数相除	5/2 (结果为 2.5)
\	两个数整除(不四舍五入)	5\2 (结果为 2)
mod	两个数求余	5 mod 2 (结果为 1)
+	两个数相加	X+Y
-	两个数相减	X-Y

使用关系运算符可比较值的大小，并返回结果 True、False 或 Null。Access 的关系运算符及其功能如表 5-2 所示。

表 5-2　Access 的关系运算符及其功能

关系运算符	功　能	示　例	示　例　含　义
<	小于	< 100	小于 100
<=	小于等于	<= 100	小于等于 100
>	大于	> #2024-12-8#	日期在 2024 年 12 月 8 日之后
>=	大于等于	>= "102101"	大于等于"102101"
=	等于	= "优"	等于"优"
<>	不等于	<> "男"	不等于"男"

在所有情况下，如果第一个值或第二个值为 Null，则结果也为 Null。因为 Null 表示一个未知的值，任何与 Null 值进行比较的结果也是未知的。

逻辑运算符可以进行布尔值的运算，并返回 True、False 或 Null 结果。逻辑运算符也称为布尔运算符。Access 的逻辑运算符及其功能如表 5-3 所示。

表 5-3　Access 的逻辑运算符及其功能

逻辑运算符	功能	示　例	示　例　含　义
Not	逻辑非	Not "Ma"	不是"Ma"的文本字符
And	逻辑与	>=10 And <=20	在 10～20 之间
Or	逻辑或	<10 Or >20	小于 10 或者大于 20
Eqv	逻辑相等	A Eqv B	如果 A 与 B 同值，则结果为真，否则为假
Xor	逻辑异或	A Xor B	当 A、B 同值时，结果为假；当 A、B 不同值时，结果为真

连接运算符可以将两个文本内容合并成一个文本。Access 的连接运算符及其功能如表 5-4 所示。

表 5-4　Access 的连接运算符及其功能

连接运算符	功　能	示　例
&	将两个字符串合并为一个字符串	string1 & string2
+	将两个字符串合并为一个字符串并继承 Null 值(如果有一个值为 Null，则整个表达式的计算值为 Null)	string1 + string2

通配运算符可以将字符替换成另外的值。Access 的通配运算符及其功能如表 5-5

所示。

表 5-5　Access 的通配运算符及其功能

通配运算符	功　能	示　例
*	表示任意数目的字符串，可以用在字符串的任何位置	Wh* 可匹配 Why、What、while 等；*at 可匹配 cat、what、bat 等
?	表示任何单个字符或单个汉字	B?ll 可匹配 Ball、Bill、Bell 等
#	表示任何一位数字	1#3 可匹配 123、103、113 等
[]	表示括号内的任何单一字符	B[ae]ll 可匹配 Ball 和 Bell
!	表示任何不在这个列表内的单一字符	B[!ae]ll 可匹配 Bill、Bull 等，但不匹配 Ball 和 Bell
-	表示在一个以递增顺序范围内的任何一个字符	B[a-e]d 可匹配 Bad、Bbd、Bcd、Bdd 和 Bed

使用特殊运算符可返回 True 或 False 结果。Access 的特殊运算符及其功能如表 5-6 所示。

表 5-6　Access 的特殊运算符及其功能

特殊运算符	功　能	示　例
Is Null 或 Is Not Null	确定一个值为 Null 还是不为 Null	[姓名] Is Not Null
Like "样式"	使用通配符 ? 和 * 来匹配字符串值	[姓名] Like "李*"
Between val1 And val2	确定数值或日期值是否在某个范围内	[收费年份] Between 2025 And 2035 或[收费日期] Between #2025-01-01# And #2035-12-31#
In(val1, val2, ...)	确定某个值是否在一组值内	[班号] In ("01", "2", "ABC3")

5.2.2　函数

函数(Function)表示每个输入值对应唯一输出值的一种对应关系。可以将函数用于各种各样的操作，如计算值、操作文本和日期、查询条件以及汇总数据。例如，一个常用的函数 Date()，该函数返回当前日期。可以按各种方式使用 Date()函数，如用于设置表中字段的默认值的表达式。这样，只要添加新记录，字段值就被默认为当前日期。Access 的大量内置函数让本来需要大量代码的过程变得很容易。

下面对一些主要和常用的函数分类进行介绍。

1. 日期/时间函数

(1) CDate()函数：将字符串转化成为日期。例如，CDate("2025\4\5")。

(2) Date()函数：返回当前日期。

(3) Weekday()函数：返回某个日期的当前星期(星期天为 1，星期一为 2，星期二为 3，…)。

例如，weekday(now()) 返回当前日期的星期序号。

(4) Now()函数：返回当前完整的时间(包括年、月、日、时、分、秒)。

(5) Time()函数：返回当前的时间部分(包括时、分、秒)。

(6) DateAdd()函数：将指定日期加上某个日期。例如，DateAdd("d", 30, Date())表示将当前日期加上 30 天，其中 d 可以换为 yyyy、m、h、n、s 等，返回与指定日期相隔若干年、若干月份、若干小时、若干分钟、若干秒的日期。

(7) DateDiff()函数：判断两个日期之间的间隔。例如，DateDiff("d", "2025-5-1", "2025-6-1")返回两个日期间隔天数(31)，其中 d 可以换为 yyyy、m、h、n、s 等。

(8) DatePart()函数：返回日期的某个部分。例如，DatePart("d", "2025-5-1")返回 1，即 1 号，d 也可以换为 yyyy、m、h、n、s 等。

(9) Year()函数：返回日期的年份，等同于 DatePart 的 yyyy 部分。例如，Year("2025-5-1")返回这个日期的年份(2025)。

(10) Month()函数：返回日期的月份，等同于 DatePart 的 m 部分。例如，Month("2025-5-1")返回这个日期的月份(5)。

(11) Day()函数：返回日期的日子，等同于 DatePart 的 d 部分。例如，Day("2025-5-1")返回这个日期的日子(1)。

(12) Hour()函数：返回日期的小时，等同于 DatePart 的 h 部分。

(13) Minute()函数：返回日期的分钟，等同于 DatePart 的 n 部分。

(14) Second()函数：返回日期的秒，等同于 DatePart 的 s 部分。

2. 判断函数

(1) IsEmpty()函数：返回布尔值，指出变量是否已经初始化。

(2) IsNull()函数：判断是否为 Null 值，若为 Null 值则返回 0，若为非 Null 值则返回 −1。

(3) IsDate()函数：判断是否为日期，若为日期则返回 −1，否则返回 0。

(4) IsNumeric()函数：判断是否为数字，若为数字则返回 −1，否则返回 0。

3. 算术函数

(1) Abs()函数：返回数字的绝对值。

(2) Sqr()函数：返回数值的平方根值。

(3) Int()函数：返回不大于数值的整数。

(4) Rnd()函数：返回一个 0～1 之间的随机数值。

(5) Sgn()函数：返回数字的正负符号(正数返回 1，负数返回 −1，0 值返回 0)。

(6) Sin()函数：返回某个角的正弦值。

(7) Cos()函数：返回某个角的余弦值。

(8) Tan()函数：返回某个角的正切值。

(9) Atn()函数：返回数值的反正切值。

(10) Log()函数：返回以 e 为底的对数值。

(11) Exp()函数：返回 e(自然对数的底)的幂次方。

4. 程序流程函数

(1) Choose()函数：语法结构为 Choose(index, choice-1[, choice-2, ...[, choice-n]])。该函

数根据第一参数的值返回选择项列表中的某个值。如果 index 是 1, 则返回列表中的第一个选择项; 如果 index 是 2, 则返回列表中的第二个选择项, 以此类推。

(2) IIF()函数: 根据表达式返回特定的值。例如, IIF(3>1, "OK", "False") 返回 OK。

5. 文本函数

(1) Asc()函数: 返回字母的 ASCII 值。例如, Asc("A")返回数值 65。

(2) Chr()函数: 将 ASCII 值转换到字符。例如, Chr(65)返回字符"A"。

(3) Format()函数: 格式化字符串。例如, Format(now(), 'yyyy-mm-dd')返回类似于"2025-04-03" 格式的字符。

(4) InStr()函数: 查询子串在字符串中的位置。例如, InStr("abc", "a")返回 1, InStr("abc", "f")返回 0。

(5) LCase()函数: 返回字符串的小写形式。例如, LCase("␣␣Ab␣de␣")返回"␣␣ab␣de␣"。

(6) Left()函数: 左截取字符串。例如, Left("␣␣Ab␣de␣", 4)返回"␣␣Ab"。

(7) Len()函数: 返回字符串长度。例如, Len("␣␣Ab␣de␣")返回字符串的长度为 8。

(8) Ltrim()函数: 左截取空格。例如, Ltrim("␣␣Ab␣de␣")返回"Ab␣de␣"。

(9) Mid()函数: 取得子字符串。例如, Mid("␣Ab␣de␣", 3, 2)返回"Ab"。

(10) Right()函数: 右截取字符串。例如, Right("␣␣Ab␣de␣", 5)返回"b␣de␣"。

(11) Rtrim()函数: 右截取空格。例如, Rtrim("␣␣Ab␣de␣")返回"␣␣Ab␣de"。

(12) Space()函数: 产生指定长度的空格。例如, Space(4)返回 4 个空格。

(13) StrComp()函数: 比较两个字符串是否内容一致(不区分大小写)。例如, StrComp("abc", "ABC")返回 0, StrComp("abc", "123")返回 −1。

(14) Trim()函数: 截取字符串两头的空格。例如, Trim("␣␣Ab␣de␣")返回"Ab␣de"。

(15) UCase()函数: 将字符串转换为大写。例如, UCase("␣␣Ab␣de␣")返回"␣␣AB␣DE␣"。

6. 统计函数

(1) Avg()函数: 取字段平均值。

(2) Count()函数: 统计记录个数。

(3) Max()函数: 取字段最大值。

(4) Min()函数: 取字段最小值。

(5) StDev()函数: 估算样本的标准差(忽略样本中的逻辑值和文本)。

(6) StDevP()函数: 计算以参数形式(忽略逻辑值和文本)给出的整个样本总体的标准偏差。

(7) Sum()函数: 计算字段的总计值。

(8) Var()函数: 估算样本方差(忽略样本中的逻辑值和文本)。

(9) VarP()函数: 计算整个样本总体的方差(忽略样本总体中的逻辑值和文本)。

5.2.3 表达式

在 Access 中经常会使用到表达式(Expression)。Access 中的表达式相当于 Excel 中的公式，表达式是一组产生结果的运算符和操作数，可以使用表达式执行计算、检索控件值、提供查询条件、定义规则、创建计算控件和计算字段，以及定义报表的分组级别；也可以使用表达式来设置属性和参数，在窗体、报表中定义计算控件，在查询中设置条件或定义计算字段，以及在宏中设置条件。

1. 常见的表达式

常见的表达式有以下几种：

(1) 数值表达式。

数值表达式即其值为数值的表达式。数值表达式的元素可包含任何关键字、变量、常数和运算符的组合，其结果为数值。

(2) 布尔表达式。

布尔表达式即其值为 True 或 False 的表达式。例如：

```
Dim blnVal As Boolean
blnVal = 5>3          式子右边"5>3"即为布尔表达式，其值为 True
```

(3) 字符串表达式。

字符串表达式即其值为一串字符的表达式。字符串表达式的元素可包含返回字符串的函数、字符串文本、字符串常量、字符串变量或返回字符串变量的函数。

(4) 日期表达式。

日期表达式即可表示成日期的表达式，包含日期文字、可看作日期的数字、可看作时间的字符串以及从函数返回的时间。日期表达式限于数字或字符串，可表示从公元 100 年 1 月 1 日到公元 9999 年 12 月 31 日的日期。可将日期作为实数的一部分来存储。

2. 表达式的作用

表达式的作用主要体现在以下几个方面：

(1) 在查询中实现字段的计算。

假设要计算发票中某一行数据项的总金额。通常，并不将该行数据项总计存储在数据库中，而是在需要时根据存储在数据库中的两个数据项(数量和价格)来计算此值，其表达式为：

```
=CCur([数量]*[价格])
```

此表达式将数量与价格相乘，然后使用 CCur 函数(转换为货币)将结果转换为"货币"数据类型。

(2) 作为查询的准则。

假设需要查看在特定时间范围内发货的产品销售情况，可以输入一个使用 Between 运算符的表达式来定义日期范围。Access 将返回符合该条件且发货日期在指定日期范围内的记录，如表达式：

```
Between #2025/1/1# And #2035/12/31#
```

(3) 作为字段或控件的默认值和验证规则。

例如，将一个日期/时间数据类型字段的默认值设置为当前系统日期，则可以在该字段的"默认值"属性中键入"Date()"，也可以使用表达式设置验证规则。例如，可以使用这样一种验证规则：要求输入的日期必须大于或等于当前日期，将"验证规则"属性框中的值设置为"≥ Date()"。

(4) 表达式还可以使用在查询设计视图的"条件"列或者报表设计视图的"分组与排序"等功能中。

在编写数据库对象事件过程或模块的 VBA 代码时，通常会包含引用 Access 对象或控件值的表达式。表达式中的字段名称和控件名称必须用中括号括起来，如：[姓名]、[Text1]。如果名称包含空格或特殊字符，也必须用中括号括起来。

5.3　使用向导创建查询

使用查询向导，可以辅助创建 Access 查询，检索需要的记录。单击"创建"选项卡"查询"组中的"查询向导"图标创建查询。创建查询后，可以单击"运行"图标显示查询的最终结果。运行选择查询时，查询结果只显示与选择标准相匹配的表中的每个记录的选定字段。然而，查询并不局限于一个表，只要数据库包含彼此相关的表字段，那么查询就可以包含多个表或者已有的查询。Access 查询向导能够有效指导用户顺利地进行创建查询的工作，详细地解释在创建过程中需要作出的选择，并能以直观的方式显示结果。

通过本节的学习，可以完成如表 5-7 所示的任务并掌握相应的知识点。

表 5-7　创建查询的任务和知识点

任　　务	涉及的知识点
使用查询向导创建名为"交费通知"的查询。该查询结果的数据来自"学生档案"表的年级、专业、学号、姓名字段以及"学费标准"表的书费和学杂费字段	使用向导创建选择查询
使用查询向导创建名为"重名学生"的查询。该查询结果的数据来自"学生档案"表的以下字段：学号、姓名、专业和班号	使用向导创建重复项查询
使用查询向导创建名为"未缴学费学生"的查询。该查询的数据来自"学生档案"表中的以下字段：学号、姓名、年级、专业和班号	使用向导创建不匹配项查询
使用查询向导创建名为"班级人数"的交叉表查询。该查询的数据来自按专业班级统计的各班学生人数	使用向导创建交叉表查询

5.3.1　使用向导创建简单查询

Access 简单查询主要是指从单个或多个表中检索特定字段数据的查询。使用简单查询向导可以直观、快速地完成创建查询的过程。

【例 5-1】　通过查询向导创建名为"交费通知"的查询。该查询结果的数据来自"学生档案"表的年级、专业、学号、姓名字段以及"学费

使用向导创建
简单查询

标准"表的书费和学杂费字段。运行查询的结果如图 5-2 所示。

图 5-2   "交费通知"查询的运行结果

基本操作步骤如下：

(1) 单击"创建"选项卡"查询"组中的"查询向导"图标，启用查询向导。

(2) 选择"简单查询向导"。

(3) 在"表/查询"中选择"表：学生档案"，单击">"图标依次选择结果中包含的字段，如年级、专业、学号、姓名，如图 5-3 所示。

图 5-3   简单查询向导—选取查询中的字段

(4) 如果查询结果中还需要使用其他表中的字段，则继续在"表/查询"中进行操作。选择"表：学费标准"，单击">"图标依次选择结果中包含的字段，如书费、学杂费。

(5) 在向导的最后一个对话框中，键入查询的名称为"交费通知"，如图 5-4 所示。

(6) 单击"完成"按钮，打开该查询的数据表视图查看信息。

图 5-4　简单查询向导—指定标题

5.3.2　使用向导创建重复项查询

重复项查询是一种 Access 选择查询，常用于查找数据库中重复出现的记录，帮助用户识别数据中的不一致性或错误，从而提高数据的质量和可靠性。

【例 5-2】　使用查询向导创建名为"重名学生"的查询。该查询结果的数据来自"学生档案"表的以下字段：学号、姓名、专业和班号。运行查询的结果如图 5-5 所示。

使用向导创建
重名项查询

图 5-5　"重名学生"查询的运行结果

基本操作步骤如下：

(1) 单击"创建"选项卡"查询"组中的"查询向导"图标，启用查询向导。

(2) 选择"查找重复项查询向导"。

(3) 在"表/查询"中选择"表：学生档案"。

(4) 选择重复值字段为"姓名"。

(5) 依次选择查询结果所需要显示的其他字段，如学号、专业、班号。

(6) 在向导的最后一个对话框中键入查询的名称为"重名学生"。

(7) 单击"完成"按钮查看结果。

5.3.3 使用向导创建不匹配项查询

不匹配项查询也是一种 Access 选择查询，常用于找出一对多关系的两个表中不匹配的记录，如学籍记录与缴费记录、藏书记录与借阅记录的比对等。

使用向导创建
不匹配项查询

【例 5-3】 使用查询向导创建名为"未缴学费学生"的查询。根据"学费缴纳情况"表和"学生档案"表中的数据，该查询的结果显示未缴纳费用学生的学号、姓名、年级、专业和班号。运行查询的结果如图 5-6 所示。

未缴学费学生 ×				
学号	姓名	年级	专业	班号
202200008123	张艾良	2022	数字经济	01
202200008124	杨浩辉	2022	数字经济	01
202201060009	刘锦婷	2022	数字经济	01
202201060010	彭苑亮	2022	数字经济	01
202201060011	黄镁	2022	数字经济	01
202201060012	李锦芝	2022	数字经济	01

记录: ◄ 第 1 项(共 574 I ► ►I 无筛选器 搜索

图 5-6 "未缴学费学生"查询的运行结果

基本操作步骤如下：

(1) 单击"创建"选项卡"查询"组中的"查询向导"图标，启用查询向导。

(2) 选择"查找不匹配项查询向导"。

(3) 选择结果数据所在的"表/查询"为"表：学生档案"(通常使用关系线"一"方表)。

(4) 选择包含相关记录所在的"表/查询"为"表：学费缴纳情况"(通常使用相对应的"多"方表)。

(5) 确定两个关联表之间的关联字段。如果步骤(3)和步骤(4)选择的两个表间存在关系，则显示出表间关联的匹配字段，如图 5-7 所示。

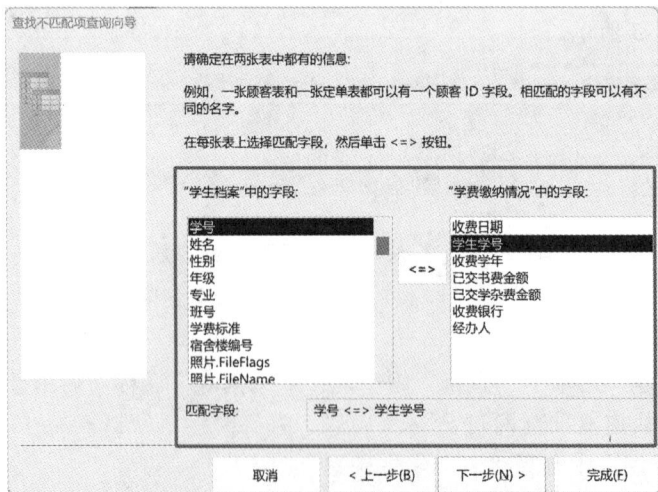

图 5-7 查询向导—确定匹配字段

(6) 依次选择查询结果中所需的字段，如学号、姓名、年级、专业、班号。

(7) 在向导的最后一个对话框中键入查询的名称为"未缴学费学生"。

(8) 单击"完成"按钮查看结果。

5.3.4　使用向导创建交叉表查询

交叉表查询用于计算总和、平均值或其他聚合函数，然后按照两组值对结果进行分组显示：一组值垂直分布在数据表的一侧，另一组值水平分布在数据表的顶端。如果需要查看汇总数据，就可以使用交叉表查询，这样可以更容易地阅读和理解汇总数据。

交叉表查询与显示相同数据的简单选择查询相比，交叉表查询的结构让用户更易读懂。

在对表或者已有的查询进行交叉表查询时，从表或者查询中选定的字段应不少于三个，其中至少需要一个行字段、一个列字段和一个汇总字段，否则不能产生交叉表查询。

使用向导创建
交叉表查询

【例 5-4】　创建名为"班级人数"的交叉表查询，该查询的数据来自按专业班级统计的各班学生人数。运行查询的结果如图 5-8 所示。

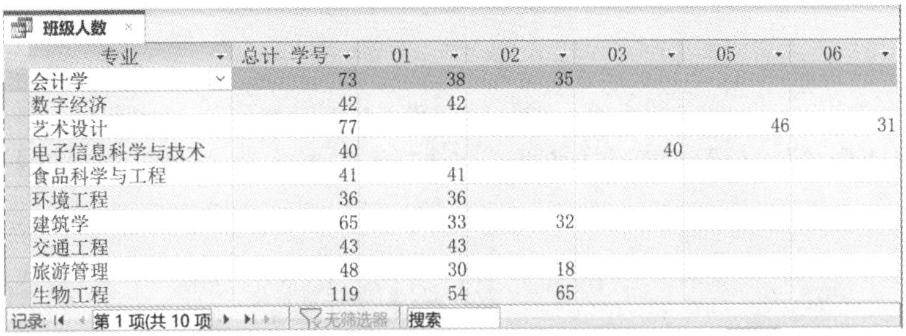

班级人数 专业	总计 学号	01	02	03	05	06
会计学	73	38	35			
数字经济	42	42				
艺术设计	77				46	31
电子信息科学与技术	40			40		
食品科学与工程	41	41				
环境工程	36	36				
建筑学	65	33	32			
交通工程	43	43				
旅游管理	48	30	18			
生物工程	119	54	65			

记录: ◄ 第 1 项(共 10 项) ► ►| ▼ 无筛选器 搜索

图 5-8　"班级人数"交叉表查询的运行结果

基本操作步骤如下：

(1) 单击"创建"选项卡"查询"组中的"查询向导"图标，启用查询向导。

(2) 选择"交叉表查询向导"。

(3) 选择交叉表的数据来源为"表：学生档案"。

(4) 选择"专业"作为行字段，如图 5-9 所示。

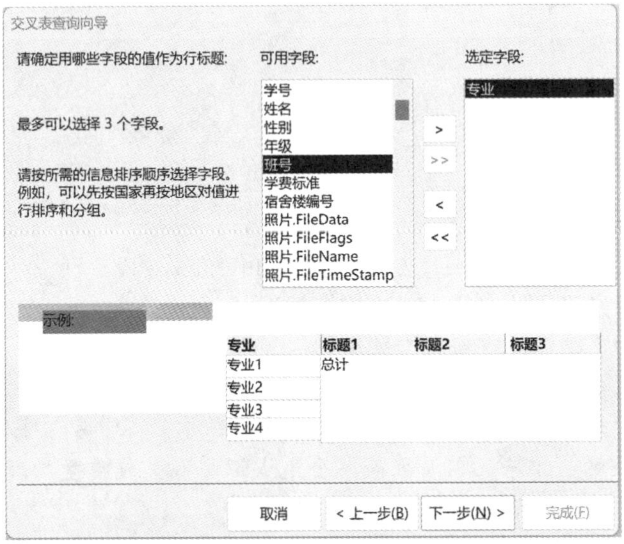

图 5-9　选择交叉表查询中的行字段

(5) 选择"班号"作为列标题，如图 5-10 所示。

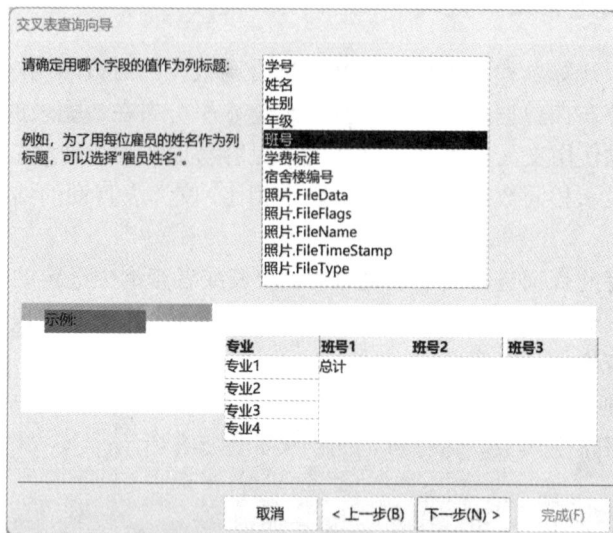

图 5-10   选择交叉表查询中的列字段

(6) 选择"学号"字段作为汇总字段，并选择汇总方式为"计数"，如图 5-11 所示。

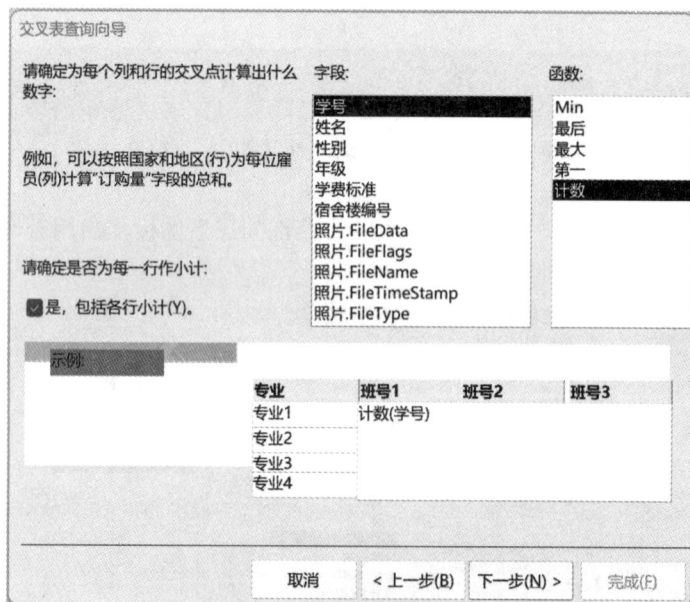

图 5-11   选择交叉表查询中的汇总字段

(7) 在向导中指定查询的名称为"班级人数"。

(8) 单击"完成"按钮，查看查询结果。

> 在本例中，使用"学号"作为汇总字段，原因在于："学号"字段作为表的主键，其取值必然是非空的、唯一的值，因而不会造成汇总漏失或重复的现象。通常，把主键作为汇总字段，用于统计记录的个数。

Access 提供四种类型选择查询的查询向导，即简单查询、重复项查询、不匹配项查询和交叉表查询。使用查询向导可以快速地完成这些类型查询的创建操作，尤其适合初学者和对应管理需要的用户。

5.4 使用设计视图创建查询

本节介绍使用设计视图创建 Access 查询的方法，如多表选择查询、带条件的查询、实现查询中的计算、汇总查询、参数查询的创建方法。通过本节的学习，可以完成如表 5-8 所示的任务并掌握相应的知识点。

表 5-8　选择查询的任务和知识点

任　　务	涉及的知识点
使用设计视图创建名为"学生学院"的查询。该查询的数据来自"学生档案"表和"学院信息"表的以下字段：学号、姓名、专业、年级和学院名称	使用设计视图创建选择查询
设计名为"2024 级学生"的查询。该查询的结果中仅显示 2024 级的学生数据	创建带条件的选择查询
创建名为"刘姓学生"的查询。该查询的结果中仅显示姓名中以"刘"开头的学生数据	使用条件表达式的选择查询
创建名为"学费合计"的查询。该查询的结果中统计每位学生的学杂费和书费的合计金额	在查询中实现计算
创建名为"各专业学费合计"的查询。该查询的结果中按专业统计每个专业学杂费和书法的合计金额	创建汇总查询
创建名为"某个年级学生"的查询。该查询的结果中根据用户输入的某个年级显示"学生档案"表中对应的学生数据	创建带有参数的选择查询

5.4.1　使用设计视图创建选择查询

在 Access 中使用查询向导虽然可以快速地创建查询，但是对于创建指定条件的查询、参数查询和其他复杂的查询，查询向导就不能完全胜任了。这种情况下，可以通过设计视图直接创建查询；也可以在使用查询向导创建查询后，通过设计视图进行修改。

使用设计视图
创建选择查询

【例 5-5】　使用设计视图创建名为"学生学院"的查询。该查询的数据来自"学生档案"表和"学院信息"表的以下字段：学号、姓名、专业、年级和学院名称。运行查询的结果如图 5-12 所示。

图 5-12　"学生学院"查询的运行结果

基本操作步骤如下：

(1) 单击"创建"选项卡"查询"组中的"查询设计"图标，打开新建查询的设计视图。

(2) 单击"查询设计"选项卡"查询设置"组中的"添加表"图标，右侧显示"添加表"，在列表中，按住 Ctrl 键并单击鼠标，同时选择"学生档案""学院专业信息""学院信息"三个表，单击"添加所选表"按钮，将选定的表添加到查询的设计视图，如图 5-13 所示。

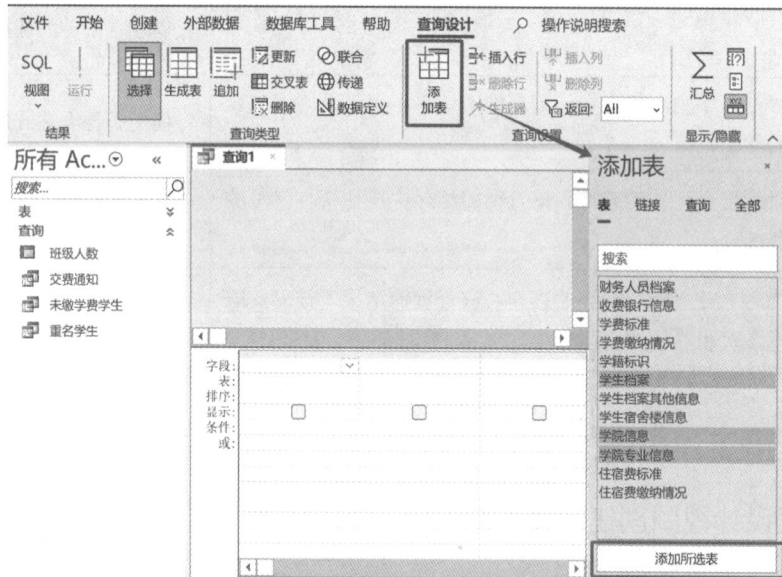

图 5-13　将选定表添加到查询的设计视图

设计查询时，如果查询所需表不止一个，则应先建立表间关系。本例中，如果只添加"学生档案"和"学院信息"两个表，由于这两个表间需要通过"学院专业"表才存在表间关系，故还需要添加"学院专业"表，用于关联所需表。此外，还可以在设计视图上半部分的相关表中建立临时的关系线，以免造成多余重复记录的混乱情况。

(3) 在设计视图中，依次在"学生档案"表和"学院信息"表中选择以下字段：学号、姓名、专业、年级和学院名称，如图 5-14 所示。

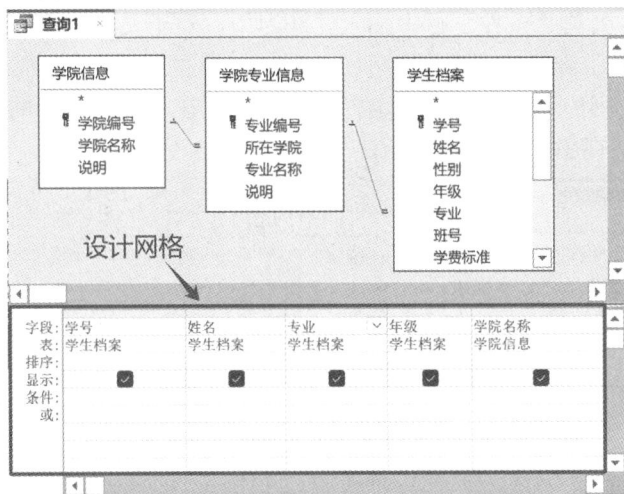

图 5-14　"学生学院"查询的设计视图

(4) 保存查询并命名为"学生学院"。

在如图 5-14 所示设计视图的设计网格中，除了可以设定查询所需字段及其来源外，还可以进行以下设定：

① 按升序或降序排列查询结果。将参与排序字段的"排序"行设置为"升序"或者"降序"。

② 隐藏查询中的某些字段。在设计网格中取消隐藏字段的"显示"复选框。

5.4.2　创建带条件的选择查询

在 Access 中，可以通过在查询中使用条件来限制查询所返回的记录集。条件是指在查询设计中包含的规则，用于指定查询应返回哪些字段的值或模式。通过这些条件，可以基于字段中包含的值进一步筛选出所需的数据，从而实现更有针对性的查询结果。

创建带条件的
选择查询

【例 5-6】 修改"学生学院"查询，使得查询结果仅显示 2024 级学生的记录，并且，结果按"姓名"字段升序排列、隐藏"年级"字段列，将查询另存为"2024 级学生"。运行查询的结果如图 5-15 所示。

图 5-15　"2024 级学生"查询的运行结果

基本操作步骤如下：

(1) 打开"学生学院"查询的设计视图。

(2) 在"年级"列的"条件"行中输入"2024"，对于文本类型字段的条件表达式，Access 会自动加入双引号。

(3) 在"姓名"列的"排序"行中选择"升序"，在"年级"列的"显示"行中取消复选框。查询的设计视图如图 5-16 所示。

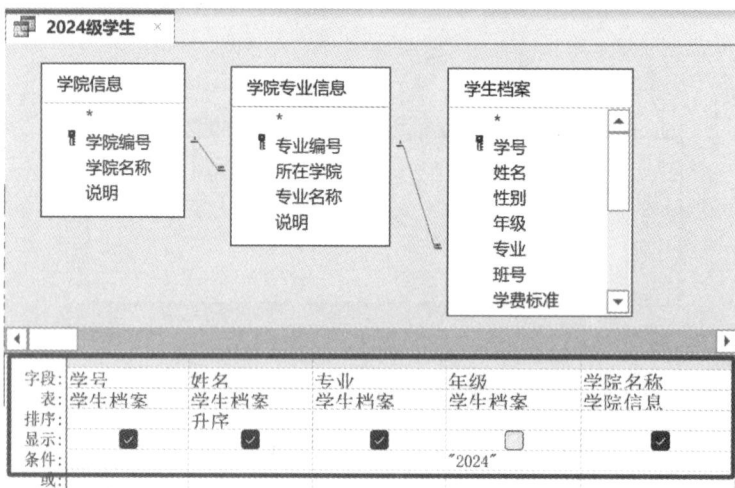

图 5-16 "2024 级学生"查询的设计视图

(4) 将查询另存为"2024 级学生"。

【例 5-7】 修改"学生学院"查询，使查询结果仅显示姓名字段以"刘"开头的学生数据，将查询另存为"刘姓学生"。运行查询的结果如图 5-17 所示。

使用条件表达式的选择查询

学号	姓名	专业	年级	学院名称
202201060009	刘锦婷	数字经济	2022	经统学院
202220020030	刘振雅	生物工程	2022	生命科学学院
202220020033	刘少怡	生物工程	2022	生命科学学院
202301030005	刘天茹	会计学	2023	经统学院
202301030043	刘怀文	会计学	2023	经统学院
202309040533	刘志均	艺术设计	2023	美术与设计学院
202314010025	刘释彦	环境工程	2023	环境科学与工程学院
202318010021	刘颖	旅游管理	2023	管理学院
202318010043	刘韬	旅游管理	2023	管理学院
202318018002	刘利	旅游管理	2023	管理学院
202417020022	刘海标	交通工程	2024	土木与交通工程学院
202420020012	刘盛珠	生物工程	2024	生命科学学院
202420020036	刘卓恒	生物工程	2024	生命科学学院
202420020046	刘志峰	生物工程	2024	生命科学学院

记录: ◄ 第 1 项(共 14 项) ► ►► ▼ 无筛选器 搜索

图 5-17 "刘姓学生"查询的运行结果

基本操作步骤如下：

(1) 打开"学生学院"查询的设计视图。

(2) 在"姓名"列的"条件"行中输入"Left([姓名], 1) = "刘""，设计视图如图 5-18

所示。本例中，条件表达式还可以使用 Like 运算符，如：Like "刘*"。

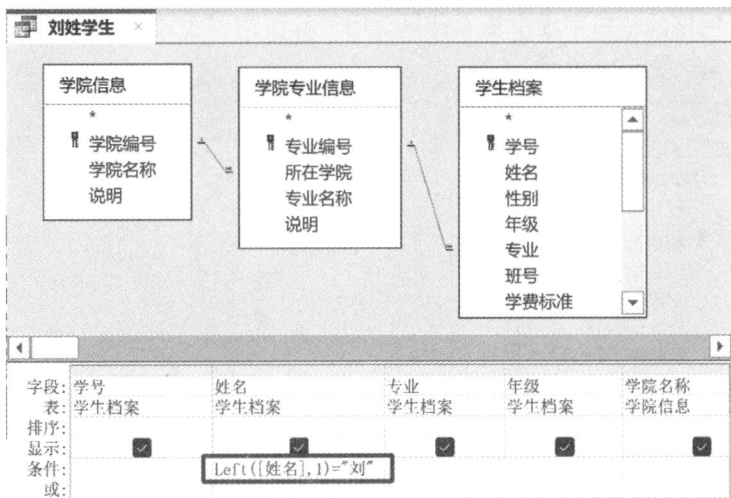

图 5-18　"刘姓学生"查询的设计视图

(3) 将查询另存为"刘姓学生"。

5.4.3　实现查询中的计算

在查询结果中，可以统计一个或多个表字段或控件中的项目数，还可以计算平均值、最小值、最大值等。以"高校学费管理系统"为例，如果要统计每个学生已缴纳费用的合计金额，就需要在查询中进行计算，使用 SQL 聚合函数中的字符串表达式来计算字段中的值。

在查询中实现计算

【例 5-8】　创建名为"学费合计"的查询，统计每位学生的学杂费和书费的合计金额。运行查询的结果如图 5-19 所示。

图 5-19　"学费合计"查询的运行结果

基本操作步骤如下：

(1) 单击"创建"选项卡"查询"组中的"查询设计"图标，打开新建查询的设计视图。

(2) 将"学生档案""学费缴纳情况"两个表添加到查询的设计视图，并且在设计网格中添加"学生档案"表中的"学号""姓名""专业"字段。

(3) 在设计网格的空白字段中输入计算费用合计值的表达式"[已交书费金额] + [已交学杂费金额]",如图 5-20 所示。

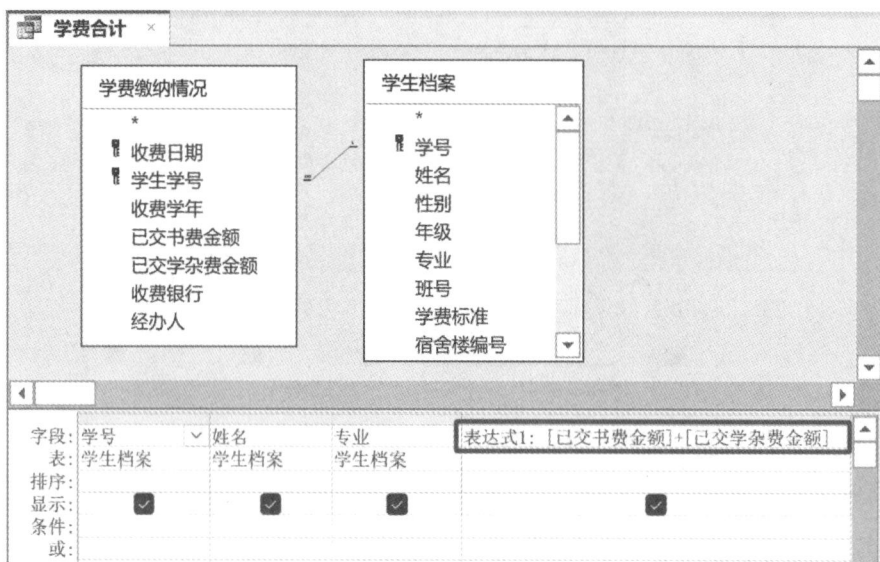

图 5-20   "学费合计"查询的设计视图

(4) 保存查询并命名为"学费合计"。

5.4.4 创建汇总查询

Access 提供了一种名为"汇总行"的新工具,它简化了汇总数据列的过程。使用汇总行可以执行数据列计算,如求平均值、统计列中的项数及查找数据列中的最小值或最大值。

使用"汇总行"可以更快、更容易地使用一组聚合函数,这些函数可用于计算一定范围内的数据值。Access 的"汇总行"提供了快速使用聚合函数的方法。下面介绍聚合函数,并说明如何在"汇总行"中使用这些函数。

【例 5-9】 创建名为"各专业学费合计"查询,根据专业统计每个学生已缴纳学杂费的合计金额,汇总列标题显示为"总计费用"。运行查询的结果如图 5-21 所示。

创建汇总查询

图 5-21   "各专业学费合计"查询的运行结果

基本操作步骤如下:

(1) 单击"创建"选项卡"查询"组中的"查询设计"图标,打开新建查询的设计视图。

(2) 将"学费缴纳情况""学生档案"两个表添加到查询的设计视图,并且在设计网格中添加"专业"和"已交学杂费金额"字段。

(3) 修改"已交学杂费金额"字段的列标题为"总计费用"，如图 5-22 所示。

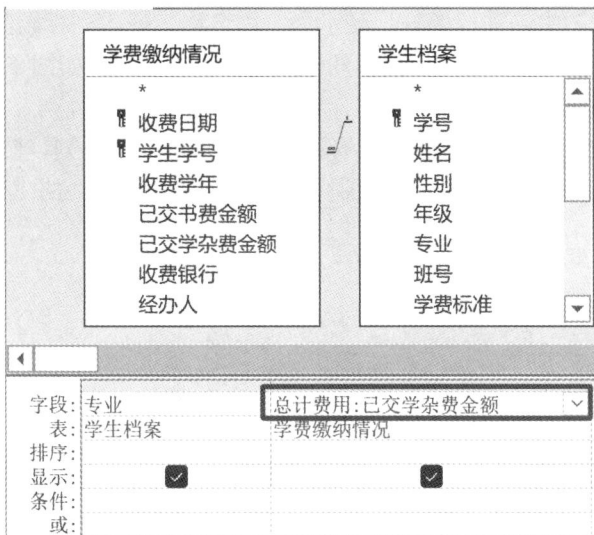

图 5-22　在设计网格中修改列标题

(4) 单击"设计"选项卡"显示/隐藏"组中的"汇总"图标，在设计视图的设计网格中添加"总计"行。

(5) 在设计网格的"总计"行中分别设定各个列的选项。在"专业"列中，选择"Group By"表示该列用作分组。在"总计费用"列中，选择"合计"表示该列用作合计汇总计算，如图 5-23 所示。

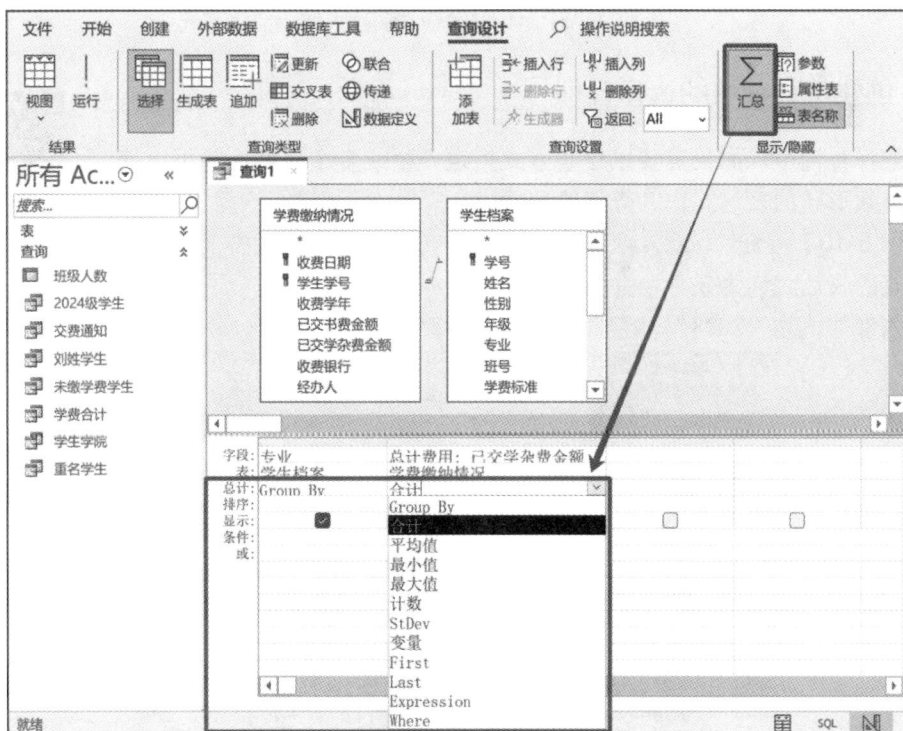

图 5-23　在设计网格中设计"总计"行

(6) 保存查询并命名为"各专业学费合计"。

在查询的设计视图中，列标题默认显示为字段名称。修改列标题的操作方法有：

(1) 在"字段"行中输入诸如"列标题: 字段名称"格式。如图 5-22 所示，输入"总计费用:已交学杂费金额"。

(2) 在设计视图的设计网格中单击选择需要修改标题的字段列，然后单击"查询设计"选项卡"显示/隐藏"组中的"属性表"图标，在右侧"属性表"的"标题"行中输入"总计费用"，如图 5-24 所示。

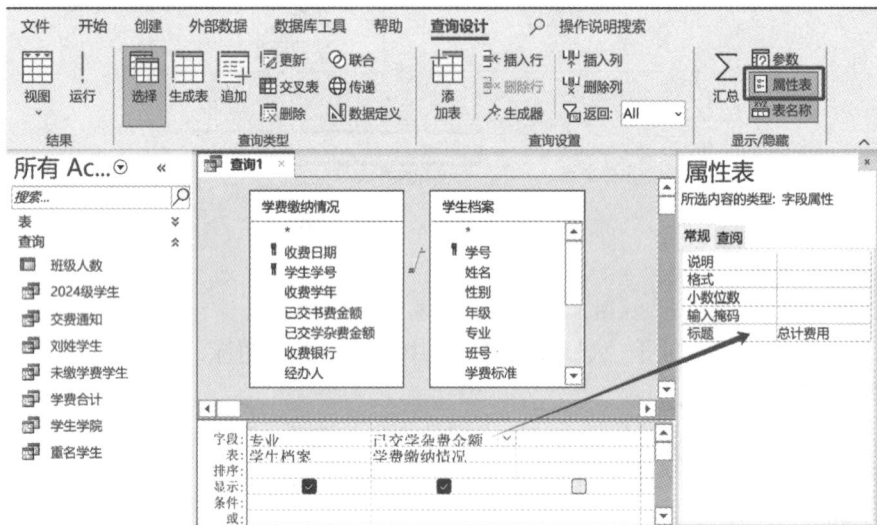

图 5-24   在查询的字段属性中修改列标题

5.4.5   创建带有参数的选择查询

在选择查询中，如果需要以交互方式指定一个或多个条件值，可以使用带有参数形式的表达式作为查询的条件。

【例 5-10】 修改"2024 级学生"查询，在"年级"字段中使用带有参数形式的表达式作为条件，并将查询另存为"某个年级学生"。运行查询并输入参数值为"2023"，查询结果如图 5-25 所示。

创建带有参数的
选择查询

图 5-25   输入"2023"时"某个年级学生"查询的运行结果

基本操作步骤如下：

(1) 打开"2024 级学生"查询的设计视图。

(2) 在使用参数的字段"条件"行中键入希望对该参数对话框显示的文本。例如要查询指定年级的学生，则在"年级"字段的"条件"行中输入"[请输入查询年级，如 2024]"，如图 5-26 所示。

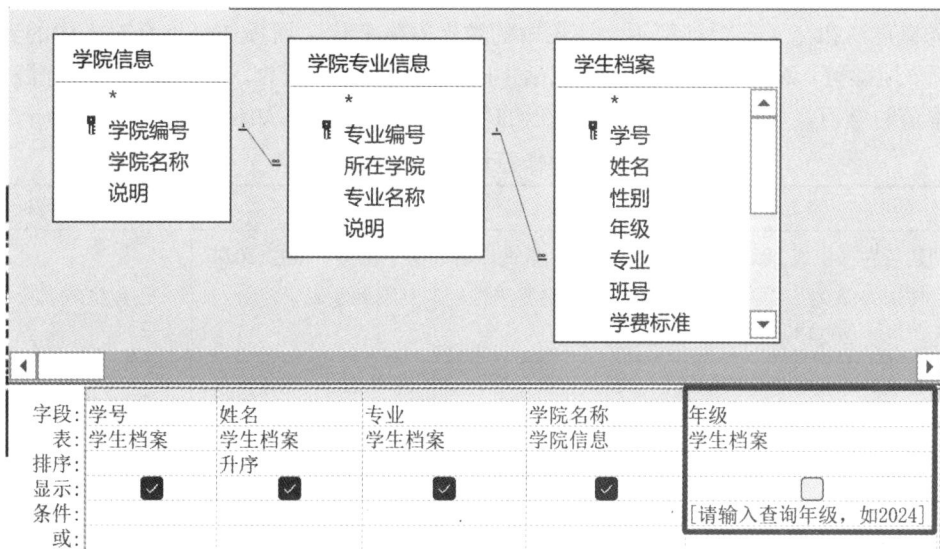

图 5-26 "某个年级学生"查询的设计视图

(3) 将查询另存为"某个年级学生"。

如果要在指定的数值范围内进行查询，则可以使用运算符，如：Between [请输入起始年级] And [请输入结束年级]。

> 　　如果条件行中被中括号括起来的字符串不是字段名称，则 Access 认为该字符串是运行该查询时用于输入参数对话框中的提示文本信息。

在关系数据库管理系统中，建立新表时各数据之间的关系不必确定，常把一个实体集的所有信息存放在一个表中。当检索数据时，通过选择查询显示出存放在多个表中的信息。通过选择查询可以实现多个表的查询，并且在任何时候都可以灵活地增加查询所需的字段。

通过设计视图创建 Access 查询，可以指明查询结果的条件、排序次序或者汇总数据。使用"条件"表达式可增强查询功能，创建带条件的查询可以查询出符合条件的数据；在查询中使用运算符以及"汇总"工具可以在查询的时候进行统计，添加计算字段或编辑汇总查询时，往往需要修改列标题和定义计算表达式，基本操作方法是在设计网格的"字段"行中创建形如"列标题:计算表达式"的字段列；参数查询可以在运行查询时输入具体数据，代替在设计网格中使用的"条件"参数，而不必频繁地修改"条件"行中固定的条件数值。这些内容是本章的重点和难点，需要熟练、灵活地掌握。

5.5　操 作 查 询

选择查询和交叉表查询都不会使表中的数据发生变化,而操作查询会对表中的数据进行更新、删除等,Access 的操作查询包括生成表查询、追加查询、更新查询以及删除查询。通过本节的学习,可以完成如表 5-9 所示的任务并掌握相应的知识点。

表 5-9　操作查询的任务和知识点

任　务	涉及的知识点
创建名为"生成 2024 级学生"的生成表查询,将"学生档案"表中 2024 级且性别为"女"的学生的"学号""姓名""性别"复制到新表中,新表名为"学生 2024"	创建生成表查询
创建名为"备份男生"的追加查询,将"学生档案"表中 2024 级且性别为"男"的学生的"学号""姓名""性别"添加到"学生 2024"表中	创建追加查询
创建名为"批量更新书费"的更新查询,将"学费标准"表中的"书费"字段数据在原来的基础上增加 500	创建更新查询
创建名为"按学年删除缴费情况"的删除查询,按用户输入的学年删除"住宿费缴纳情况"表中该收费年份的记录	创建删除查询

5.5.1　生成表查询

打开 Access 数据库,使用生成表查询可将检索结果的数据记录复制到指定的新表中,如果需要使用已创建的数据子集或将表的内容复制到同一数据库中的其他对象、外部文件或者另一个数据库时,生成表查询就非常有用。生成表查询可以创建新表,并通过将查询结果复制到该表中以在表中创建记录行;如果被创建的表已经存在,则生成的表将覆盖已有表。查看生成表查询运行结果的方法是,打开新表的数据表视图。

创建生成表查询时,需要指定:

(1) 新表(目标表)的名称。

(2) 要从中复制记录行的一个或多个表(源表),可以从单个表或关联表中进行复制。

(3) 要复制其内容的源表中的列。

(4) 如果想以特定的次序复制行,则在查询中设定排序次序。

(5) 定义要复制记录行的搜索条件。

(6) 如果仅想复制汇总信息,则在查询中编辑"分组依据"选项。

【例 5-11】 创建名为"生成 2024 级学生"的生成表查询,将"学生档案"表中年级为"2024"、性别为"女"的学生的"学号""姓名""性别"数据记录复制到新表中,新表名为"学生 2024"。运行该查询后,打开"学生 2024"表的数据表视图,结果如图 5-27 所示。

创建生成表查询

图 5-27　"学生 2024"表的数据表视图

基本操作步骤如下：

(1) 单击"创建"选项卡"查询"组中的"查询设计"图标，打开新建查询的设计视图。

(2) 将"学生档案"表添加到设计视图中，在设计网格中依次添加字段"学号""姓名""性别"并在"性别"字段的条件行输入"女"。

(3) 将"年级"字段添加到设计网格，并在"年级"字段的条件行输入"2024"，取消"显示"行的复选框，如图 5-28 所示。

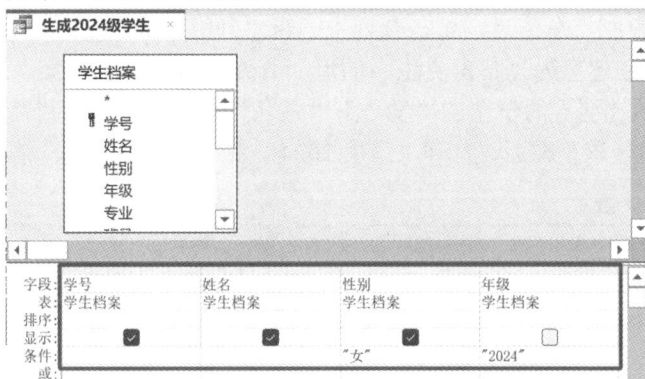

图 5-28　"生成 2024 级学生"查询的设计视图

(4) 单击"查询设计"选项卡"查询类型"组中的"生成表"图标，将查询类型设为生成表查询。

(5) 在"生成表"对话框中键入新表名称为"学生 2024"，如图 5-29 所示。

图 5-29　输入生成的新表名称

(6) 保存查询并命名为"生成 2024 级学生"。

(7) 单击"查询设计"选项卡"结果"组中的"运行"图标，执行查询。执行成功后，将在 Access 左侧的导航窗格中新增一个名为"学生 2024"的新表。

如果要按照特定的次序复制记录行，那么需要指定排序次序。如果不设置查询的条件，则将所有记录行复制到新表中。

5.5.2 追加查询

使用追加查询创建新行并将记录粘贴到指定表的尾部，可将表中的数据从一张表复制到另一张表中，也可对表内的一些数据进行复制。追加查询类似于生成表查询，其区别是追加查询是将表中的数据复制到现有的表中，并不生成新的表。查看追加表查询运行结果的方法是，打开要添加数据记录的表的数据表视图。

创建追加查询时，要指定：

(1) 需要添加记录行的目标表。

(2) 被复制记录行的一个或多个表(源表)，如果在表内复制，那么源表必须与目标表相同。

(3) 要复制其内容的源表中的列。

(4) 要将数据复制到其中的目标表中的目标列。

(5) 定义要复制记录行的搜索条件。

(6) 如果想以特定的次序复制行，则在查询中设定排序次序。

(7) 如果仅想复制汇总信息，则在查询中编辑"分组依据"选项。

【例 5-12】 创建名为"备份男生"的追加查询，将"学生档案"表中 2024 级且性别为"男"的学生的"学号""姓名""性别"添加到"学生 2024"表中。运行该查询后，打开"学生 2024"表的数据表视图，结果如图 5-30 所示。

创建追加查询

图 5-30   "学生 2024"表的数据表视图

基本操作步骤如下：

(1) 单击"创建"选项卡"查询"组中的"查询设计"图标，打开新建查询的设计视图。

(2) 将"学生档案"表添加到设计视图中，在设计网格中依次添加字段"学号""姓名""性别""年级"。

(3) 在"性别"字段的条件行输入"男",在"年级"字段的条件行输入"2024"。

(4) 单击"查询设计"选项卡"查询类型"组中的"追加"图标,将查询类型设为追加查询。

(5) 在"追加"对话框中输入保存查询数据的表名为"学生 2024",如图 5-31 所示。

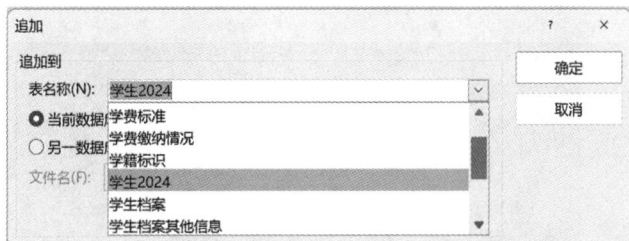

图 5-31　选择追加到的表名

(6) 在设计网格中分别设置追加记录对应的列,如图 5-32 所示。

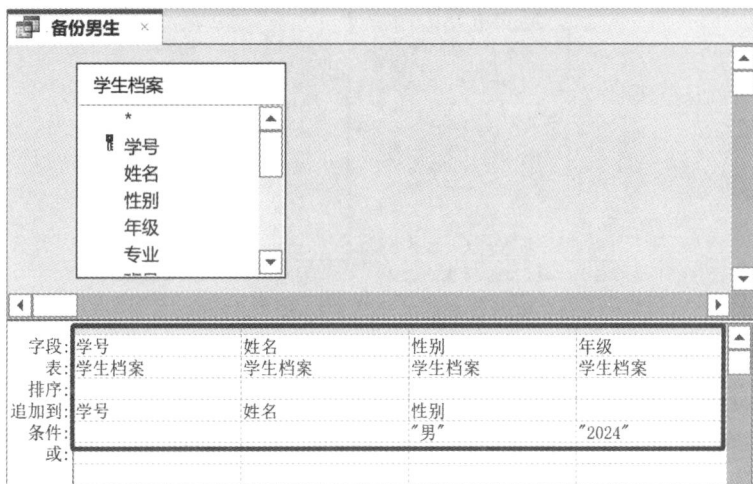

图 5-32　"备份男生"查询的设计视图

(7) 保存查询并命名为"备份男生"。

(8) 单击"查询设计"选项卡"结果"组中的"运行"图标,执行查询。执行成功后打开"学生 2024"表,将看到新增的记录。

5.5.3　更新查询

通过使用更新查询,可以在一次操作中更改表中一个或多个现有记录行中个别列的值。查看更新表查询运行结果的方法是,打开要更新数据记录的表的数据表视图。

在创建更新查询时,需要指定:

(1) 要更新内容的表。

(2) 要更新其内容的字段列。

(3) 用以更新各个列的值或表达式。

(4) 定义要更新符合条件的数据。

创建更新查询

【例 5-13】 创建名为“批量更新书费”的更新查询，将“学费标准”表中的“书费”字段数据在原来的基础上增加 500。运行该查询前后，“学费标准”表数据的对比结果如图 5-33 所示。

学费标准

标准代码	收费类型	书费	学杂费
L1	理工类（普通）	¥600.00	¥4,500.00
L2	理工类（学杂）	¥0.00	¥4,500.00
L8	理工类（港澳）	¥600.00	¥7,500.00
L9	理科（港澳学杂）	¥0.00	¥7,500.00
W1	文科类（普通）	¥500.00	¥4,300.00
W2	文科类（学杂）	¥0.00	¥4,300.00
W8	文科类（港澳）	¥500.00	¥6,000.00
W9	文科（港澳学杂）	¥0.00	¥6,000.00
Y1	艺术类（普通）	¥600.00	¥8,500.00
Y2	艺术类（学杂）	¥0.00	¥5,500.00
Y8	艺术类（港澳）	¥600.00	¥10,500.00
Y9	艺术（港澳学杂）	¥0.00	¥10,500.00

记录: 第 1 项(共 12 项　无筛选器　搜索

(a) 更新数据前的“学费标准”表数据

学费标准

标准代码	收费类型	书费	学杂费
L1	理工类（普通）	¥1,100.00	¥4,500.00
L2	理工类（学杂）	¥500.00	¥4,500.00
L8	理工类（港澳）	¥1,100.00	¥7,500.00
L9	理科（港澳学杂）	¥500.00	¥7,500.00
W1	文科类（普通）	¥1,000.00	¥4,300.00
W2	文科类（学杂）	¥500.00	¥4,300.00
W8	文科类（港澳）	¥1,000.00	¥6,000.00
W9	文科（港澳学杂）	¥500.00	¥6,000.00
Y1	艺术类（普通）	¥1,100.00	¥8,500.00
Y2	艺术类（学杂）	¥500.00	¥5,500.00
Y8	艺术类（港澳）	¥1,100.00	¥10,500.00
Y9	艺术（港澳学杂）	¥500.00	¥10,500.00

记录: 第 1 项(共 12 项　无筛选器　搜索

(b) 更新数据后的“学费标准”表数据

图 5-33　运行更新查询前后的“学费标准”表

基本操作步骤如下：

(1) 单击“创建”选项卡“查询”组中的“查询设计”图标，打开新建查询的设计视图。

(2) 将“学费标准”表添加到设计视图中，在设计网格中仅添加需要更新内容的“书费”字段。

(3) 单击“查询设计”选项卡“查询类型”组中的“更新”图标，将查询类型设为更新查询。

(4) 在设计网格中的“书费”字段的“更新到”行输入“[书费]+500”，如图 5-34 所示。

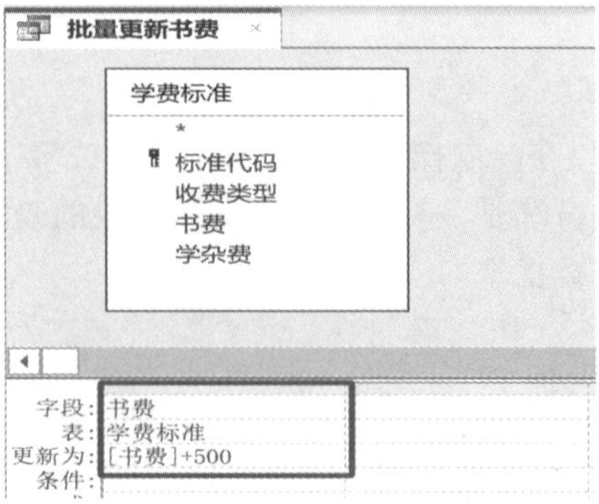

图 5-34　“批量更新书费”查询的设计视图

(5) 保存查询并命名为"批量更新书费"。

(6) 单击"查询设计"选项卡"结果"组中的"运行"图标，执行查询。执行成功后打开"学费标准"表，将看到更新后的数据记录。

> Access 的查询设计器无法检查某个值是否符合要更新列的长度要求。如果所提供的值过长，则系统可能会在不提供警告的情况下就将其截断。

5.5.4　删除查询

使用删除查询可在一次操作中删除多条记录。创建删除查询时，需要指定被删除行的表以及定义所需要的条件。查看删除表查询运行结果的方法是，打开要删除数据记录的表的数据表视图。

创建删除查询

【例 5-14】　创建名为"按学年删除缴费情况"的删除查询，按用户输入的学年删除"住宿费缴纳情况"表中该收费学年的记录。运行该查询，当输入参数值为"2024"时，"住宿费缴纳情况"表数据的对比结果如图 5-35 所示。

(a) 运行删除查询前的"住宿费缴纳情况"表数据

(b) 运行删除查询后的"住宿费缴纳情况"表数据

图 5-35　运行删除查询前后的"住宿费缴纳情况"表

基本操作步骤如下：

(1) 单击"创建"选项卡"查询"组中的"查询设计"图标，打开新建查询的设计视图。

(2) 将"住宿费缴纳情况"表添加到设计视图中，在设计网格中仅添加需要设定条件的"收费学年"字段，并在"收费学年"列的条件行输入"[请输入删除的收费学年(如 2024)]"。

(3) 单击"查询设计"选项卡"查询类型"组中的"删除"图标 ，将查询类型设为删除查询。

(4) 保存查询并命名为"按学年删除缴费情况",如图 5-36 所示。

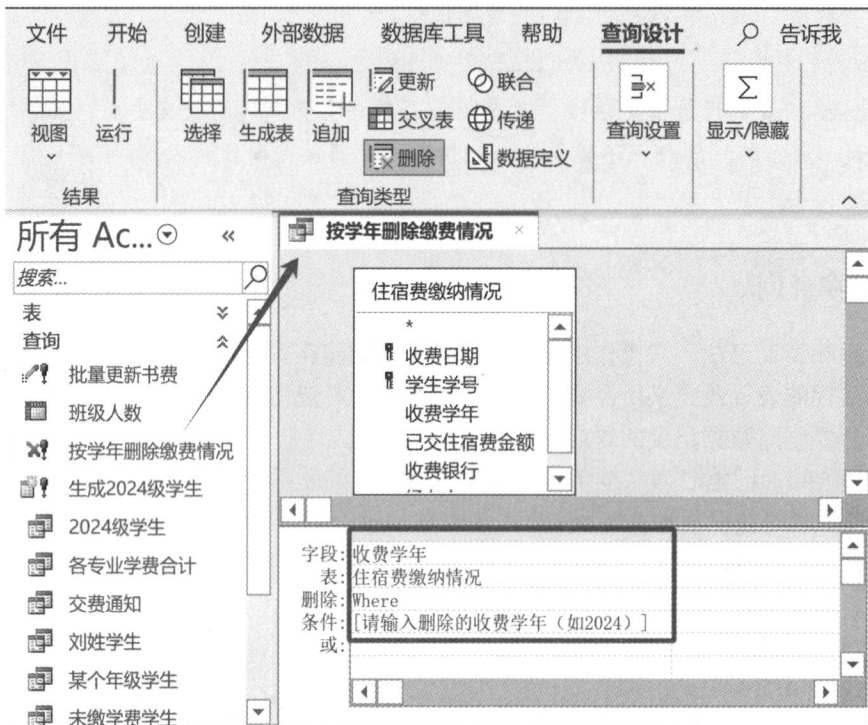

图 5-36   "按学年删除缴费情况"查询的设计视图

(5) 单击"查询设计"选项卡"结果"组中的"运行"图标,执行查询。执行成功后打开"住宿费缴纳情况"表,看到指定收费学年的数据已经被删除。

> 如果不指定搜索条件,则删除所有记录行。从表中删除所有记录行将清除表中数据,但并不删除表本身。

所有的操作查询都无法撤销已执行的操作。作为预防措施,应该在执行操作查询前对数据进行备份。备份表的操作通常有以下两种方法:① 在导航窗格中,右击需要备份的数据库对象(如表、查询),从快捷菜单中选择"复制"选项,然后在该类对象的空白位置上右击,从快捷菜单中选择"粘贴"选项并输入新对象的名称;② 通过生成表查询,将需要备份的表或查询作为生成表查询的数据源,并指定新表的名称。

由于执行操作查询后,无法撤销操作,为了保障数据的安全,应该在执行操作查询之前预览操作数据的范围,确定无误后,才真正运行查询并返回结果。

> 操作查询的数据表视图显示操作对象而并非操作结果,因此必须运行查询后打开操作对象所在的表,才能查看运行结果。

5.6 SQL 查询

前面介绍的多种类型查询，都可以通过设计视图来创建，并且 Access 会在后台自动生成一条等效的 SQL 语句。但是，有一些查询是无法通过设计视图创建的，例如删除表或者改变表的结构，这类查询需要创建 SQL 查询来实现。SQL 查询也称为 SQL 特定查询。

SQL 查询包括联合查询、传递查询、数据定义查询及子查询等。这类查询只能在 SQL 视图中输入 SQL 语句来创建。

本节介绍联合查询、传递查询、数据定义查询以及子查询的设计方法。通过本节的学习，可以完成如表 5-10 所示的任务并掌握相应的知识点。

表 5-10　SQL 查询的任务和知识点

任　　务	涉及的知识点
使用 SQL 视图，创建名为"师生名册"的查询对象。该查询的结果来自"学生档案"表和"财务人员档案"表中的人员编号和姓名字段	创建联合查询
ODBC 配置及传递查询的执行	传递查询的概念及操作
使用 SQL 视图，创建名为"新增表"的查询对象。该查询根据指定的表结构创建名为"Person"的新表	创建数据定义查询
打开"重名学生"查询的 SQL 视图，理解子查询的 SQL 语句	子查询的 SQL 语句

5.6.1　SQL 概述

关系数据库查询语言(Structured Query Language，SQL)又称为结构化查询语言。SQL 是关系数据库管理系统为用户提供的、对数据库进行各种操作的语言工具，为用户提供了独立完成数据管理的核心操作。

1. SQL 语句分类

SQL 从功能上可以分为数据定义语句、数据查询语句、数据操纵语句、数据控制语句四类。

1) 数据定义语句

数据定义语句(Data Definition Language，DDL)用于定义关系数据库的逻辑结构，以实现对基本表、视图和索引的定义、修改、删除等操作。

2) 数据查询语句

数据查询语句(Data Query Language，DQL)用于实现对数据库中数据的查询、统计、分组、排序、检索等操作。

3) 数据操纵语句

数据操纵语句(Data Manipulation Language，DML)用于实现对数据库中数据的插入、删除、修改等数据维护操作。

4) 数据控制语句

数据库的控制是指数据库的安全性和完整性控制。数据控制语句(Data Control Language，DCL)可实现基本表和视图的授权、数据完整性规则的描述与控制。

2. SQL 语句

SQL 十分简洁，只用 9 个语句就可以完成其核心功能。同时，SQL 语法简单，接近英语口语，因此容易学习、容易使用。SQL 语句及其功能如表 5-11 所示。

表 5-11　SQL 语句及其功能

SQL 的功能	命 令 动 词
数据定义	CREATE，DROP，ALTER
数据查询	SELECT
数据操纵	INSERT，UPDATE，DELETE
数据控制	GRANT，REVOKE

3. SQL 的应用

为了更好地掌握 SQL，本节使用学生收费数据库作为例子来讲解 SQL 语句。

1) 相关的表及其结构

学生收费数据库包括 Student、Person、Ss、Sp 四个表，表的结构分别如下：

(1) Student(Sno，Sname，Ssex，Ggrade，Dno)。Student 表包括 Sno、Sname、Ssex、Ggrade、Dno 五个字段，分别保存学生学号、姓名、性别、年级和专业编号数据，主键为 Sno。

(2) Person(Pno，Pname，Psex，Psign)。Person 表包括 Pno、Pname、Psex 和 Psign 四个字段，分别保存管理人员编号、姓名、性别和登录口令数据，主键为 Pno。

(3) Ss(Ssno，Ssname，Sacademy)。Ss 表包括 Ssno、Ssname 和 Sacademy 三个字段，分别保存专业编号、专业名称和所属学院数据，主键为 Ssno。

(4) Sp(Sno，Pno，Sdate，Smoney)。Sp 表包括 Sno、Pno、Sdate 和 Smoney 四个字段，分别保存学生学号、管理人员编号、缴费日期和缴费金额数据，主键为 Sno + Pno。

2) SQL 数据定义语句

SQL 的数据定义包括对数据库、表、视图、索引的创建、删除和修改操作。SQL 数据定义语句如表 5-12 所示。

表 5-12　SQL 数据定义语句

操作对象	创建	删除	修改
数据库	CREATE DATABASE	DROP DATABASE	ALTER DATABASE
表	CREATE TABLE	DROP TABLE	ALTER TABLE
视图	CREATE VIEW	DROP VIEW	
索引	CREATE INDEX	DROP INDEX	

SQL 不提供视图和索引的修改操作，用户若想修改视图或索引的定义，需先将其定义删除，然后再重建。

(1) 创建与删除数据库。

在 SQL 中，数据库是一个存储空间，用于存放表及与表相关的其他对象，如视图、索引等。

① 创建数据库：CREATE DATABASE 语句。

基本语法：

CREATE DATABASE 数据库名 AUTHORIZATION 用户名;

语义：创建一个数据库，并定义数据库的拥有者。

例如：

CREATE DATABASE Studb AUTHORIZATION Gzhu;

② 删除数据库：DROP DATABASE 语句。

基本语法：

DROP DATABASE 数据库名 [CASCAD|RESTRICT];

语义：删除指定的表及其所有数据和约束。

例如：

DROP DATABASE Studb;

(2) 创建、删除与修改表。

表是关系数据库中最基本的数据对象，数据库内的数据都存放在表中，每个数据都属于表的某个属性，每个属性都具有特定的数据类型，因此，在定义表时，每个属性必须用一个数据类型加以描述。SQL 常用的数据类型如表 5-13 所示。

表 5-13 SQL 常用的数据类型

数据类型	描　述	示　例	适用场景
INT	整数类型，存储整数值	12345	存储数字，如用户 ID、年龄等
SMALLINT	较小的整数类型	123	存储较小范围的整数，如月份、小时等
TINYINT	非常小的整数类型	5	存储非常小的整数，如状态码(0 或 1)
BIGINT	非常大的整数类型	1.23457E+14	存储非常大的整数，如大公司的订单 ID
DECIMAL(p, s)	精确的小数类型，其中 p 是精度(总位数)，s 是小数点后的位数	123.45(DECIMAL(5, 2))	存储精确的小数，如金额、重量等
FLOAT	浮点数类型，用于存储近似的小数值	123.456	存储科学计算中的浮点数，如物理量、坐标等
DOUBLE	双精度浮点数类型，精度更高	123.456789	存储高精度的浮点数，用于复杂的数学计算
VARCHAR(n)	可变长度的字符串类型，n 是最大长度	'Hello, World!'(VARCHAR(50))	存储可变长度的文本，如用户名、地址等
CHAR(n)	固定长度的字符串类型，n 是长度	'ABC'(CHAR(5)，不足部分用空格填充)	存储固定长度的文本，如邮编、电话号码等

数据类型	描　　述	示　　例	适用场景
TEXT	大文本类型，用于存储大量文本数据	'这是很长的文本	存储长文本，如文章、评论等
DATE	日期类型，存储年、月、日	'2025-02-09'	存储日期，如出生日期、入职日期等
TIME	时间类型，存储小时、分钟、秒	'14:30:00'	存储时间，如会议时间、日志时间等
DATETIME	日期和时间类型，存储日期和时间	'2025-02-09 14:30:00'	存储日期和时间，如事件发生时间、订单时间等
TIMESTAMP	时间戳类型，通常用于记录数据的创建或更新时间	'2025-02-09 14:30:00'	存储时间戳，如日志时间戳、数据更新时间等
BOOLEAN	布尔类型，存储真(True)或假(False)	True 或 False	存储布尔值，如状态(启用/禁用)、是否已读等
ENUM	枚举类型，存储一组预定义的值	'red', 'green', 'blue'(ENUM('red', 'green', 'blue'))	存储有限的选项，如颜色、状态等
BLOB	二进制大对象类型，用于存储二进制数据	0x12345678	存储二进制数据，如图片、文件等
BIT	位类型，存储单个位或一组位	1 或 0	存储单个位或位掩码，如权限设置等

① 创建表：CREATE TABLE 语句。

基本语法：

```
CREATE TABLE 表名
(列名 数据类型[约束条件]
[, 列名 数据类型[约束条件] …]);
```

语义：创建一个新的表，指定表名和列的定义。每列的定义包括列名、数据类型和约束(如主键、外键、唯一性、非空等)。

例如：在 Studb 数据库中创建 Student 表。

```
CREATE TABLE Student(Sno CHAR(10) PRIMARY KEY,
                     Sname CHAR(8) NOT NULL UNIQUE,
                     Ssex CHAR(1),
                     Ggrade CHAR(4),
                     Dno CHAR(2),
                     CHECK(Ssex IN("男", "女")));
```

上述语句中，将 Sno 定义为主码的约束；Ssex 的取值必须为"男"或"女"，并定义了 Sname 不能为空的约束。

② 删除表：DROP TABLE 语句。

基本语法：

DROP TABLE 表名;

语义：删除指定的表及其所有数据和约束。

例如：

DROP TABLE Student;

一旦删除表，则表中的数据以及与表相关的视图、索引等数据对象将自动地被全部删除，而且这种删除是永久性的。

③ 修改表：ALTER TABLE 语句。

基本语法：

ALTER TABLE 表名
    [ADD 列名 数据类型 [完整性约束条件]]
    [MODIFY 列名 数据类型]
    [DROP 完整性约束条件];

语义：修改表结构，包括添加、修改或删除列，以及添加或删除约束。

例如：去掉 Student 表中 Sname 字段必须取唯一值的约束条件。

ALTER TABLE Student
    DROP UNIQUE(Sname);

3) SQL 数据查询语句

SELECT 语句是 SQL 中功能最强大、使用最频繁的数据查询语句。

基本语法：

SELECT [ALL | DISTINCT] 目标列[，目标列…]
FROM 表名或视图名 [，表名或视图名…]
[WHERE 条件表达式]
[GROUP BY 列名[，列名…] [HAVING 条件表达式]]
[ORDER BY 列名[ASC | DESC] [，列名[ASC | DESC] …]];

SELECT 语句的功能是从 FROM 子句所指定的数据源(表或视图)中提取满足 WHERE 子句条件表达式的元组，对这些元组进行统计、分组、排序、投影，并按 SELECT 子句中的目标列或目标列表达式选出元组中的属性值，形成查询结果集。

下面以 Studb 数据库中 Student、Person 和 Sp 表为例，介绍 SELECT 语句的主要用法，并假设这三个表的当前数据如表 5-14～表 5-16 所示。

表 5-14　Student 表

Sno	Sname	Ssex	Ggrade	Dno
2423010010	李旭明	男	2024	01
2423010011	林天杰	男	2024	02
2423010012	张小慧	女	2024	03
2423010013	王小兵	男	2024	02
2423010014	杨怡青	女	2024	02

表 5-15　Person 表

Pno	Pname	Psex	Psign
01101	龚玉良	男	123
02101	张健玲	女	123
03101	欧浩程	男	123
03102	戚腾岚	女	123
03103	吕皑聪	男	123
03104	廖文景	女	123

表 5-16　Sp 表

Sno	Pno	Sdate	Smoney
2423010010	01101	2024-09-05	6400
2423010010	02101	2024-10-11	2000
2423010010	03101	2025-09-24	6400
2423010010	03102	2025-10-09	2200
2423010011	01101	2024-09-05	5600
2423010011	02101	2024-10-10	1600
2423010011	03101	2025-09-24	5600
2423010011	03102	2025-10-10	1600
2423010012	01101	2024-09-05	6400
2423010012	02101	2024-10-11	2000
2423010012	03101	2025-09-07	6400
2423010012	03103	2025-10-09	2200

(1) 简单查询。简单查询是指从单个表中查找所需的数据，因此简单查询又称为单表查询。

例如：

SELECT * FROM Student;

该查询的目标列使用*，表示选择表中的所有列，查询结果为 Student 表中的全部数据。

又如：

SELECT Pno, Pname, Psex FROM Person;

该查询结果为 Person 表中所有行中的 Pno、Pname、Psex 三列数据。

(2) 聚合函数查询。使用 SQL 的聚合函数可以实现对表中信息的综合统计，或者产生某个列的统计值。SQL 提供五种最常用的聚合函数，如表 5-17 所示。

表 5-17　SQL 的聚合函数

聚合函数	语　义
COUNT([DISTINCT ǀ ALL] 列名)	统计一列值的个数
SUM([DISTINCT ǀ ALL] 列名)	统计一列值的总和
AVG([DISTINCT ǀ ALL] 列名)	统计一列值的平均值
MAX([DISTINCT ǀ ALL] 列名)	求一列值中的最大值
MIN([DISTINCT ǀ ALL] 列名)	求一列值中的最小值

上述聚合函数中，若指定关键字 DISTINCT，则表示列中相同的值不重复计算；若不指定或指定关键字 ALL(ALL 可缺省)，则表示列中相同的值可重复计算。

例如：

SELECT COUNT (*) FROM Person;

该查询通过统计 Person 表的记录(行)数给出人员的总人数。

又如：

SELECT COUNT (Pno) AS NoFee, SUM (Smoney) AS SumMoney, AVG (Smoney) AS AvgSmoney, MAX (Smoney) AS MaxSmoney, MIN (Smoney) AS MinSmoney

　FROM Sp where Sno = "2423010010";

该查询通过聚合函数分别统计出了 Sno 为“2423010010”的缴费次数、Smoney 的合计、平均值、最大值和最小值；该查询使用了短语 AS，表示结果集显示时列的名称。

(3) 分组查询。使用 GROUP BY 子句，对表中数据实现分组统计。GROUP BY 子句将查询结果按某一列或多列进行分组，取值相同的元组为一组。在 SQL 语句中，如果有 GROUP BY 子句，则聚合函数为分组统计；如果没有 GROUP BY 子句，则聚合函数为全部结果集的统计。

例如：

SELECT Sno, Sum(Smoney) AS 合计金额 FROM sp GROUP BY Sno;

该查询使用 GROUP BY 子句在 Sno 列上进行了分组，表中有三个 Sno 则被分成了三组，然后对每一组分别统计出 Smoney 的总金额。

在对表中数据分组的基础上，如果需要选择满足条件的组进行筛选，则可以使用 HAVING 子句。HAVING 子句必须跟在 GROUP BY 子句后面。HAVING 子句和 WHERE 子句的区别在于作用的对象不同：WHERE 作用于表中的元组，而 HAVING 则作用于组中的元组。

例如：

SELECT Sno, COUNT(Pno) AS NumFee,　AVG(Smoney) AS AvgSmoney

　FROM Sp WHERE Sno IN("2423010010", "2423010011")

　GROUP BY Sno HAVING AVG(Smoney) > 4000;

该查询使用 WHERE 子句对表中的元组进行了筛选，剩下了 Sno 为 2423010010 和 2423010011 的数据；然后使用 GROUP BY 子句对这两个 Sno 的数据进行了分组，并统计出每个 Sno 缴费的次数及 Smoney 的平均值；最后使用 HAVING 子句判断只有 Sno 为“2423010010”组的平均值满足条件。

(4) 连接查询。简单查询是针对一个表的查询。若一个查询同时涉及多个表，就需要使用连接查询。连接查询中的连接条件需要用 WHERE 子句表达，所涉及的多表则用 FROM 子句表达。

例如：

```
SELECT Student.*, Sp.*
FROM Student, Sp
WHERE Student.Sno = "2423010012" AND Student.Sno = Sp.Sno;
```

该查询进行的是 Student 和 Sp 两个表的等值连接查询，连接条件为 Student.Sno=Sp.Sno，并要在 WHERE 子句中表达；在连接查询中，如有名字相同的列，则需标明表名，格式形如：Student.Sno 和 Sp.Sno。

4) SQL 数据操纵语句

SELECT 数据查询语句不会对表中的数据产生任何变化，如果要更改表中的数据，例如对表中数据的插入、更新和删除，则需要使用 SQL 数据操纵语句。SQL 数据操纵包括了 INSERT、UPDATE 和 DELETE 语句。在插入或更新数据时，如果新的列值不满足表的完整性约束，则插入或更新操作不会执行，整个操纵事务全部回滚。

(1) 插入数据：INSERT 语句。

基本语法：

```
INSERT [INTO] 表名 (列名 1[, 列名 2, …]) VALUES (列值 1[,列值 2, …]);
```

语义：向表中插入新的记录。如果不指定列名，则必须为表中的每一列都提供值，且顺序必须与表中列的定义一致。

例如：

```
INSERT INTO student VALUES ("2523010001", "陈晓怡", "女", "2025", "02");
```

该语句向 Student 表插入一条新的数据记录。

(2) 更新数据：UPDATE 语句。每一条 UPDATE 语句可以更新表中的所有数据，也可以只更新指定条件的数据。

基本语法：

```
UPDATE 表名 SET 列名 = 表达式 [, 列名 = 表达式…] [WHERE 条件表达式];
```

语义：修改表中已存在的记录。WHERE 子句用于指定需要更新的记录条件，如果省略 WHERE 子句，则更新表中的所有记录。

例如：

```
UPDATE Person SET Psign="abc" WHERE Psex="女";
```

该语句将 Person 表中 Psex 为"女"的 Psign 更新为"abc"。

(3) 删除数据：DELETE 语句。每一条 DELETE 语句可以删除表中的所有数据，也可以只删除指定条件的数据。

基本语法：

```
DELETE FROM 表名 [WHERE 条件表达式];
```

语义：删除表中的记录。WHERE 子句用于指定需要删除的记录条件，如果省略 WHERE 子句，则删除表中的所有记录。

例如：

DELETE FROM student WHERE Ggrade = "2025";

该语句删除 Student 表中 Ggrade 为"2025"的数据记录(行)。

5) SQL 数据控制语句

SQL 的数据控制是系统通过对数据库用户的数据操作权限进行限制，以此来保证数据安全的重要措施。当用户提出操作请求时，数据库管理系统(DBMS)根据授权定义进行检查，以决定是否执行操作请求。数据库管理员(DBA)和表的建立者(即表的属主)拥有对表的使用权限，同时有权将表的各种权限授予别人或将权限回收。只有被授权的用户才能使用不是自己建立的表。权限包括对表的插入、删除、修改、查询等。SQL 数据控制语句包括授权(GRANT)、撤销权限(REVOKE)。

(1) 授权：GRANT 语句。

基本语法：

GRANT 权限[, 权限…]|ALL PRIVILIGES ON 对象名

TO 用户[, 用户…]|PUBLIC

[WITH GRANT OPTION];

语义：授权指定用户使用对象的权限。其中，权限是指 SELECT、INSERT、UPDATE、DELETE、EXECUTE 等，ALL PRIVILIGES 表示所有的权限；对象的类型包括表、视图、过程等；PUBLIC 表示所有用户；WITH GRANT OPTION 子句表示允许被授权用户再将取得的权限授予别的用户。

例如：

GRANT UPDATE, INSERT ON Student TO Tom WITH GRANT OPTION;

该语句把 Student 表的修改和插入权限授予用户 Tom，并允许 Tom 将这些权限授予其他用户。

(2) 撤销权限：REVOKE 语句。

基本语法：

REVOKE 权限[, 权限…]|ALL PRIVILIGES ON 对象名

FROM 用户[, 用户…]|PUBLIC;

语义：撤销授权指定用户使用对象的权限。

例如：

REVOKE UPDATE, INSERT ON Student FROM Tom;

该语句将撤销用户 Tom 对 Student 表的修改和插入权限，并且自动收回 Tom 给其他用户的授权。

5.6.2　联合查询

联合查询将两个或更多个表或者已有查询中的记录合并到一个新的查询结果中。使用联合查询可以合并两个表或查询中的数据，如果要进行联合查询，则所涉及的不同表或查询的字段个数必须是完全相同的，否则无法合并。进行联合查询的基本步骤如下：

(1) 键入第一个 SELECT 语句返回需要查询的结果。

(2) 键入第二个 SELECT 语句返回需要查询并且与第一个查询相同的字段个数。

(3) 将两个 SELECT 语句返回的结果通过 UNION 关键字合并成一个新的数据集合。

【例 5-15】 创建名为"师生名册"的查询对象。该查询的结果来自"财务人员档案"表的"人员编号""姓名"字段和"学生档案"表的"学号""姓名"字段。运行查询的结果如图 5-37 所示。

创建联合查询

图 5-37　"师生联合"查询的运行结果

基本操作步骤如下：

(1) 使用查询向导或者设计视图方式创建两个查询，分别为"查询 1"和"查询 2"。其中，"查询 1"的数据来自"财务人员档案"表的"人员编号"和"姓名"字段。"查询 2"的数据来自"学生档案"表的"学号"和"姓名"字段。"查询 1"和"查询 2"的设计视图如图 5-38 所示。

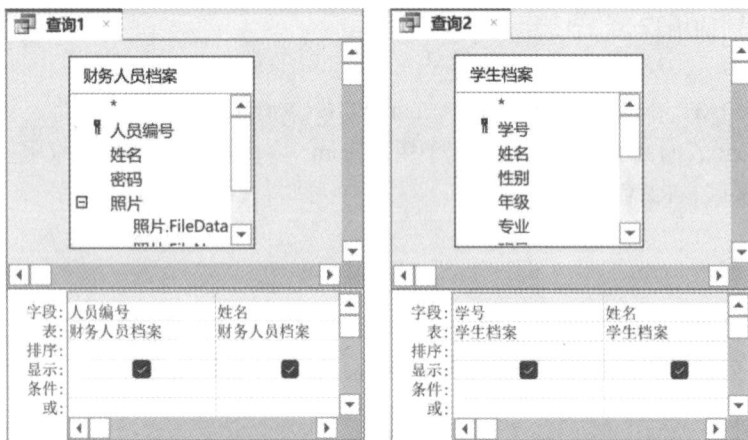

(a) "查询 1"的设计视图　　　　(b) "查询 2"的设计视图

图 5-38　"查询 1"和"查询 2"的设计视图

(2) 分别将"查询 1"和"查询 2"切换到 SQL 视图，查看到查询的 SQL 语句分别为

"SELECT 财务人员档案.人员编号, 财务人员档案.姓名 FROM 财务人员档案;"和"SELECT 学生档案.学号, 学生档案.姓名 FROM 学生档案;"。

(3) 在设计视图中创建第三个查询"查询 3"，暂时不添加任何数据来源。

(4) 单击的"查询设计"选项卡"视图"组中的"SQL 视图"图标，打开查询的 SQL 视图。

(5) 在 SQL 视图中依次粘贴查询 1 和查询 2 的 SQL 语句，然后在两个 SQL 语句中间输入联合查询的关键字"UNION"，如图 5-39 所示。

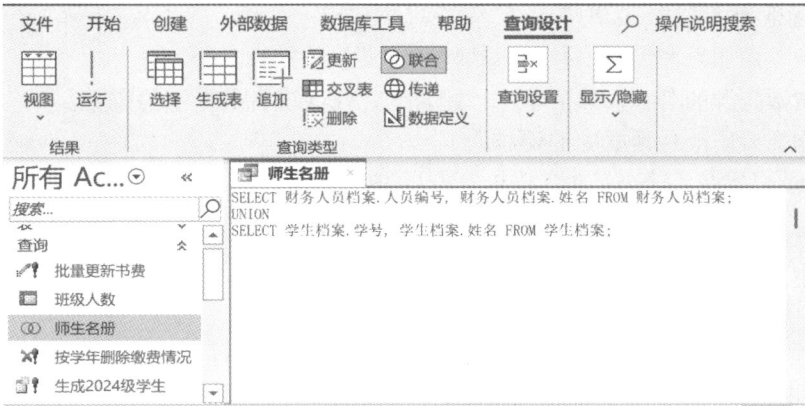

图 5-39　"师生名册"查询的 SQL 视图

(6) 保存"查询 3"并命名为"师生名册"。

(7) 单击"查询设计"选项卡"结果"组中的"运行"图标，执行查询。执行成功后得到包含所有师生数据的查询结果。

(8) 关闭"查询 1"和"查询 2"。

> 在联合查询中，可以在每个 SELECT 语句中使用 GROUP BY 或 HAVING 来分组数据，并且在最后一个 SELECT 语句中使用 ORDER BY 子句指定返回数据的顺序。

5.6.3　传递查询

传递查询直接将数据库服务器能接收的命令发送到 ODBC 数据库，如 Microsoft SQL Server，可以使用传递查询检索记录或更改数据。使用传递查询，可以不必链接到服务器上的表而直接使用它们。传递查询对于在 ODBC 服务器上运行存储过程也很有用。

如果要使用传递查询，则需要首先配置 ODBC。在 Windows 中配置 ODBC 的基本步骤如下：

(1) 打开"Windows 工具"，选择"ODBC 数据源"，如图 5-40 所示。

图 5-40　Windows 系统的"ODBC 数据源"管理程序

(2) 在"ODBC 数据源管理程序"中单击"系统 DSN"选项卡。

(3) 执行下列操作之一：

① 单击"添加"，为已安装的驱动程序定义新数据源。

② 单击数据源的名称，然后单击"配置"，修改现有数据源的定义。

③ 根据需要更改对话框中的信息。

如果已经配置好了一个名为"SQL"的 ODBC 并连接到 SQL Server 后，执行查询就可以直接查询到 SQL Server 数据库中的数据；或者可以对 SQL Server 数据库执行其他的操作，例如插入和更新。

执行传递查询的基本步骤如下：

(1) 单击"创建"选项卡"查询"组中的"查询设计"图标，打开新建查询的设计视图。

(2) 关闭"添加表"对话框。

(3) 单击"设计"选项卡"查询类型"组中的"传递"图标，将查询类型设为传递查询。

(4) Access 将自动切换到 SQL 视图，输入需要执行的 SQL 语句。

(5) 单击"查询设计"选项卡"结果"组中的"运行"图标，选择配置好的 ODBC，例如"SQL"，执行该传递查询，并输入需要填写的信息。

(6) 执行成功后，从 SQL Server 数据库返回执行查询的结果。

(7) 有些传递查询不会返回 Access 数据。例如，可能要运行一个建立表的 SQL 语句。如果传递查询不向 Access 返回数据，则应该将查询的属性表中的"返回记录"属性值更改为"否"。

> 某些传递查询可能将服务器处理消息返回给 Access。如果要将这些消息收集在一个表中以供以后查看，则可以将查询的属性表中的"日志消息"属性值更改为"是"。存储这些消息的表的名称格式为用户名连接一个连字符以及一个以 00 开始的连续数字。

5.6.4　数据定义查询

数据定义查询可以创建、删除表或改变表的结构，也可以在表中创建主键和索引。

【例 5-16】 使用 SQL 视图，创建名为"新增表"的查询对象。该查询根据指定的表结构创建名为"Person"的新表。Person 表结构如表 5-18 所示。

创建数据定义查询

表 5-18　Person 表结构

字段名称	字段类型	字段大小	要求
ID	数字	长整型	主键
Name	短文本	10	
Born_Date	日期/时间		
Tel	短文本	11	
Memory	长文本		

基本操作步骤如下：

(1) 单击"创建"选项卡"查询"组中的"查询设计"图标，打开新建查询的设计视图。

(2) 关闭"添加表"对话框。

(3) 单击"设计"选项卡"查询类型"组中的"数据定义"图标，将查询类型设为数据定义查询。

(4) Access 将自动切换到 SQL 视图，输入如下 SQL 语句：

CREATE TABLE Person

([ID] integer PRIMARY KEY, [Name] char (10),

[Born_Date] date, [TEL] char (11), [Memory] memo);

(5) 保存查询并命名为"新增表"，如图 5-41 所示。

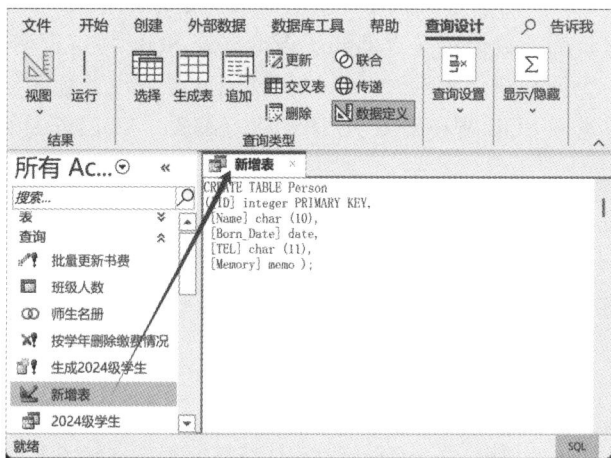

图 5-41　"新增表"查询的 SQL 视图

(6) 单击"查询设计"选项卡"结果"组中的"运行"图标，执行查询。执行成功后将在导航窗格中增加一个名为"Person"的新表。

5.6.5　子查询

子查询是嵌套于 SELECT、SELECT...INTO、INSERT...INTO、DELETE 或 UPDATE 语句内部或嵌套于另一个查询内部的 SELECT 语句，即子查询由另一个选择查询或操作查询之内的 SELECT 语句组成。有时候子查询也称为内部查询或内部选择，而包含子查询的语句也称为外部查询或外部选择。可以在查询设计网格的"字段"行输入这些语句来定义新字段，或在"条件"行定义字段的条件。在下列情形下可以使用子查询：

(1) 对子查询的结果进行测试(通过使用保留字 EXISTS 或 NOT EXISTS)。

(2) 在主查询中查找任何等于、大于或小于由子查询返回的值(通过使用保留字 ANY、IN 或 ALL)。

(3) 在子查询中创建子查询(嵌套子查询)。

在 5.3.2 节的例 5-2 中，通过"查找重复项查询向导"创建名为"重名学生"的查询，打开这个查询的 SQL 视图，显示如下 SQL 语句：

SELECT 姓名, 学号, 专业, 班号 FROM 学生档案

```
WHERE (
    (姓名 In (SELECT [姓名] FROM [学生档案] As Tmp GROUP BY [姓名]
    HAVING Count (*)>1))
    )
ORDER BY 姓名;
```

在这个 SQL 语句中，"SELECT [姓名] FROM [学生档案] As Tmp GROUP BY [姓名] HAVING Count(*)>1"就是一个子查询。该子查询首先检索所有重复的学生姓名。例如，例 5-2 查询结果中只包含姓名为"李晓"的记录，构成一个子查询集合。然后，将"学生档案"表中的"姓名"字段与该子查询集合中任意取值进行匹配，如果匹配成功则返回查询结果。例如，例 5-2 最终结果返回如图 5-5 所示的两条记录。

联合查询、传递查询、数据定义查询和子查询都是 SQL 特定查询，是由 SQL 语句组成的查询。在设计子查询和联合查询时，可以先使用向导或设计视图创建出基本类似功能的选择查询，然后再进入 SQL 视图对 SQL 语句进行编辑。SQL 查询的关键是掌握并且熟悉 SQL 语句的基本语法。

习　题　5

一、单选题

1. 创建交叉表查询时，在"交叉表"行上有且只能有一个的是(　　)。

A. 行标题和列标题　　　　　　　　　B. 行标题和值

C. 行标题、列标题和值　　　　　　　D. 列标题和值

2. 将表 A 的记录复制到表 B 中，且不删除表 B 中的记录，可以使用的查询是(　　)。

A. 删除查询　　　B. 生成表查询　　　C. 追加查询　　　D. 交叉表查询

3. 操作查询包括(　　)。

A. 生成表查询、更新查询、删除查询和交叉表查询

B. 生成表查询、删除查询、更新查询和追加查询

C. 选择查询、普通查询、更新查询和追加查询

D. 选择查询、参数查询、更新查询和生成表查询

4. 以下关于查询的叙述中正确的是(　　)。

A. 只能根据表创建查询　　　　　　　B. 只能根据已建查询创建查询

C. 可以根据表和已有查询创建查询　　D. 不能根据已建查询创建查询

5. 以下不属于 SQL 特定查询的是(　　)。

A. 交叉表查询　　　B. 联合查询　　　C. 子查询　　　　D. 传递查询

6. 假设某表中有一个"姓名"字段，检索出姓名以"张"开头数据的查找准则是(　　)。

A. Not "张"　　　B. Like "张"　　　C. Left([姓名], 1)= "张"　　　D. "张*"

7. Access 支持的查询类型有(　　)。

A. 选择查询、交叉表查询、SQL 查询和操作查询

B. 基本查询、选择查询、SQL 查询和操作查询

C. 复杂查询、简单查询、交叉表查询和操作查询

D. 选择查询、统计查询、SQL 查询和操作查询

8. 以下叙述中，正确的是(　　)。

A. 在数据较多、较复杂的情况下使用筛选比使用查询的效果好

B. 查询只能从一个表中选择数据，而筛选可以从多个表中获取数据

C. 通过筛选形成的数据表，可以作为查询的数据来源

D. 查询可将结果保存起来，供下次使用

9. 以下叙述中，错误的是(　　)。

A. 查询是从数据库的表中筛选出符合条件的记录，构成一个新的数据集合

B. 创建复杂的查询也可以使用查询向导

C. 如果查询是根据表中"身份证号码"字段检索 2008 年出生的人员信息，则可以根据条件行中的表达式 Mid([身份证号码], 7, 4)="2008"判断该查询类型是参数查询

D. 可以使用函数、逻辑运算符、关系运算符创建复杂的查询

10. 在使用向导创建交叉表查询时，用户至少需要指定的字段个数为(　　)。

A. 1　　　　　　　　B. 2　　　　　　　　C. 3　　　　　　　　D. 4

11. 将表中的记录备份到一个新表中，可以使用的查询是(　　)。

A. 生成表查询　　　B. 联合查询　　　C. 追加查询　　　D. 传递查询

12. 将成绩在 90 分以上的记录找出后放在一个新表中，比较合适的查询是(　　)。

A. 删除查询　　　　B. 生成表查询　　　C. 追加查询　　　D. 更新查询

13. 在查询的设计视图中(　　)。

A. 可以添加表，也可以添加查询　　　　　B. 只能添加表

C. 只能添加查询　　　　　　　　　　　　D. 以上两者都不能添加

14. 以下对于查询功能的叙述中，正确的是(　　)。

A. 在查询中，选择查询可以选择表中的部分字段，并将这些字段的数据添加到另一个表

B. 在查询中，编辑记录主要包括添加记录、修改记录、删除记录，以及导入、导出记录

C. 在查询中，查询不仅可以找到满足条件的记录，还可以在查询设计中实现各种统计计算

D. 以上说法均不对

15. 在 SQL 语句中，对选定的字段进行排序的子句是(　　)。

A. ORDER BY　　　　B. WHERE　　　　C. FROM　　　　D. IIAVING

16. 在以下 Access 最常用的查询分类中，能从一个或多个表中检索数据，并在一定的限制条件下，通过此查询方式来更改相关表中记录的是(　　)。

A. 选择查询　　　　B. 交叉表查询　　　C. 操作查询　　　D. SQL 查询

17. 以下查询方式中，不属于操作查询的是(　　)。

A. 选择查询　　　　B. 删除查询　　　　C. 更新查询　　　　D. 追加查询

18. 在查询中要统计记录的个数，使用的函数是(　　)。

A. COUNT(列名)　　　B. SUM　　　　C. COUNT(*)　　　D. AVG

19. 查询价格数值在 30～60 之间(不含)的数据记录，可以在条件中输入(　　)。

A. >30 Not <60　　　　B. >30 Or <60　　　　C. >30 And <60　　　　D. >30 Like <60

20. 关于查询准则 Like "[!香蕉，菠萝，土豆]"，以下满足的是(　　)。

A. 香蕉　　　　　　　B. 菠萝　　　　　　　C. 苹果　　　　　　　D. 土豆

21. 满足查询准则 b[edp]t 的字符串是(　　)。

A. bet　　　　　　　　B. bat　　　　　　　　C. but　　　　　　　　D. bit

二、填空题

1. 查询用于在一个或多个表内查找某些特定的_____，完成数据的检索、定位和计算的功能，供用户查看。

2. 筛选的结果是滤除_____。

3. 在 Access 中，对表进行列求和的查询是_____查询。

4. 在 Access 中，将指定记录复制到指定新表的查询是_____。

5. 若要查找表中"姓氏"字段所有包含"sh"字符串的数据记录，使用 Like 运算符时，样本字符串为_____。

6. 如果一个查询的数据源仍是查询，而不是表，则该查询称为_____。

7. Access 数据库中的查询有很多种，根据每种方式在执行上的不同可以分为选择查询、_____、_____、和 SQL 查询。

8. 查询的三种视图是数据表视图、设计视图和_____视图。

三、简答题

1. 创建查询有哪几种方法？简述其优缺点。

2. 追加查询的定义及用途是什么？

第 6 章

Access 窗体设计

学习目标

通过本章学习，认识窗体的基本概念，熟悉 Access 窗体的各种创建方法，了解布局视图和设计视图，学习控件与窗体的设计。

学习要点

- Access 窗体的组成与视图
- Access 简单窗体的创建方法
- Access 控件的类型和编辑工具
- Access 窗体的设计与编辑
- Access 窗体的美化

知识重点

- Access 窗体的创建与编辑方法

知识难点

- Access 窗体与控件的设计

学习提示

在第 4 章和第 5 章已经介绍了如何创建 Access 表和查询，本章将继续学习另一种 Access 对象：窗体。在数据库管理系统中，用户不必直接对表或查询进行操作，窗体提供了用户访问数据库的界面，并且通过窗体能够新增和管理数据。本章同样以"高校学费管理系统"为例，重点介绍在 Access 中如何快速创建简单窗体，编辑复杂的窗体、设计窗体的控件以及属性等。

建议学习时间　理论 4 课时，上机操作时间 4 课时

6.1　Access 窗体概述

了解窗体的基本概念及特点是设计窗体的前提。本节主要的学习任务是理解 Access 窗体的概念和作用、窗体的组成、窗体的类型以及窗体的视图。

6.1.1　窗体概述与作用

1. 窗体的基本概念

窗体用于控制用户对数据库的访问，使用窗体可以显示、输入或编辑数据表或查询中的数据，可以使用窗体来控制对数据的访问。有效的窗体可以省略搜索所需内容的步骤，更便于用户使用数据库。外观引人入胜的窗体可以增加使用数据库的乐趣和效率，还有助于避免输入错误的数据。

2. 窗体的作用

窗体是用户与计算机中的数据库之间进行交互的主要操作界面，其作用主要有以下几个方面。

1) 显示与编辑数据

显示与编辑数据是窗体最基本和最重要的作用。用户可通过修改窗体上的数据直接对数据库相应的数据进行更改，通常窗体与一个或多个表/查询相关联。窗体是一个可以对数据库中某些数据进行查阅、修改和添加的操作平台。

2) 反馈信息

通过窗体可以显示各种警告或提示信息，即窗体经常用于当用户输入的数据违反了有效规则设置时，弹出输入正确数据提示的信息窗口。

3) 控制程序流程

用户可以通过窗体上的控件向数据库发出各种命令。窗体可以配合宏一起使用，以引导过程动作的流程。例如，在窗体上放置"按钮"控件来实现打开窗体、运行查询或者打印报表等任务。

6.1.2　窗体的组成结构

窗体最多可由五个节组成，从上而下分别是窗体页眉、页面页眉、主体、页面页脚和

窗体页脚。其中主体节是所有窗体都必须存在的,其他组成节可根据需要选择显示或隐藏,如图 6-1 所示。

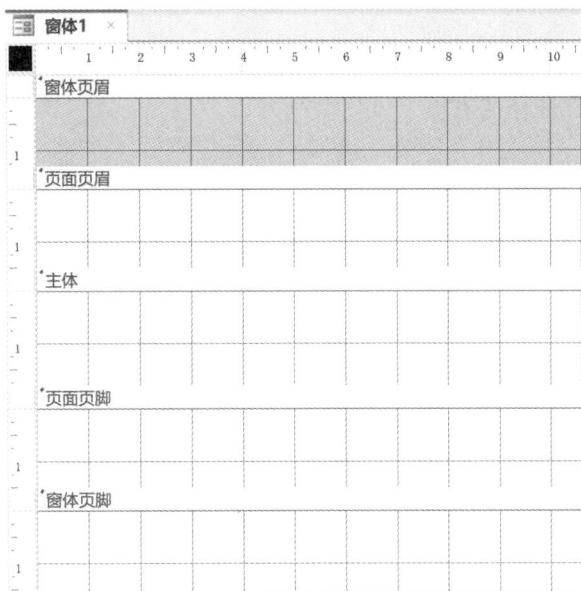

图 6-1　窗体的组成

　　每个节都有特定的用途,窗体的信息可根据不同需求设置在各个节上,窗体中的每个节可按设置顺序打印。窗体各节的用途及位置如表 6-1 所示。

表 6-1　窗体各节的用途及位置

窗体组成	用　途	位　置
窗体页眉	显示对每条记录都相同的信息,可用于显示窗体的标题、命令按钮或常规消息等	窗体页眉在设计视图的顶部位置,以及打印时首页的顶部
页面页眉	用于在每个打印页的顶部显示对每一页都相同的信息,例如列标题等	页面页眉在设计视图中窗体页眉的下方主体的上方,只显示在打印窗体中每个打印页的顶部
主体	可在屏幕或页上显示一条或多条记录的信息,用于查看或输入数据	处于设计视图中的中间位置
页面页脚	用于在每个打印页的底部显示信息,例如页码等	页面页脚在设计视图中主体的下方,只显示在打印窗体中每个打印页的底部
窗体页脚	显示对每条记录都相同的信息,如导航信息等	窗体页脚在设计视图的底部位置,在最后一个打印页的最后一个明细节之后

6.1.3　窗体的类型

　　在 Access 中,可以通过窗体查看、修改已有的数据或添加新的数据到数据库中,可以启动数据库中各种窗体和报表，还可以创建对话框对输入进行操作。根据窗体的布局(窗体上显示数据的方式)，窗体可分为如下三种类型。

1. 纵栏式窗体

如图 6-2 所示，纵栏式窗体在窗体上只显示一条记录的数据，字段名称显示在窗体的左端，字段内容显示在窗体的右端。

图 6-2　纵栏式窗体

2. 表格式窗体

表格式窗体即在一个窗体中以表格的方式显示多条记录的信息，一行就是一条记录。通过滚动条可在窗体上查看表或查询中的所有数据。表格式窗体继承了数据源字段的属性，如文本框、组合框、图像等，效果如图 6-3 所示。

图 6-3　表格式窗体

3. 数据表窗体

数据表窗体采用行和列的二维表格方式在窗体上显示多条记录，类似表/查询的数据表视图，通过滚动条浏览数据源中的所有记录，如图 6-4 所示。这种窗体常常被用做子窗体。

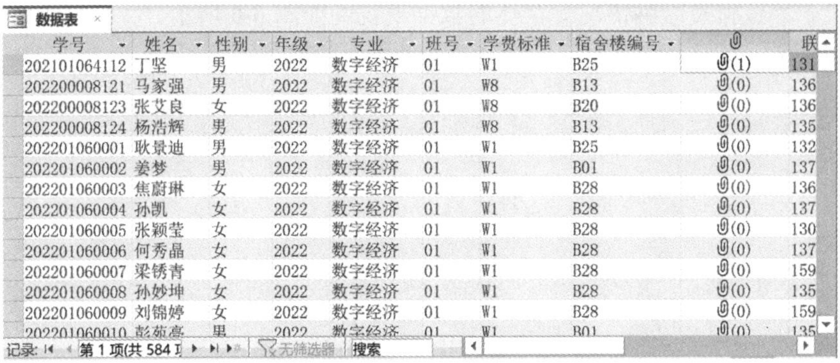

数据表

学号	姓名	性别	年级	专业	班号	学费标准	宿舍楼编号	附件	联
202101064112	丁坚	男	2022	数字经济	01	W1	B25	(1)	131
202200008121	马家强	男	2022	数字经济	01	W8	B13	(0)	136
202200008123	张艾良	女	2022	数字经济	01	W8	B20	(0)	136
202200008124	杨浩辉	男	2022	数字经济	01	W8	B13	(0)	135
202201060001	耿景迪	男	2022	数字经济	01	W1	B25	(0)	132
202201060002	姜梦	男	2022	数字经济	01	W1	B01	(0)	137
202201060003	焦蔚琳	女	2022	数字经济	01	W1	B28	(0)	136
202201060004	孙凯	女	2022	数字经济	01	W1	B28	(0)	137
202201060005	张颖莹	女	2022	数字经济	01	W1	B28	(0)	130
202201060006	何秀晶	女	2022	数字经济	01	W1	B28	(0)	137
202201060007	梁锈青	女	2022	数字经济	01	W1	B28	(0)	159
202201060008	孙妙坤	女	2022	数字经济	01	W1	B28	(0)	135
202201060009	刘锦婷	女	2022	数字经济	01	W1	B28	(0)	159
202201060010	彭茹亭	男	2022	数字经济	01	W1	B01	(0)	135

记录: 第 1 项(共 584 项 无筛选器 搜索

图 6-4 数据表窗体

> 表格式窗体和数据表窗体显示数据的方式很相似，在窗体上可以同时显示多条记录，但仔细观察图 6-3 和图 6-4 中图像列的显示结果，可以明显区分两种不同的窗体。附件数据类型字段中的照片在表格式窗体中显示为附件文件的缩略图，而在数据表窗体中标识为回形针＋文件数量的形式，如“(1)”。

6.1.4 窗体的视图

窗体的视图是用于显示数据的方式，视图可提供不同的方式在窗体中进行源表和查询字段的编辑。Access 窗体提供以下四种视图方式。

1. 窗体视图

窗体视图是窗体的运行界面，在该视图中不能修改任何控件，但可以检查窗体控件或数据是否符合预设的结果，如图 6-5 所示。

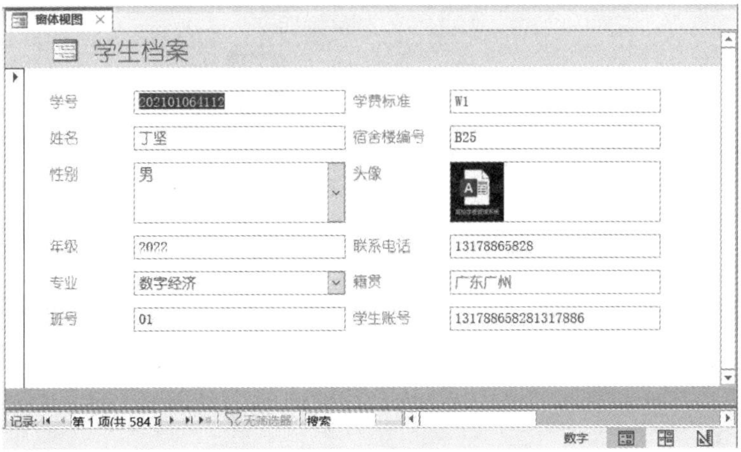

图 6-5 窗体视图

2. 数据表视图

数据表视图是将窗体上显示的数据以数据表的方式(类似于电子表格的行和列)显示多

条数据记录。"住宿费缴纳情况"窗体的数据表视图如图 6-6 所示。

图 6-6   数据表视图

3. 布局视图

布局视图允许在窗体运行的状态下修改窗体控件的视图方式，如图 6-7 所示。在布局视图中可以边查看运行窗体的数据边对窗体上的控件进行设计编辑。布局视图支持的控件布局有堆积布局和表格布局，可以重新排列字段、列、行或整个布局；可从"字段列表"窗格中拖动字段添加字段，或者使用属性表更改属性；还可在"布局"视图中轻松地删除字段或添加格式。在 Access 中，布局视图中的一个控件布局被视为一个表格，包含行、列和单元格，每个控件可以单元格的方式放在表格的任意位置。

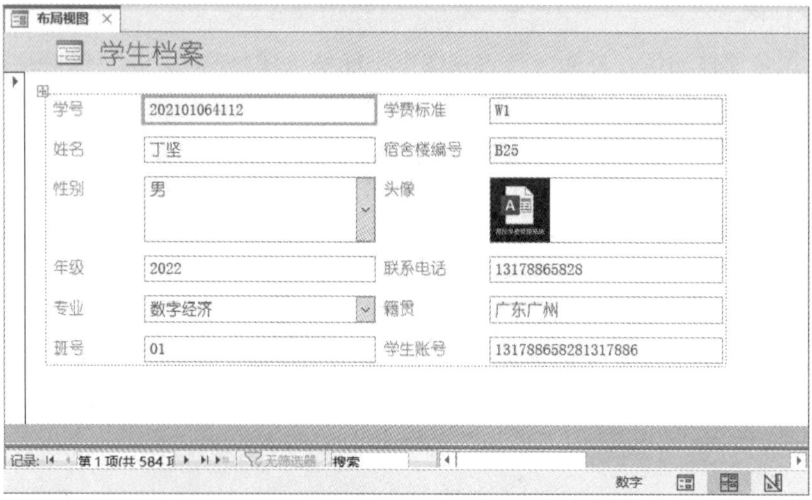

图 6-7   布局视图

4. 设计视图

在设计视图中，可以添加和删除窗体各个组成节(包括窗体页眉、窗体页脚、页面页眉、页面页脚)；还可在窗体的各个组成节中创建和编辑所有的控件以及设置各控件的属性，如图 6-8 所示。

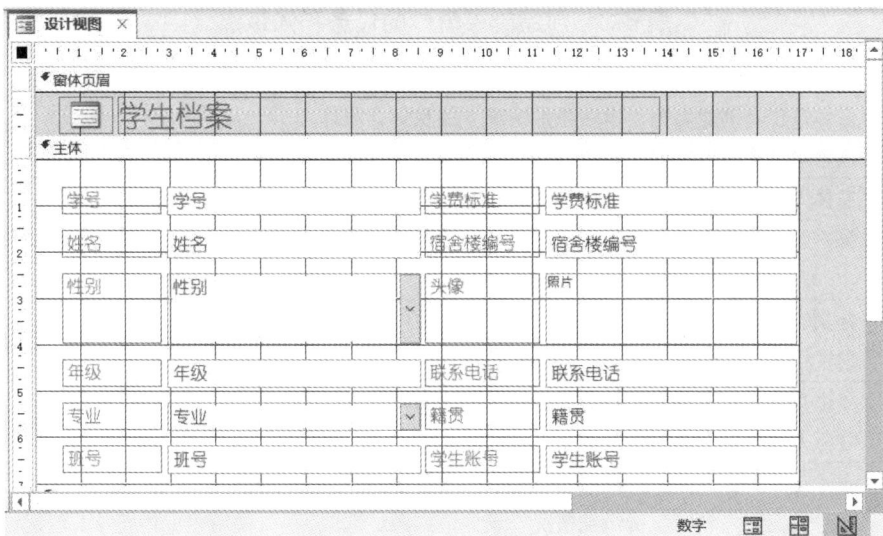

图 6-8 设计视图

窗体是用户与数据库交换信息的界面。通过本节的学习，可以了解窗体的组成结构、类型以及视图方式。设计窗体时，可根据实际需要设置窗体的各个组成节，在不同的窗体视图中切换以实现对窗体的修改与测试。

布局视图可在窗体运行时查看真实数据的同时编辑控件，但该视图主要注重于窗体外观上的设计；而在设计视图状态下无法查看运行时的真实数据，但该视图能提供更详细窗体结构的修改，例如在窗体上添加更多的控件、设置窗体各组成部分等。

6.2 创建 Access 窗体

Access 通过"创建"选项卡"窗体"组命令上的各个按钮实现创建窗体，如图 6-9 所示。本节主要介绍创建简单窗体的常用方法。通过本节的学习，可以完成如表 6-2 所示的任务并掌握相应的知识点。

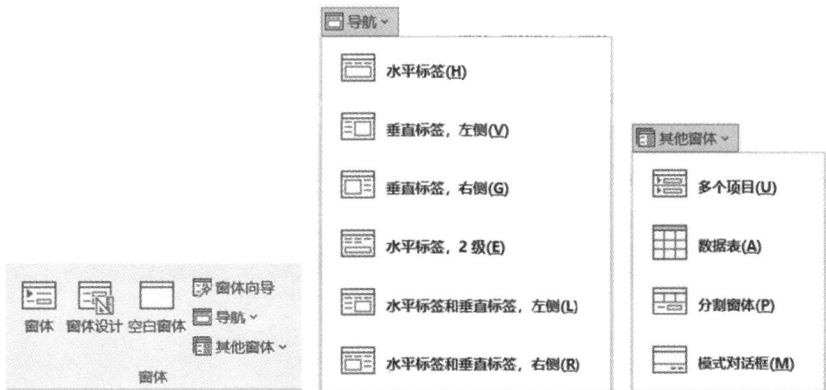

图 6-9 "创建"选项卡的"窗体"组

表6-2　创建简单窗体的任务和知识点

任　　务	涉及的知识点
使用"窗体"工具创建名为"学费缴纳情况"的窗体，窗体的数据源包含"学费缴纳情况"表的所有字段	使用"窗体"工具创建窗体
使用"窗体"工具创建名为"学生及缴费"的窗体。窗体的数据源包含"学生档案"表及其子表"学费缴纳情况"表的所有字段	使用"窗体"工具创建窗体
使用"分割窗体"工具创建"学生档案"窗体，窗体的数据源包含"学生档案"表的所有字段	使用"分割窗体"工具创建窗体
使用"多个项目"工具创建"财务人员档案"，窗体的数据源包含"财务人员档案"表的所有字段	使用"多个项目"工具创建窗体
使用"窗体向导"工具创建"学生档案及其缴费情况"窗体，窗体以"学生档案"表和"学费缴纳情况"表为数据源，选取指定的字段	使用"窗体向导"创建窗体
使用"导航窗体"工具创建"管理系统"窗体，使用指定的导航模板，添加相应的标签和窗体	使用"导航"工具创建窗体

6.2.1　使用"窗体"工具创建窗体

使用"窗体"工具，只需要选取一个数据源便可以创建窗体。创建窗体的数据源既可以是表也可以是查询，来自数据源的所有字段都放置在窗体上。

【例 6-1】　使用"窗体"工具创建名为"学费缴纳情况"的窗体，窗体的数据源包含"学费缴纳情况"表的所有字段，如图 6-10 所示。

使用窗体工具
创建窗体

图 6-10　"学费缴纳情况"窗体

基本操作步骤如下：

(1) 在导航窗格中单击鼠标选择"学费缴纳情况"表作为窗体的数据源。

(2) 单击"创建"选项卡"窗体"组中的"窗体"图标,创建窗体。

(3) 保存窗体并命名为"学费缴纳情况"。

使用"窗体"工具创建窗体操作时,若单击选择的窗体来源表存在"一对多"关系,且该表是关系中"1"端的父表,则新建窗体的底部会自动添加一个子窗体用于显示"一对多"关系中"∞"端的子表数据。

使用窗体工具创建
窗体(带子窗体)

【例 6-2】 使用"窗体"工具创建名为"学生及缴费"的窗体,窗体的数据源包含"学生档案"表及其子表"学费缴纳情况"表的所有字段,如图 6-11 所示。

图 6-11　"学生及缴费"窗体

基本操作步骤如下:

(1) 在导航窗格中单击鼠标选择"学生档案"表作为窗体的数据源。

(2) 单击"创建"选项卡"窗体"组中的"窗体"图标。

(3) 保存窗体并命名为"学生及缴费"。

使用"窗体"工具创建窗体时,若要在同一个窗体上显示"一对多"关系两端表的数据,则在创建时单击选择"1"端的父表作为新建窗体的数据源。

6.2.2　使用"分割窗体"工具创建窗体

使用分割窗体
工具创建窗体

"分割窗体"可以在同一个窗体中划分为上下两部分,分别提供数据的窗体视图和数据表视图。这两种视图连接到同一数据源,下半部分的数据表视图可显示数据源中的所有记录，上半部分的窗体视图显示当前一条记录的信息，并且总是保持相互同步。所谓相互同步是指在窗体的一个部分中选择或修改了某条记录的一个字段，则会在窗体的另一部分中选择或修改相同记录的同一字段。

【例 6-3】使用"分割窗体"工具创建名为"学生档案"的窗体，窗体的数据源包含"学生档案"表的所有字段，如图 6-12 所示。

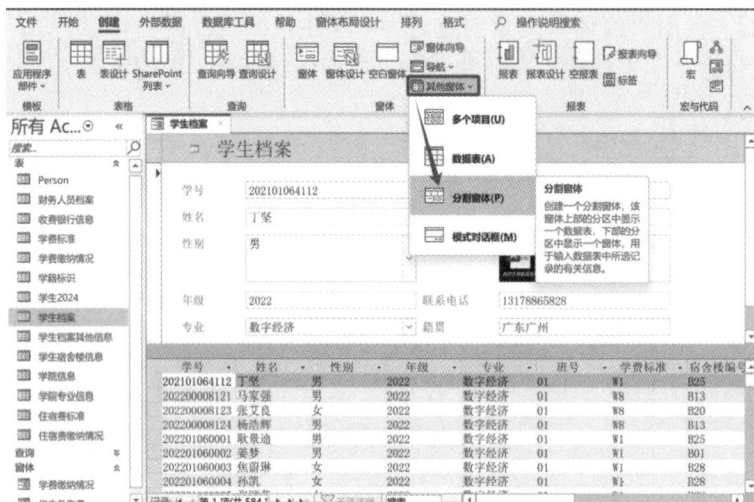

图 6-12 "学生档案"窗体

基本操作步骤如下：

(1) 在导航窗格中单击鼠标选择"学生档案"表作为窗体的数据源。

(2) 单击"创建"选项卡"窗体"组中的"其他窗体"图标，在弹出的菜单中单击"分割窗体"图标。

(3) 保存窗体并命名为"学生档案"。

6.2.3 使用"多个项目"工具创建窗体

多个项目窗体也就是前面所说的表格式窗体。它类似于数据表的显示方式，一次在窗体中显示多个记录，但其可自定义性比数据表窗体强。

【例 6-4】使用"多个项目"工具创建名为"财务人员档案"的窗体，窗体的数据源包含"财务人员档案"表的所有字段，如图 6-13 所示。

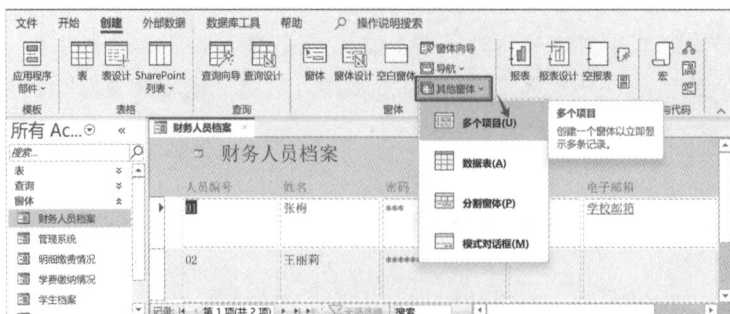

使用多个项目
工具创建窗体

图 6-13 "财务人员档案"窗体

基本操作步骤如下：

(1) 在导航窗格中单击鼠标选择"财务人员档案"表作为窗体的数据源。

(2) 单击"创建"选项卡"窗体"组中的"其他窗体"图标，在弹出的菜单中单击"多个项目"图标。

(3) 保存窗体并命名为"财务人员档案"。

6.2.4　使用"窗体向导"创建窗体

使用"窗体向导"创建窗体，既可以任意地选定要在窗体上显示的各个字段，又可以使用一个或多个数据源。如果选择的两个数据源之间存在"一对多"的关系，则向导会创建基于多表的主子窗体。

【例 6-5】　使用"窗体向导"创建名为"学生档案及其缴费情况"的窗体。窗体以"学生档案"表和"学费缴纳情况"表为数据源，选取"学生档案"表的以下字段：学号、姓名、性别、年级、专业、班号、学费标准；选取"学费缴纳情况"表的以下字段：收费日期、收费学年、已交书费金额、已交学杂费金额、收费银行、经办人，如图 6-14 所示。

使用窗体向导
工具创建窗体

图 6-14　"学生档案及其缴费情况"窗体

基本操作步骤如下：

(1) 单击"创建"选项卡"窗体"组中的"窗体向导"图标，启用窗体向导。

(2) 在窗体向导中选择数据源，单击选择"表：学生档案"及依次选择所需要的字段；然后单击选择"表：学费缴纳情况"及依次选择所需要的字段。

(3) 选择查看数据的方式：通过学生档案。

(4) 选择子窗体使用的布局：数据表。

(5) 输入窗体标题为"学生档案及其缴费情况"，子窗体标题为"明细缴费情况"。

(6) 单击"完成"按钮，打开窗体查看或编辑信息。

(7) 保存并关闭窗体，窗体名称为向导中输入的窗体标题"学生档案及其缴费情况"，同时在导航窗格中增加与子窗体标题同名的"明细缴费情况"窗体。

例 6-5 创建的窗体中选择了"学生档案"和"学费缴纳情况"两个数据源表，这两个表是一对多的关系，因此处于关系线"∞"端的"学费缴纳情况"表作为子窗体存在。

6.2.5 使用"导航窗体"工具创建窗体

Access 提供六个导航窗体的模板，如图 6-15 所示。使用提供的"导航"工具创建窗体时，只需要使用鼠标将窗体或报表拖放到导航窗体上而无需编写任何的代码。

使用导航窗体工具创建窗体

图 6-15   "导航"工具提供的模板

【例 6-6】 通过"导航窗体"工具创建名为"管理系统"的窗体。要求：选择"水平标签和垂直标签，左侧"导航模板，导航窗体上水平方向上添加两个标签，依次设置内容"学生"和"管理员"；第一个水平标签设置两个垂直标签，内容依次为"学生档案"和"缴费情况"，分别用于显示"学生档案"和"学生及缴费"窗体；第二个水平标签显示"财务人员档案"窗体，如图 6-16 所示。

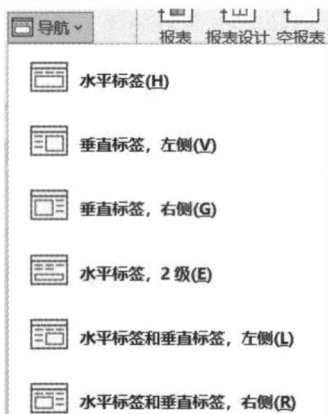

图 6-16   "管理系统"窗体

基本操作步骤如下：

(1) 单击"创建"选项卡"窗体"组中的"导航"图标，在弹出的预定义模板中选择"水平标签和垂直标签，左侧"图标。

(2) 双击水平标签中的"[新增]"字样位置，输入"学生"。

(3) 从导航窗格中拖动"学生档案"窗体到垂直标签"[新增]"字样的上方位置，然后放开鼠标。

(4) 从导航窗格中拖动"学生及缴费"窗体到垂直标签"学生档案"的下方位置，然后放开鼠标，双击标签位置输入标题"缴费情况"。

(5) 从导航窗格中拖动"财务人员档案"窗体到水平标签"学生"右侧的"[新增]"字样的位置，双击标签位置输入标题"管理员"。

(6) 保存窗体并命名为"管理系统"。

本节主要介绍了如何使用窗体组中的多种工具创建窗体，使用"窗体"工具、"分割窗体"工具或"多个项目"工具创建简单窗体时，必须事先选择一个数据源，否则这些工具图标显示为"灰色"，表示当前选项不可使用。

本节介绍的窗体创建方法各具特色，具体如表 6-3 所示。

表 6-3　多种创建窗体方法的比较

创建方式	是否可选字段	窗体的布局	特　点
"窗体"工具		纵栏式窗体	操作简单，布局简洁
"分割窗体"工具	默认选取一个数据源的全部字段	上半部分：纵栏式窗体 下半部分：数据表窗体	两种视图都连接到同一数据源，在一个窗体中可以同时利用两种窗体类型的优势：使用窗体下半部分的数据表部分进行快速定位记录，使用窗体上半部分的单一窗体查看或编辑当前记录
"多个项目"工具		表格式窗体	操作简单，适合较多记录的快速浏览
"窗体向导"工具	在窗体向导中可按需选择 1～N 个数据源的部分或全部字段	主子窗体： 　主：纵栏式窗体 　子：数据表窗体 单个窗体： 　可选纵栏式、表格式或数据表窗体	需要熟悉窗体的基本知识，可快速创建自选数据源字段、预设布局的窗体，是创建窗体的常用方式。对于复杂窗体的创建，可以先使用"窗体向导"工具生成窗体的雏形，然后在设计视图中再次编辑

通过某种方式创建窗体后，如果需要修改都必须在设计视图或布局视图中实现。通过本节的学习，帮助掌握创建简单窗体的各种方法，并懂得根据不同的窗体显示特点选择合适的创建方法。

6.3　Access 控件设计

Access 窗体是由若干个控件构成的。窗体的设计与编辑，实际上就是设置控件事件、格式，以及在窗体或者报表上布局各种控件。Access 提供了布局视图和设计视图两种视图对窗体控件进行设计与布局的修改。熟练掌握控件的类型及其设计工具是本节的主要任务。

6.3.1 控件类型与功能

常见的控件类型包括文本框、标签、组合框、列表框、按钮、子窗体等，如图 6-17 所示。

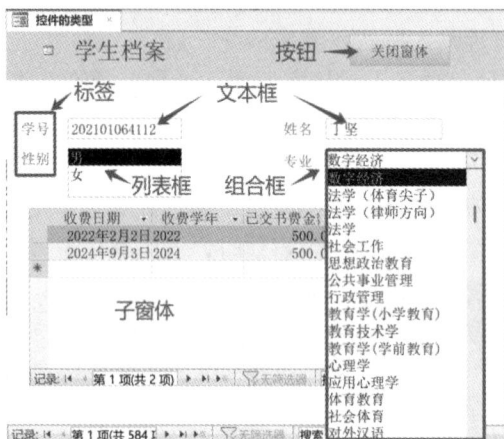

控件的介绍

图 6-17　常见的控件类型

1. 文本框控件

文本框是最常用的控件类型，主要用于在窗体上显示数据。若文本框的数据来自数据源中的字段值，则修改文本框数据的同时修改了数据源的字段值；若文本框的数据来自计算表达式，则显示计算的结果。

2. 标签控件

标签控件主要用于显示文本字符，常用于显示窗体标题、字段名称等内容。标签控件通常不涉及数据源，因此不会显示字段值或者计算的结果。

3. 组合框和列表框控件

组合框和列表框控件都可用于从一个固定数据的列表中选择数据实现输入，减少重复输入以及出错概率。组合框只显示一行数据，其他数据都隐藏在下拉列表中，既可从列表中选择数据行又可输入新的数据；列表框的数据行直接显示在窗体上，只允许从列表中选择数据。

4. 按钮控件

按钮提供了在窗体上执行某些操作的方法。当对按钮进行单击、双击等鼠标操作时会触发事件执行相应的操作。

5. 子窗体控件

子窗体和主窗体是相对的，子窗体控件是用于实现把一个表、查询或窗体的对象插入到另一个窗体的控件。通常在显示具有一对多关系的表或查询数据之间的关联时使用子窗体，如例 6-5 中"明细缴费

窗体控件及其属性

情况"子窗体。

6.3.2　控件设计工具

控件的设计，一般是在设计视图或者布局视图中进行的。"表单设计"选项卡中的"工具"组提供了最常用的"添加现有字段"和"属性表"功能，分别用于显示/隐藏"字段列表"窗格和"属性表"窗格实现控件的设计，如图 6-18 所示。

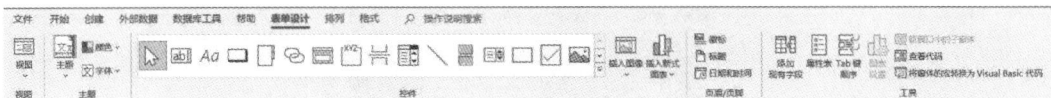

图 6-18　"表单设计"选项卡

1．"添加现有字段"工具

在窗体的设计视图中，单击"设计"选项卡"工具"组中的"添加现有字段"图标，可设置显示/隐藏"字段列表"窗格。"字段列表"上显示了当前数据库文件中所有的表及其字段，当窗体上没有字段而且窗体没有设置数据来源时，"字段列表"窗格显示"其他表中的可用字段"，如图 6-19 所示；当窗体上已有字段或窗体已设置数据源时，"字段列表"窗格显示三部分内容，即"可用于此视图的字段""相关表中的可用字段""其他表中的可用字段"，如图 6-20 所示。

图 6-19　用于选择数据来源的"字段列表"窗格　　　　图 6-20　可用字段的"字段列表"窗格

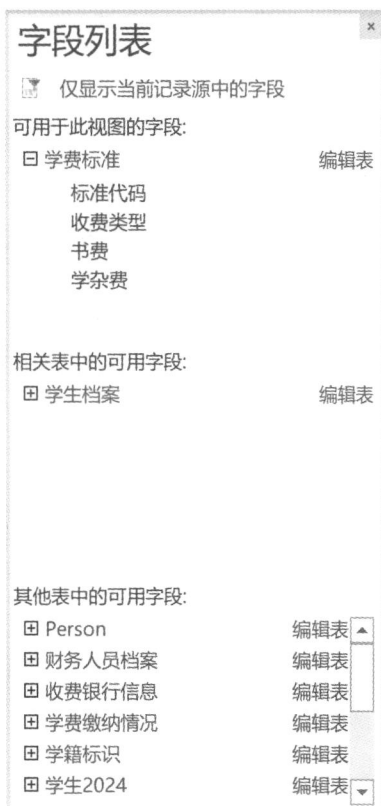

2. "属性表"工具

在窗体的设计视图中，单击"设计"选项卡"工具"组中的"属性表"图标，可显示及设置选定控件的属性。常见的控件属性包括格式、数据、事件、其他等，如图 6-21 所示。

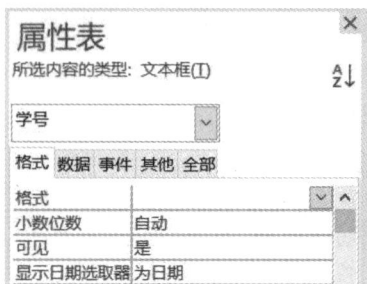

图 6-21   "属性表"窗格

6.3.3   控件排列工具

在窗体的设计视图中，主要是通过"排列"选项卡进行控件的排列操作。"排列"选项卡上有"表"组、"行和列"组、"合并/拆分"组、"移动"组、"位置"组和"调整大小和排序"组，可用于设置窗体的显示样式，以及控件在窗体上的布局、对齐、大小和位置等，如图 6-22 所示。

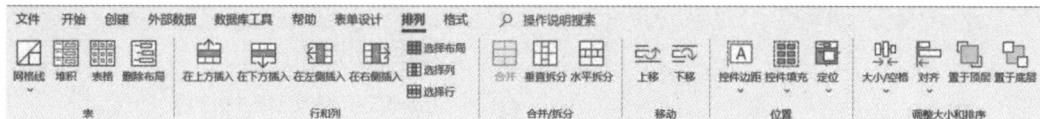

图 6-22   "排列"选项卡

1. 选定控件

"先选定后操作"是软件系统的操作原则，进行操作前一定要先选定操作对象。

(1) 选定一个控件：鼠标单击一下控件，控件的四周显示 8 个控点表示该控件已选定。

(2) 选定多个控件：按下 Shift 键不放，单击鼠标选择下一个控件。

(3) 选定相邻控件：在要选定区域的左上方按住鼠标左键拖动到区域的右下方，然后放开鼠标左键。

2. 移动控件

可以用以下方法改变控件的位置：

(1) 按住鼠标左键直接拖动控件到目标位置。

(2) 选定控件后，用键盘中的上、下、左、右键移动。

3. 删除控件

选定控件后，直接按 Delete 键即可删除控件。

4. 调整多个控件的大小/间距

在设计视图状态下，通过单击"排列"选项卡"调整大小和排序"组的图标调整控件的大小或者控件之间的垂直间距和水平间距。调整控件大小的方法如下：

(1) 选定控件，例如图 6-23 所示的控件。

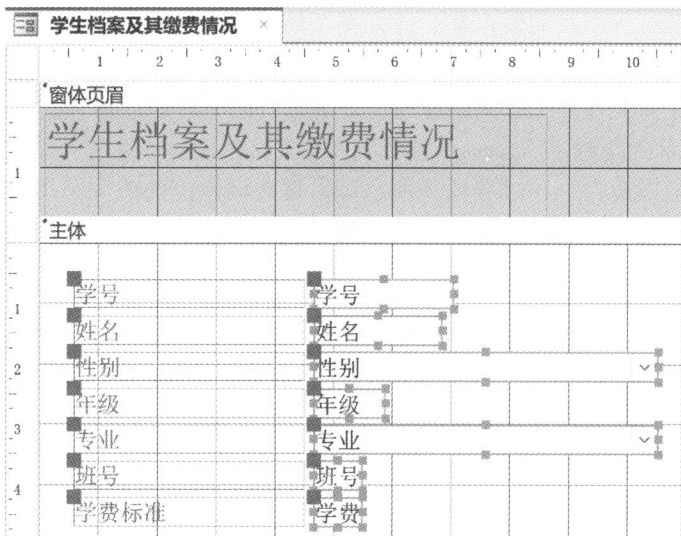

图 6-23 选定控件(调整控件大小前)

(2) 单击"排列"选项卡"调整大小和排序"组的"大小/空格"图标，然后单击"至最宽"图标，得到的结果如图 6-24 所示。

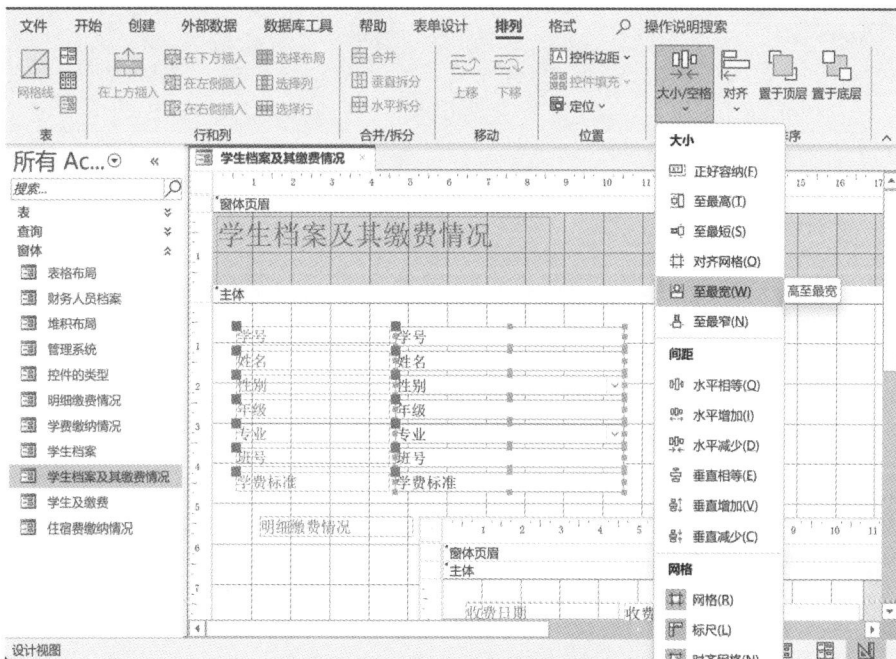

图 6-24 调整控件大小为"至最宽"

6.3.4 控件的布局

Access 的一个布局就是一个表格，可以按单元格、行或列的方式进行调整编辑，非常适合设置控件的大小、外观及布局。在 Access 中，一个布局可包含一系列的控件组，每个控件在布局中相当于占一个单元格的位置，对于控件在布局中的定位非常灵活，只要定位好单元格就能实现。一个布局既可在设计视图下修改也可在布局视图下修改，不同之处是在设计视图下可以对窗体的布局进行任意的设置和修改，而布局视图提供了在窗体运行的状态下可以修改窗体上各控件布局的环境，是最直观的一种修改窗体的视图方式。

如图 6-25 所示的是通过 Access "多个项目" 工具创建窗体后的布局视图。显然，这些控件的宽度并不是很适合。通过布局视图，可以直接调整控件的大小尺寸，其操作方法与在 Excel 调整列宽类似。图 6-26 显示的是调整后的布局视图。

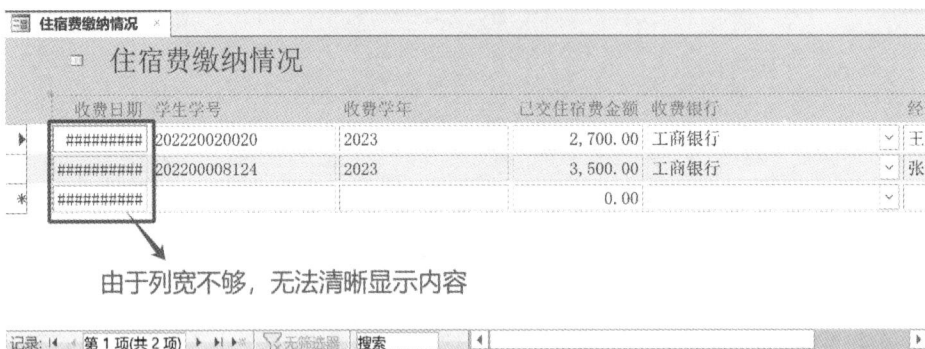

图 6-25　初始的布局视图

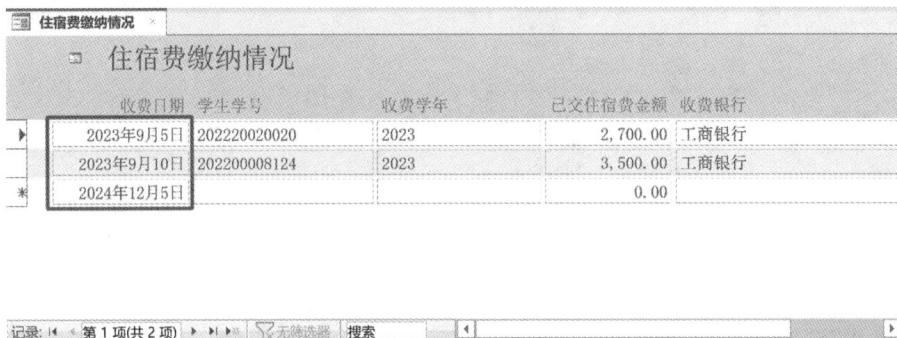

图 6-26　调整控件宽度后的布局视图

在布局视图中，Access 显示 "窗体布局设计" 选项卡、"排列" 选项卡和 "格式" 选项卡。

"窗体布局设计" 选项卡类似设计视图中显示的 "表单设计" 选项卡，如图 6-18 所示。

"排列" 选项卡包括 "表" 组、"行和列" 组、"合并/拆分" 组、"移动" 组和 "位置" 组，如图 6-27 所示。

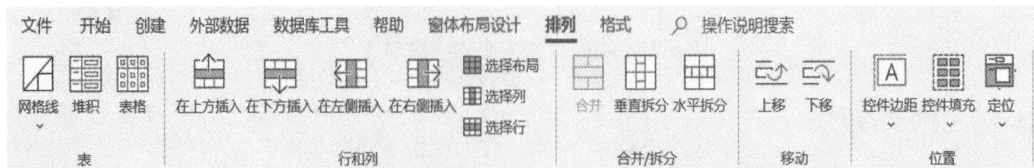

图 6-27　窗体布局工具的 "排列" 选项卡

"格式" 选项卡包括 "所选内容" 组、"字体" 组、"数字" 组、"背景" 组和 "控件格式" 组，如图 6-28 所示。

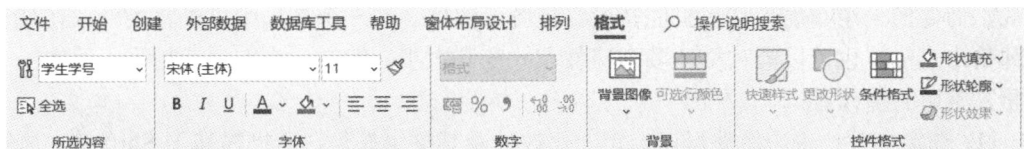

图 6-28　窗体布局工具的"格式"选项卡

1. 控件的布局类型

控件的布局有堆积布局和表格布局两种类型。堆积布局类似于纵栏式的布局，其中标签位于每个字段的左端，如图 6-29 所示。表格布局类似于电子表格的布局，其中标签位于顶端，数据位于标签下面的列中，如图 6-30 所示。

图 6-29　控件的堆积布局

图 6-30　控件的表格布局

要对布局或其中的控件操作，则必须先选定其布局或控件。具体的选定方法如下：

(1) 选定一个控件：鼠标单击该控件。

(2) 选定一个控件和对应标签：在设计视图中，移动鼠标到左侧标尺位置，当鼠标变为→或↓时单击；或按住 Shift 键同时用鼠标单击控件和其对应的标签。

(3) 选定多个控件和对应标签：按住 Shift 键，选定一个控件和对应标签，然后释放 Shift 键。

(4) 选定一个布局：鼠标单击布局中任一个控件，此时布局范围的左上方出现"选择"图标，单击该图标。

2. 编辑控件的布局

不论是在布局视图下还是在设计视图下，都可以将窗体上的任意多个控件组合为一个布局，而要把一个布局删除则只能在设计视图下实现。在一个布局中可以将控件放在任一单元格中定位，也可以同时移动多个控件和改变其大小。编辑一个布局就相当于编辑一个表格，常用的操作有：

(1) 选定控件：单击控件可以选定一个控件及其捆绑控件，若同时按下 Shift 键，则可以选择多个控件。

(2) 删除控件：先选定控件，然后按下 Delete 键。

(3) 设定布局：单击"排列"选项卡"表"组中的"表格"图标或"堆积"图标。

(4) 删除布局：单击"排列"选项卡"表"组中的"删除布局"图标。

3. 改变控件与布局的对齐方式

同一个窗体上可以存在多个控件，也可以存在多个布局。在编辑修改的过程中，若控件或布局之间的位置不整齐，则可对其设置对齐方式。具体的方法如下：

(1) 打开窗体的设计视图或布局视图。

(2) 单击"排列"选项卡"调整大小和排序"组"对齐"中的一种方式，如图 6-31 所示。

⊞	对齐网格(G)
⊫	靠左(L)
⊣	靠右(R)
⊤	靠上(T)
⊥	靠下(B)

图 6-31   控件的对齐方式

要对窗体上的控件编辑布局，通过设计视图或布局视图的"排列"选项卡和"格式"选项卡上相应图标进行设置即可。

通过本节的学习，了解控件的类型，掌握用于设计和排列控件的工具，了解布局的使用方法。

控件是窗体/报表的基本构成元素，因此，对窗体/报表的编辑关键在于掌握控件的使用方法，借助"使用控件向导"功能可以轻松地创建多种控件。控件的编辑可以在布局视图或设计视图中进行。两种视图方式提供了各自的特点以适应不同的使用需要：布局视图在实际运行窗体的同时允许编辑控件，尤其适用于控件格式、外观、布局的调整；设计视图则提供更全面的控件编辑功能，尤其适用于各类控件的添加、属性的设置等。

6.4　Access 窗体及控件的设计

除了 6.2 节介绍的创建简单窗体的方法外，还可以使用设计视图创建更加丰富的窗体。此外，还可以通过设计视图对窗体进行控件的设计与编辑。通过本节的学习，可以完成如表 6-4 所示的任务并掌握相应的知识点。

表 6-4　窗体设计与编辑操作的任务和知识点

任　　务	涉及的知识点
使用设计视图创建"部分学费标准"窗体	使用设计视图创建窗体
创建带有计算功能文本框的"学生交费标准小计"窗体,计算表达式为"=[书费]+[学杂费]"	文本框的设计
在"部分学费标准"窗体中添加标签,用于显示指定的标题内容	标签的设计
创建带有组合框的"收费银行"窗体	组合框的设计
将"学生档案及其缴费情况"窗体中显示性别的组合框改为列表框	更改控件类型
在"学生档案及其缴费情况"窗体中添加按钮	按钮的设计
在"财务人员档案"窗体中添加子窗体,子窗体的数据源是"学费缴纳情况"表中指定的字段	子窗体的设计

6.4.1　使用设计视图创建窗体

使用"设计视图"创建窗体,实际上就是在设计视图中提供一个空白的窗体,用户可以在窗体上添加和设置各种各样的控件。虽然 Access 提供了很多如 6.2 节介绍的快速创建窗体的方法,但这些窗体上的控件类型与结构顺序都已按系统默认的形式设计好,如果需要对已有的窗体控件进行随意的修改,就必须在设计视图下实现。

使用窗体设计视图创建窗体

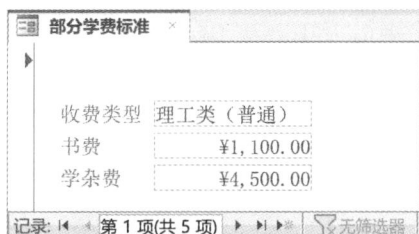

【例 6-7】　使用设计视图创建名为"部分学费标准"的窗体。窗体的数据源包括"学费标准"表中的字段"收费类型""书费""学杂费",如图 6-32 所示。筛选出"学杂费"低于 6000 元的收费标准情况。

图 6-32　"部分学费标准"窗体

基本操作步骤如下:

(1) 单击"创建"选项卡"窗体"组中的"窗体设计"图标,打开新建窗体的设计视图。

(2) 单击"表单设计"选项卡"工具"组中的"添加现有字段"图标,显示"字段列表"窗格。

(3) 在"字段列表"窗格中单击"显示所有表",然后单击"学费标准"左侧加号,展开显示该表中所有的字段。

(4) 依次双击以下数据来源字段:收费类型、书费、学杂费,向窗体添加数据源及其相应的控件。

(5) 单击"表单设计"选项卡上的"属性表"图标,在"属性表"窗格上单击"数据",编辑"窗体"的"记录源"属性,如图 6-33 所示。

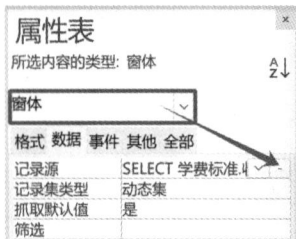

图 6-33   设置"窗体"的"记录源"属性

(6) 打开窗体记录源的设置界面(窗体 1:查询设计器),设置条件为学杂费小于 6000,如图 6-34 所示。

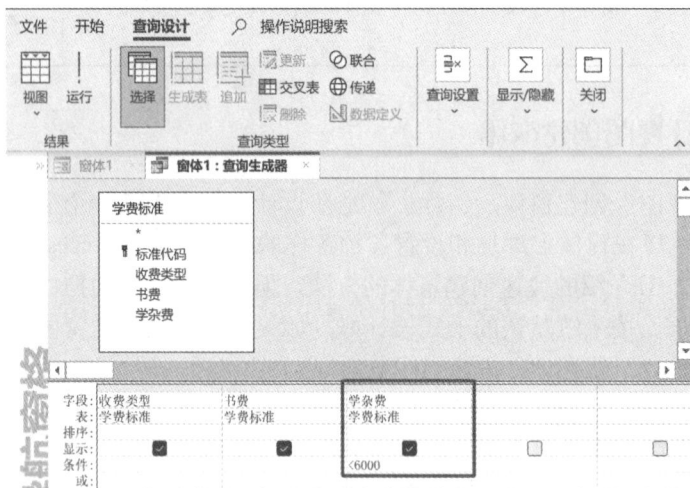

图 6-34   窗体 1:查询生成器

(7) 单击"查询设计"选项卡中"关闭"组的"关闭"按钮,保存窗体记录源的编辑。

(8) 保存窗体并命名为"部分学费标准"。

下面介绍创建常用控件的操作方法。在创建操作时,开启 Access 提供的"控件向导"功能,可以更加便捷地创建控件。打开窗体的设计视图后,单击"表单设计"选项卡"控件"组中的"使用控件向导"选项,可切换控件向导为打开/关闭状态,设置为"打开"和"关闭"状态后,显示效果分别如图 6-35 和图 6-36 所示。

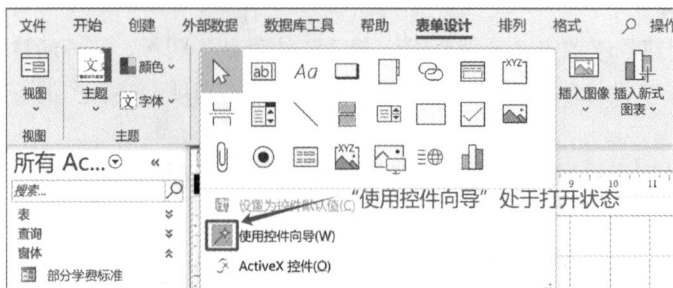

图 6-35   处于打开状态的"使用控件向导"选项

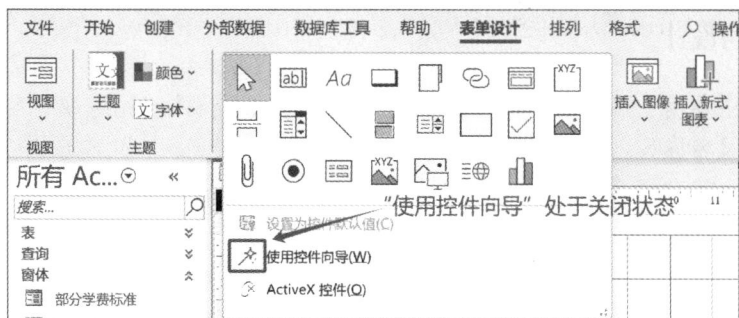

图 6-36　处于关闭状态的"使用控件向导"选项

6.4.2　文本框的设计

文本框主要用于在窗体或报表上显示数据源的字段值，也常用于显示计算的结果。

【例 6-8】 创建名为"学生交费标准小计"的窗体，用于显示学生的学号、姓名、书费、学杂费和应缴费金额。使用文本框计算两种费用的总和并显示计算的结果，计算表达式为"=[书费]+[学杂费]"，如图 6-37 所示。

创建文本框控件

图 6-37　"学生交费标准小计"窗体

基本操作步骤如下：

(1) 单击"创建"选项卡"窗体"组中的"窗体设计"图标，打开新建窗体的设计视图。

(2) 单击"表单设计"选项卡"工具"组中的"添加现有字段"图标，显示"字段列表"窗格。

(3) 从"字段列表"窗格中双击所需要的字段到窗体的设计视图。

(4) 单击"表单设计"选项卡"控件"组中的"文本框"工具，在设计视图中单击显示文本框的位置。

(5) 若"使用控件向导"处于打开状态，按照向导对话框中的提示，分别设置文本框的属性、输入法模式以及文本框的名称(如 Text1)。

(6) 单击选择文本框左侧的捆绑标签，输入捆绑标签的内容，如：应缴费金额。

(7) 单击选择文本框，输入以等号开头的表达式，如：=[书费]+[学杂费]。

(8) 保存窗体并命名为"学生交费标准小计"。

6.4.3　标签的设计

标签控件主要用于显示用户自行输入的文本，常用于窗体的标题或者数据源的字段名称等。

【例 6-9】　在"部分学费标准"窗体的窗体页眉中添加标签控件。标签的"标题"属性为低于 6000 元的学费标准，文本格式为标准色深红、加粗、14 号字体。将窗体另存为"部分学费标准(带标签)"，如图 6-38 所示。

创建标签控件

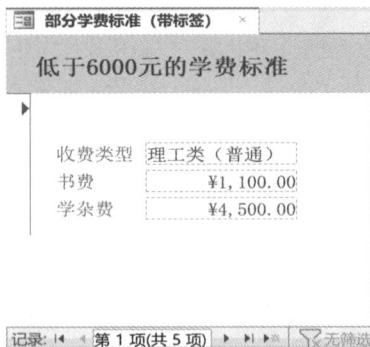

图 6-38　"部分学费标准(带标签)"窗体

基本操作步骤如下：

(1) 打开"部分学费标准"窗体的设计视图。

(2) 在窗体主体节任意空白位置右击鼠标，在弹出的快捷菜单中选择"窗体页眉/页脚"，在设计视图中显示窗体页眉节和窗体页脚节，如图 6-39 所示。

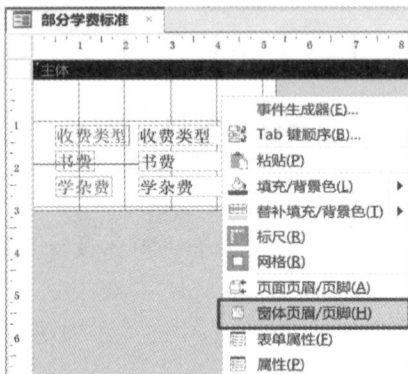

图 6-39　显示或隐藏"窗体页眉/页脚"

(3) 单击"表单设计"选项卡"控件"组中的"标签"图标，在窗体页眉位置显示内容为当前窗体名称的标题控件。

(4) 单击"文件"选项卡"对象另存为"按钮，将窗体另存为"部分学费标准(带标签)"。

6.4.4　组合框和列表框的设计

【例 6-10】　创建名为"收费银行"的窗体，在窗体上创建一个"收

创建组合框控件

费银行名称"组合框控件，控件的数据源是"收费银行信息"表"银行名称"字段，如图 6-40 所示。

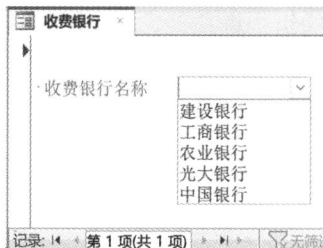

图 6-40　"收费银行"窗体

基本操作步骤如下：

(1) 单击"创建"选项卡"窗体"组中的"窗体设计"图标，打开新建窗体的设计视图。

(2) 单击"表单设计"选项卡"控件"组中的"组合框"工具，在设计视图中单击显示组合框控件的位置。

(3) 若"使用控件向导"处于打开状态，则在弹出的向导对话框中选择获取数值的方式：使用组合框查询表或查询中的值。

(4) 在向导中选择"收费银行信息"表"银行名称"字段作为组合框控件的数据源，设置排序字段(如：编号)和列的宽度。

(5) 在向导中输入组合框指定标签为"收费银行名称"，完成向导。

(6) 保存窗体并命名为"收费银行"。

【例 6-11】　打开"学生档案及其缴费情况"窗体，将用于显示性别字段的组合框控件类型改为列表框。打开"属性表"窗格，修改列表框控件的高度为 1 cm、宽度为 2 cm，修改"窗体"标题属性为"更改控件类型"。将窗体另存为"学生档案及其缴费情况(更改控件类型)"，如图 6-41 所示。

创建列表框控件

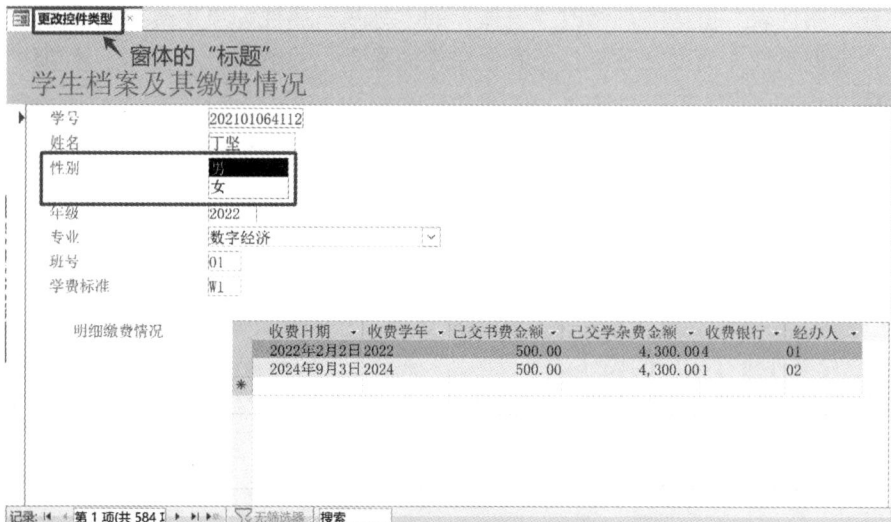

图 6-41　"更改控件类型"窗体

基本操作步骤如下：

(1) 打开"学生档案及其缴费情况"窗体的设计视图。

(2) 右击用于显示性别字段的组合框控件，在快捷菜单中选择"更改为"|"列表框"，如图 6-42 所示。

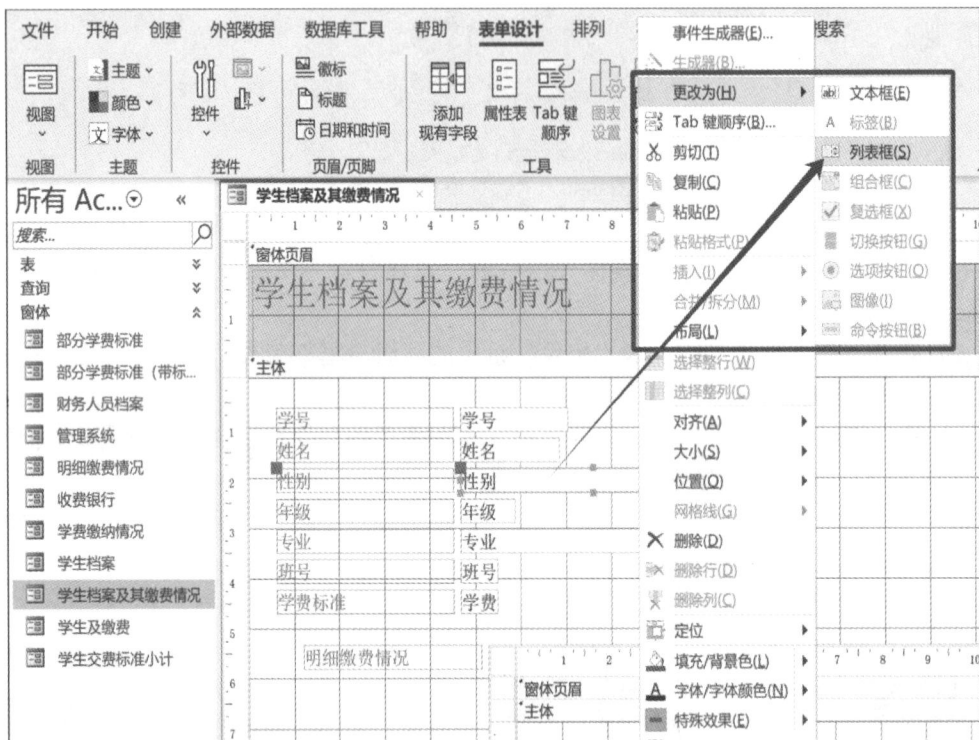

图 6-42　更改控件的类型

(3) 单击"表单设计"选项卡"工具"组中的"属性"图标，输入控件的高度为 1 cm、宽度为 2 cm。

(4) 在"属性表"窗格中，修改"窗体"的"标题"属性为"更改控件类型"。

(5) 由于调整控件高度之后阻挡了其他控件的显示，故适当上移窗体主体节中 1～3 行控件的位置。

(6) 单击"文件"选项卡的"对象另存为"按钮，将窗体另存为"学生档案及其缴费情况(更改控件类型)"。

6.4.5　按钮的设计

按钮提供了在窗体上执行某些操作的方法。当对按钮进行单击等鼠标操作时会激发事件执行相应的操作。

【例 6-12】 打开"学生档案及其缴费情况"窗体，在窗体上创建按钮"添加记录""下一项记录"和"关闭窗体"。调整按钮控件大小为"至最宽"，并将窗体另存为"学生档案及其缴费情况(带按钮)"，如图 6-43 所示。

创建按钮控件

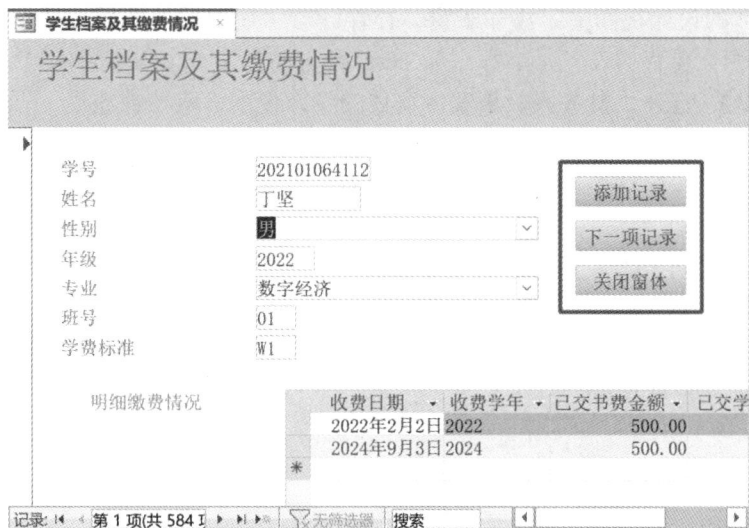

图 6-43   "学生档案及其缴费情况(带按钮)"窗体

基本操作步骤如下：

(1) 打开"学生档案及其缴费情况"窗体的设计视图。

(2) 单击"表单设计"选项卡"控件"组中的"按钮"工具，在设计视图中单击显示按钮控件的位置。

(3) 若"使用控件向导"处于打开状态，则在向导中选择按钮执行的操作，如"记录操作"类别中"添加新记录"操作，选择按钮显示的方式为"文字"。

(4) 在向导中输入按钮控件的名称，如 Command1，单击"完成"按钮结束向导。

(5) 重复步骤(2)～(4)，继续添加其余的按钮控件，选择执行的操作分别为"记录导航"类别中"转至下一项记录"和"窗体操作"类别中"关闭窗体"操作。

(6) 选择上述三个按钮控件，单击"排列"选项卡"调整大小和排序"组中的"至最宽"，将控件宽度统一调整为所选定按钮控件中宽度最大的格式。

(7) 单击"文件"选项卡的"对象另存为"按钮，将窗体另存为"学生档案及其缴费情况(带按钮)"。

> 将原有窗体另存为新窗体后，打开新窗体的窗体视图时"标题"仍然显示为原有窗体的"标题"，如图 6-43 所示显示的"标题"为"学生档案及其缴费情况"。需要在新窗体的设计视图修改窗体的"标题"属性，才会显示出不同的内容，如图 6-41 所示显示的"标题"为"更改控件类型"。

6.4.6 子窗体的设计

创建带有子窗体控件的窗体，主要有以下三种方式：

(1) 选择"一对多"关系中的"1"端父表，使用"窗体"工具创建窗体，如例 6-2。

(2) 使用"窗体向导"创建窗体时，选择来自"一对多"关系的两个表作为窗体的数据源，如例 6-5。

(3) 在窗体的设计视图中，添加子窗体控件。若"使用控件向导"处于打开状态，则子窗体的数据源自现有的表/查询，那么 Access 会自动创建一个与子窗体同名的窗体对象。

【例 6-13】 打开"财务人员档案"窗体的设计视图，将控件布局修改为堆积布局，删除窗体上用于显示"照片"和"电子邮箱"的控件，然后在窗体中添加子窗体控件，该控件的数据源是"学费缴纳情况"表以下字段：收费日期、经办人、学生学号、已交书费金额和已交学杂费金额。将窗体另存为"财务人员档案(带子窗体)"，如图 6-44 所示。

创建子窗体控件

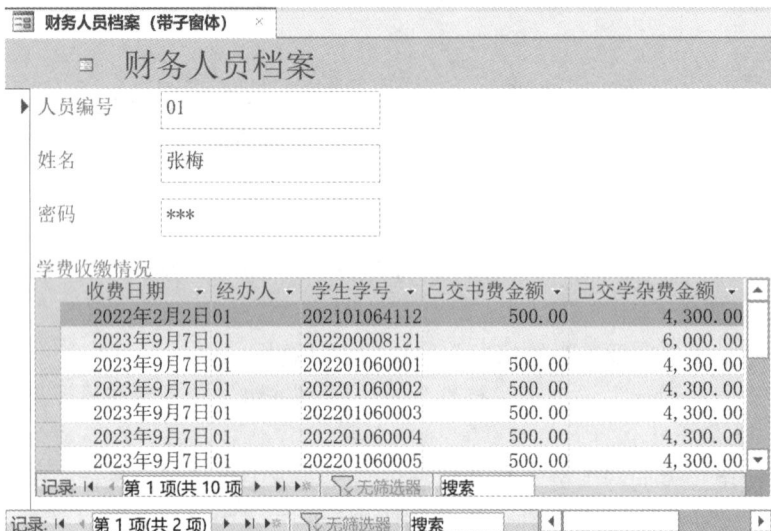

图 6-44　"财务人员档案(带子窗体)"窗体

基本操作步骤如下：

(1) 打开"财务人员档案"窗体的设计视图，选择窗体上所有的字段名称和字段值的控件。

(2) 单击"排列"选项卡"表"组中的"堆积"图标，修改控件布局为"堆积"。

(3) 选择用于显示"照片"和"电子邮箱"的文本框及其左侧捆绑的标签，按 Delete 键删除控件，并适当调整各个控件的高度和宽度。

(4) 单击"表单设计"选项卡"控件"组中的"子窗体/子报表"工具，在设计视图中单击显示子窗体控件的位置。

(5) 若"使用控件向导"处于打开状态，则在弹出的向导对话框中选择子窗体的数据源为"表：学费缴纳情况"，并依次选择所需要的字段。

(6) 在向导中自行定义主子窗体之间链接字段分别为窗体字段"人员编号"和子窗体字段"经办人"，如图 6-45 所示。

(7) 输入子窗体的名称，如"学费收缴情况"。

(8) 单击"文件"选项卡"对象另存为"按钮，将窗体另存为"财务人员档案(带子窗体)"。同时，Access 自动创建与子窗体控件同名的"学费收缴情况"窗体对象。

通过本节的学习，需要掌握使用设计视图创建窗体和在设计视图中添加常见控件的操作方法。

在设计视图中添加控件后，可以通过 6.3.2 小节控件的设计工具和 6.3.3 小节控件的排列工具对控件做进一步的编辑，如例 6-11 中修改列表框控件的高度和宽度、修改"窗体"标题属性，例 6-12 调整按钮控件大小为"至最宽"，例 6-13 将控件布局修改为堆积布局等。

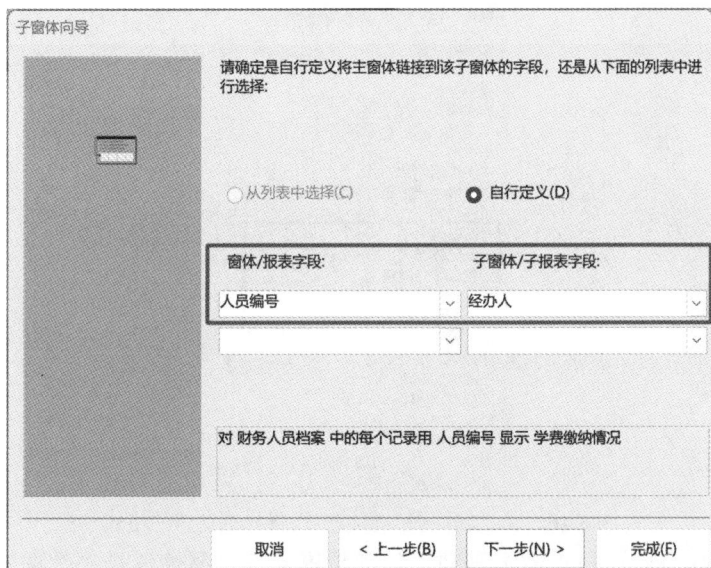

图 6-45　在子窗体向导中定义主窗体链接到子窗体的字段

6.5　窗体的美化

窗体和控件一样，都可通过设置属性来改变其外观、数据来源等。本节主要介绍窗体的常用属性设置方法。通过本节的学习，可以完成如表 6-5 所示的任务并掌握相应的知识点。

表 6-5　美化窗体的任务和知识点

任　　务	涉及的知识点
设置"部分学费标准"窗体的外观尺寸，添加背景图片，应用指定的主题	设置窗体的格式属性
设置"部分学费标准"窗体的数据属性，限定数据输入与锁定数据	设置窗体的数据属性
修改"学生档案"窗体，将"年级"文本框的 Tab 键次序设为第一	设置控件的 Tab 键次序

6.5.1　窗体的外观设计

1. 设置分割窗体的格式

对于分割窗体，可以通过"属性表"窗格进行格式设置，如图 6-46 所示。

窗体的外观设计

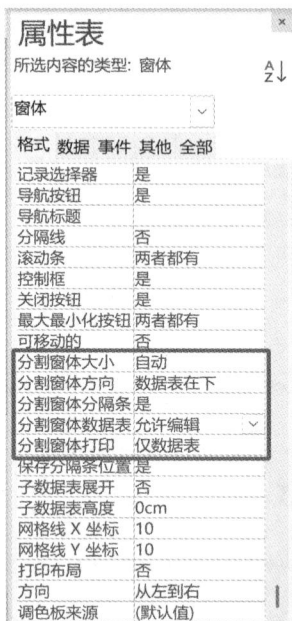

图 6-46　在"属性表"窗格中设置分割窗体的格式

(1) 分割窗体方向：设置数据表在窗体的位置，默认属性值是"数据表在下"，其他选项值为"数据表在上""数据表在左""数据表在右"。

(2) 分割窗体分隔条：用于设置是否显示数据表与表单之间的分隔条，其默认值为"是"。

(3) 分割窗体数据表：用于设置数据表是否可编辑。属性值为"允许编辑"表示能在数据表中直接修改记录；属性值为"只读"表示只能在表单中修改记录，数据表只能浏览记录。

2. 应用 Office 主题

Office 主题可以定义窗体或报表的统一外观格式，实现各个对象的样式、颜色和格式相协调。Access 已经预定了各种主题，也可以自定义主题。如果修改某个 Office 主题，则所有应用该主题的对象都会统一自动更新。

可在布局视图或设计视图下应用或修改 Office 主题。单击"表单设计"选项卡"主题"组中相应的"主题"图标，在显示的各个主题中选择一个主题单击鼠标右键，在弹出的快捷菜单中选择"将主题应用于所有匹配对象"或"仅将主题应用于此对象"等设定某主题应用的范围。使用类似的操作方法可以通过"主题"组中的"颜色"和"字体"图标设置窗体等对象的主题颜色和字体。

3. 设置窗体的背景

窗体作为用户界面的一部分，其外观设计至关重要。为了使窗体更加美观、实用，可以通过向窗体添加各种控件来编辑和优化其外观。例如，向窗体添加直线、图像、矩形、背景图片等。通过灵活运用这些控件，可以充分发挥创意，打造出独具特色的窗体外观。

窗体的背景设置

【例 6-14】 打开"部分学费标准"窗体的设计视图，调整窗体的宽度为 6 cm、主体节的高度为 9.3 cm，并给窗体添加背景图片，背景图片的格式为"左上对齐"，缩放模式为"缩放"，应用内置主题的"画廊"主题(位于内置主题库 Office 组的第 1 行第 2 列)，并将该主题仅应用于此对象。窗体另存为"部分学费标准(带背景)",如图 6-47 所示。

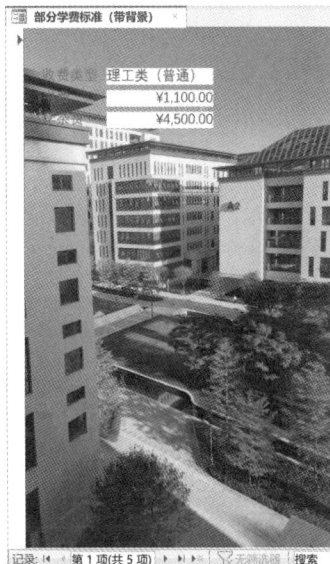

图 6-47　"部分学费标准(带背景)"窗体

基本操作步骤如下:

(1) 打开"部分学费标准"窗体的设计视图。

(2) 单击"表单设计"选项卡"工具"组中的"属性表"图标,显示"属性表"窗格,调整窗体的宽度为"6 cm",主体节的高度为"9.3 cm"。

(3) 修改窗体"格式"中的"图片"属性,选择一个图像文件作为窗体的背景图,并设置图片对齐方式为"左上",缩放模式为"缩放"。

(4) 单击"表单设计"选项卡"主题"组中的"主题"图标,右击鼠标选择内置主题"画廊",然后在弹出的快捷菜单中选择"仅将主题应用于此对象",如图 6-48 所示。

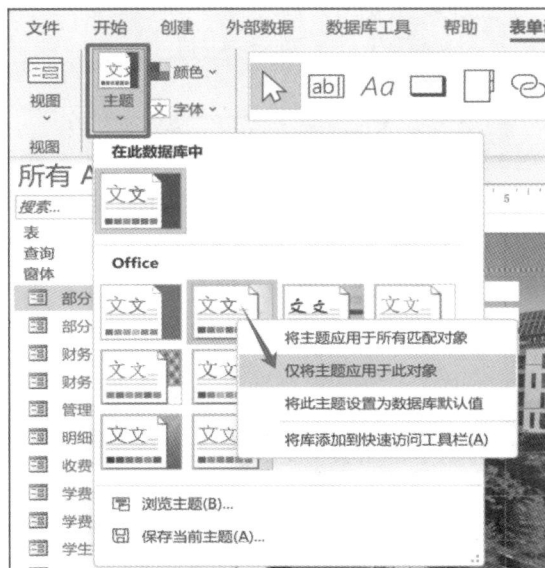

图 6-48　设置窗体的主题

(5) 单击"文件"选项卡的"对象另存为"按钮，将窗体另存为"部分学费标准(带背景)"。

6.5.2　数据的限定输入与锁定

一般情况下，窗体允许用户对记录进行添加、编辑、删除、筛选等操作，但在某些情况下需要限制窗体的某些操作，需要将不允许的操作属性设置为"否"。

例如，窗体上的数据不允许用户进行删除操作，则需要将窗体的"允许删除"属性设为"否"，如图 6-49 所示。

允许添加	是
允许删除	否
允许编辑	是
允许筛选	是
记录锁定	不锁定

图 6-49　设置窗体的"允许删除"属性

如果控件的值不允许操作者编辑控件，那么该控件的"是否锁定"属性要设置为"是"；如果控件的值不允许操作者单击进入(获取焦点)，那么该控件的"可用"属性要设置为"否"，如图 6-50 所示。

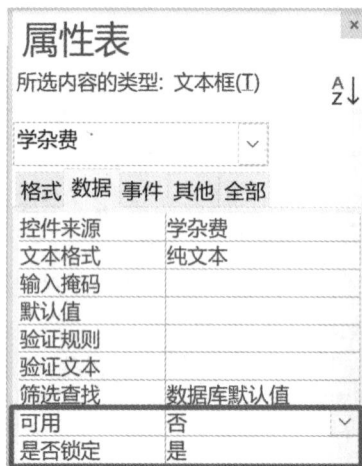

图 6-50　设置控件的"可用"和"是否锁定"属性

【例 6-15】 打开"部分学费标准"窗体的设计视图，设置窗体的数据属性，将"允许添加""允许删除""允许编辑"和"允许筛选"的属性都改为"否"，"记录锁定"属性设为"所有记录"，将窗体另存为"部分学费标准(限定输入与锁定)"。

基本操作步骤如下：

(1) 打开"部分学费标准"窗体的设计视图。

(2) 单击"表单设计"选项卡"工具"组中的"属性表"图标，显示"属性表"窗格，设置有关的"数据"属性，如图 6-51 所示。

(3) 单击"文件"选项卡的"对象另存为"按钮，将窗体另存为"部分学费标准(限定输入与锁定)"。

数据的限定
输入与锁定

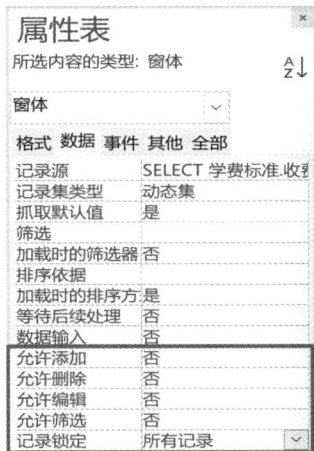

图 6-51　设置窗体的"数据"属性

6.5.3　设置 Tab 键次序

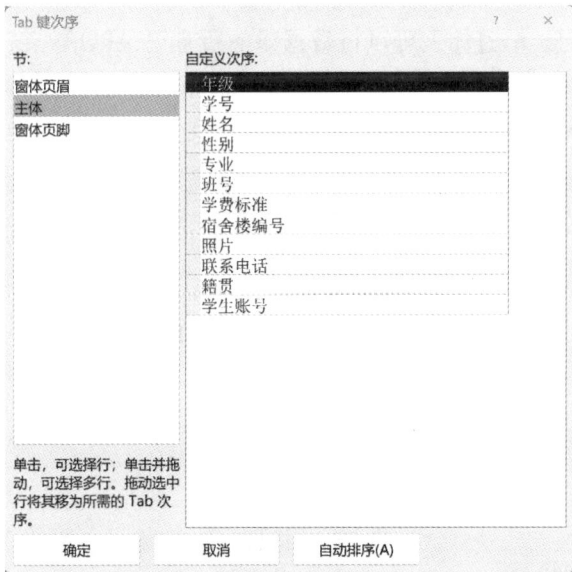

打开窗体视图时，焦点显示在"Tab 键索引"属性为 0 的控件上。在窗体上的控件输入数据后按 Tab 键或 Enter 键，焦点就会根据各控件的 Tab 键次序在窗体上的控件之间顺序移动。用户可以检查并且修改各控件的移动次序。

【例 6-16】　打开"学生档案"窗体的设计视图，将"年级"文本框的 Tab 键次序设为第一，将窗体另存为"学生档案(带 Tab 次序)"。

基本操作步骤如下：

(1) 打开"学生档案"窗体的设计视图。

设置 Tab 键次序

(2) 单击"表单设计"选项卡"工具"组中的"Tab 键次序"图标，在弹出的"Tab 键次序"对话框中按住鼠标左键将"年级"拖动到第一行，如图 6-52 所示。

图 6-52　设置控件的 Tab 键次序

(3) 单击"文件"选项卡的"对象另存为"按钮，将窗体另存为"学生档案(带 Tab 次序)"。

除此之外，还可以通过设置控件的"Tab 键索引"属性来改变控件的次序，方法是：选定"年级"控件，显示"属性表"窗格，将"Tab 键索引"属性设置为"0"。其他控件的"Tab 键索引"的值会自动调整。

窗体的外观、数据源以及触发的事件等都可以通过属性框设置。窗体上各控件的顺序关联也可通过属性框设置。

一般情况下，控件的 Tab 键索引是由数字 0 开始编号的。打开窗体视图时，每次按 Tab 键或 Enter 键时，总是从编号较小的控件跳到下一个编号较大的控件，要改变创建窗体时原有的顺序，可以通过修改控件的"Tab 键索引"属性来实现。

习　题　6

一、单选题

1. 以下不属于窗体功能的是(　　)。
A. 显示与编辑数据　　　　　　B. 编辑查询规则
C. 反馈信息　　　　　　　　　D. 控制程序流程

2. 窗体最多有五个组成节，其中必须存在的是(　　)。
A. 页面页眉　　　　　　　　　B. 页面页脚
C. 主体　　　　　　　　　　　D. 窗体页眉

3. 既可以显示窗体的运行状态，又可以修改窗体控件的视图是(　　)。
A. 窗体视图　　　　　　　　　B. 设计视图
C. 数据表视图　　　　　　　　D. 布局视图

4. Access 中在同一个窗体上可以将数据源的所有记录以单一窗体和数据表两种方式显示的窗体是(　　)。
A. 多个项目窗体　　　　　　　B. 数据表窗体
C. 分割窗体　　　　　　　　　D. 单个窗体

5. 以下控件中，不可以设置为绑定型的是(　　)。
A. 标签　　　　　　　　　　　B. 文本框
C. 选项组　　　　　　　　　　D. 列表框

6. 要改变窗体的记录源，应该修改窗体属性表中的(　　)属性。
A. 格式　　　　　　　　　　　B. 数据
C. 事件　　　　　　　　　　　D. 其他

7. 以下控件中，不可以和选项组一起组合使用的是(　　)。
A. 命令按钮　　　　　　　　　B. 切换按钮
C. 复选框　　　　　　　　　　D. 选项按钮

8. 要改变标签控件的显示内容，应该修改的属性是(　　)。
A. 名称　　　　　　　　　　　B. 数据来源

C. 行来源　　　　　　　　　D. 标题

9. 以下陈述中，错误的是(　　)。

A. 文本框的控件来源可以是数据表中的字段值

B. 列表框既可以从列表中选值又可以输入新值

C. 组合框既可以从列表中选值又可以输入新值

D. 窗体的数据源可以来自表或查询

10. 以下关于 Office 主题的描述，错误的是(　　)。

A. 协调各个窗体的颜色和格式

B. 可以定义窗体和报表的格式

C. 可以通过修改某一 Office 主题统一自动更新应用该主题的所有对象

D. 可以删除内置的 Office 主题

11. 窗体运行时能够接收用户输入数据的窗体控件是(　　)。

A. 按钮　　　　　　　　　　B. 标签

C. 文本框　　　　　　　　　D. 徽标

12. 要更改主、子窗体的自动链接，应该选取子窗体属性选项卡的(　　)页。

A. 格式　　　　　　　　　　B. 数据

C. 事件　　　　　　　　　　D. 其他

13. 如果要在文本框内输入数据按下 Enter 键后，光标可立即移至下一指定文本框，应设置(　　)。

A. 自动 Tab 键　　　　　　　B. 更新后

C. Tab 键索引　　　　　　　D. 制表位

14. 若字段的类型为"是/否"，通常在窗体中用于显示该字段的控件类型是(　　)。

A. 列表框　　　　　　　　　B. 文本框

C. 复选框　　　　　　　　　D. 组合框

15. 利用窗体向导创建主子窗体，其中子窗体的默认窗体布局是(　　)。

A. 纵栏式　　　　　　　　　B. 表格式

C. 数据表式　　　　　　　　D. 图表式

16. 若要对窗体的各个组成节设置属性，则应在(　　)视图中进行。

A. 数据表　　　　　　　　　B. 窗体

C. 设计　　　　　　　　　　D. 布局

二、填空题

1. Access 中提供了四种窗体视图，分别为窗体视图、设计视图、数据表视图和_____。

2. Access 中，添加_____、_____和_____控件时系统会自动将该控件放置在窗体页眉。

3. 可在一个窗体中嵌入另一个窗体，这种结构的窗体称为_____窗体。

4. _____控件既可从列表中选择，又可输入新的文本。

5. 创建窗体有多种工具，使用_____工具可以在同一个窗体中水平或垂直显示指定的窗体。

6. 设置窗体上控件的格式，可以在窗体的设计视图和_____视图中进行。

7. 通过窗体向导创建窗体，若选择的两个数据源是一对多的关系，窗体是主子窗体，其中"∞"端关系数据源在窗体中以_____控件类型显示。

8. 窗体的五个组成节中，_____节和_____节在窗体视图下不显示。

9. 在 Access 中可以创建导航窗体，只包含一个_____控件的窗体。

10. 若想在打开窗体的时候焦点显示在某个控件上，可以将该控件的"Tab 键索引"属性设置为_____。

第 7 章

Access 报表设计

学习目标

通过本章学习，了解数据库报表的基本概念，熟练掌握 Access 报表的创建和编辑方法，并学习如何创建复杂的统计报表。

学习要点

- Access 报表的视图、组成和类型
- Access 报表的创建方法
- Access 报表的编辑方法
- Access 报表的排序、分组和汇总方法

知识重点

- Access 报表的排序和分组方法

知识难点

- Access 报表实现分组和汇总的方法

学习提示

在 Access 中，表可以存储数据，查询可以实现对数据的关系运算，窗体可以提供一个友好的人机交互界面，报表则可以作为数据输出的重要工具。本章将继续以"高校学费管理系统"为例，详细地介绍 Access 报表的创建和编辑方法。

建议学习时间　　理论 2 课时，上机操作时间 2 课时

7.1 Access 报表概述

报表是一种 Access 数据库对象类型，用于按照指定的规格组织信息。一般而言，报表不仅可以打印和预览源数据，还可以将排序、分组和汇总统计结果一并输出。

7.1.1 报表的视图和组成

1. 报表的视图

1) 布局视图

如图 7-1 所示的布局视图主要用于浏览样本数据和修改报表各个控件的格式。

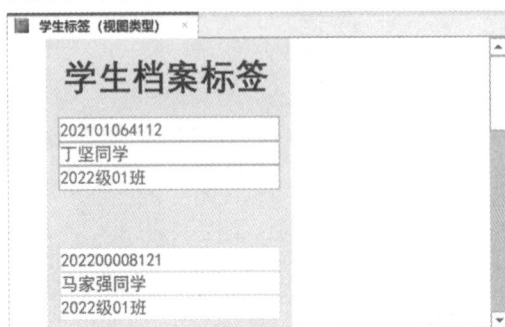

图 7-1　报表的视图—布局视图

在布局视图中看到的报表与打印的结果不尽相同，因为布局视图中没有标识出分页符和报表中列的格式。虽然如此，布局视图与报表的输出效果也相当接近，能够提供给用户一个直观的效果图。

2) 设计视图

报表在设计视图中并没有实际运行，与布局视图相比，设计视图显示了更加详细的报表结构，用户可以在设计视图中定义或者修改整个报表，如图 7-2 所示。

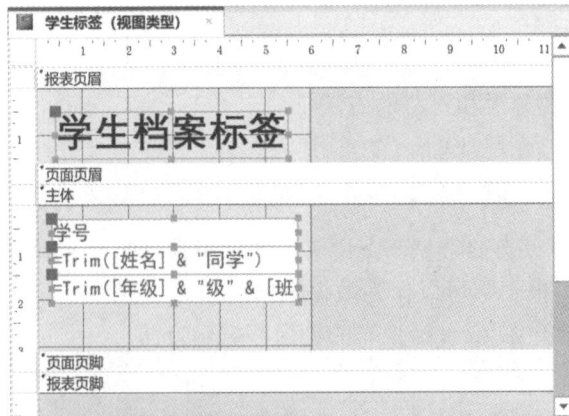

图 7-2　报表的视图—设计视图

3) 打印预览视图

如图 7-3 所示的打印预览视图相当于 Office Word 或者 Excel 中的打印预览功能，能够显示报表在打印时的外观。对于多列报表(如标签报表)，只有在打印预览视图中才能查看这些列的输出效果。

图 7-3　报表的视图—打印预览视图

4) 报表视图

如图 7-4 所示的报表视图的功能跟窗体视图相似，给出了实际运行的结果。在报表视图中，无法改变报表控件的属性，也无法显示多列报表的实际运行效果。

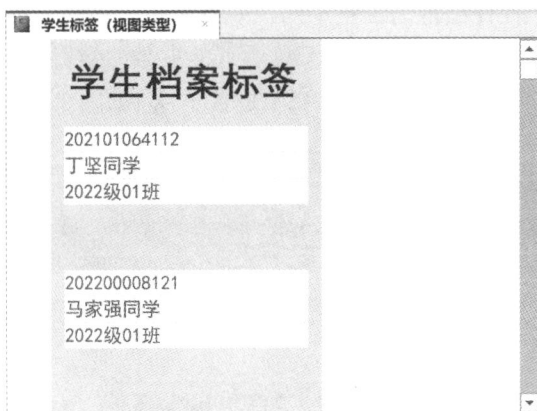

图 7-4　报表的视图—报表视图

将报表的四种视图进行比较，结果如表 7-1 所示。

表 7-1　报表的四种视图比较

视图	能否显示报表的运行结果	能否直观地显示多列报表	能否修改报表控件	能否增加报表控件	能否更改报表的属性
布局视图	√	×	√	部分	部分
设计视图	×	×	√	√	√
打印预览视图	√	√	×	×	×
报表视图	√	×	×	×	×

2. 报表的组成

在如图 7-2 所示的设计视图中，可以看到一个或多个"带状"的区域，每一个区域称为一个报表节，一个报表至少包含一个主体节，节上有若干个控件，报表就是由报表节和控件组成的。

表 7-2 描述了每个报表节的位置及其常见用法。

表 7-2　报表节的位置及其常见用法

节	位 置	典型内容
报表页眉节	只出现一次，位于输出报表第一页的顶部	报表标题、徽标 、当前日期
报表页脚节	出现在最后一条数据记录之后，且位于输出报表最后一页的页面页脚节之上	报表汇总(求和、计数、平均值等)
主体	出现在报表的主要正文位置	与记录源中字段绑定的控件
页面页眉节	出现在报表每个页面的顶部	页码
页面页脚节	出现在报表每个页面的底部	页码
组页眉节	出现在一组记录的最前面	作为分组依据的字段
组页脚节	出现在一组记录的最后面	组汇总(求和、计数、平均值等)

在 Access 报表中，控件出现的位置不同，效果是不一样的。例如，"学费缴纳情况"报表是一个按照"收费日期"分组显示和汇总所有学生缴纳学费情况的统计报表。如图 7-5 所示的设计视图中，"学费缴纳情况"报表中包含了以下四个控件。

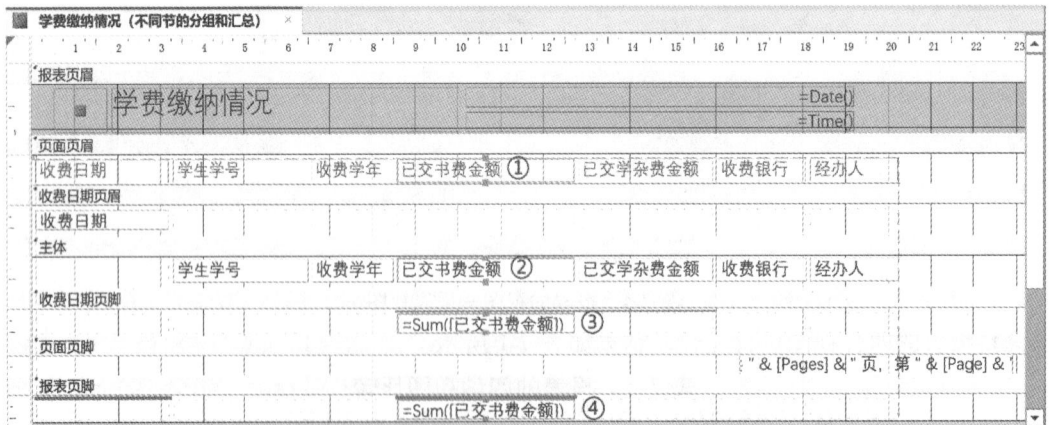

图 7-5　位于不同报表节中的分组和汇总控件

(1) 图 7-5 中的①为用于显示"已交书费金额"字段名称的控件，控件类型为"标签"，摆放在报表的页面页眉节，输出报表时，重复显示在每页的页眉位置。

(2) 图 7-5 中的②为用于显示每个学生的"已交书费金额"字段值的控件，控件类型为"文本框"，摆放在报表的主体节。该控件的名称默认为记录源中的字段名称，如"已交书费金额"。

(3) 图 7-5 中的③为用于汇总每组“收费日期”内学生的“已交书费金额”字段值的控件，控件类型为“文本框”，摆放在报表以“收费日期”作为分组字段的组页脚节或者组页眉节。该控件的名称默认为“AccessTotals 已交书费金额 1”，若汇总方式为“合计”，则控件来源是“=Sum([已交书费金额])”。

(4) 图 7-5 中的④为用于汇总报表中所有学生的“已交书费金额”字段值的控件，控件类型为“文本框”，摆放在报表页脚节或者报表页眉节，输出报表时，显示在报表的最后一页的页脚或者第一页的页眉位置。该控件的名称默认为“AccessTotals 已交书费金额”，若汇总方式为“合计”，则控件来源是“=Sum([已交书费金额])”。

可以发现，虽然图 7-5 中所示的控件③和控件④的控件来源都是“=Sum([已交书费金额])”，但是，由于控件放置在不同的报表节，汇总的记录范围是完全不同的，分别用于汇总各个分组和全部数据记录行。

7.1.2　报表的类型

根据报表的布局，将 Access 报表分为以下三种类型。

1. 表格式报表

表格式报表类似 Excel 的工作表，使用行和列显示数据。如图 7-6 所示，在表格式报表中，每一条数据记录显示在同一行，每一个字段显示在一个列之中。除了显示源数据之外，表格式报表还可以对数据进行分组和汇总。

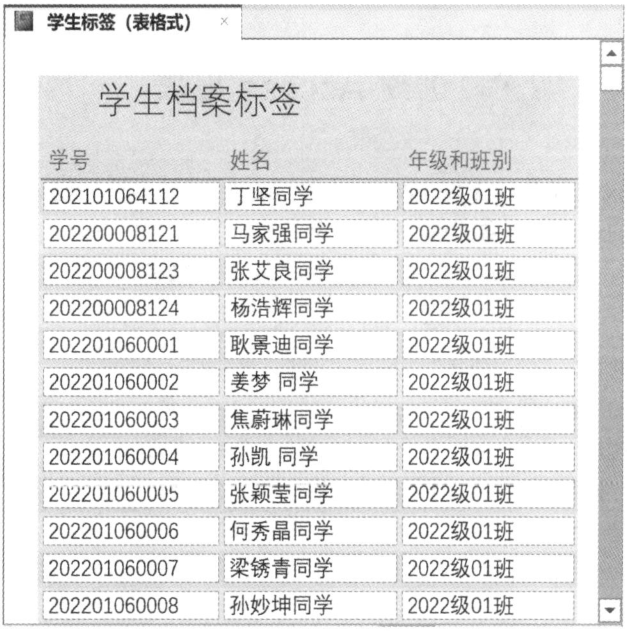
学生标签（表格式）

学生档案标签

学号	姓名	年级和班别
202101064112	丁坚同学	2022级01班
202200008121	马家强同学	2022级01班
202200008123	张艾良同学	2022级01班
202200008124	杨浩辉同学	2022级01班
202201060001	耿景迪同学	2022级01班
202201060002	姜梦 同学	2022级01班
202201060003	焦蔚琳同学	2022级01班
202201060004	孙凯 同学	2022级01班
202201060005	张颖莹同学	2022级01班
202201060006	何秀晶同学	2022级01班
202201060007	梁锈青同学	2022级01班
202201060008	孙妙坤同学	2022级01班

图 7-6　Access 报表的类型—表格式报表

2. 纵栏式报表

纵栏式报表的格式类似纵栏式窗体。与表格式报表主要的区别在于：在纵栏式报表中，源数据的一个字段显示为一行，每一条数据记录会占据若干行的空间，如图 7-7 所示。

图 7-7　Access 报表的类型—纵栏式报表

3. 标签报表

标签报表，尤其适合页面尺寸较小、只需容纳所需标签的报表。标签经常被用作邮件，并从包含地址的表或查询中获取地址，打印报表即可获得数据来源中每个地址的单个标签，如图 7-3 所示的"打印预览"视图中的报表。

7.2　创建 Access 报表

本节介绍使用报表工具和报表向导创建 Access 报表的主要方法。通过本节学习，可以完成如表 7-3 所示的任务并掌握相应的知识点。

表 7-3　创建报表的任务和知识点

任　　务	涉及的知识点
使用报表工具创建名为"学生档案"的表格式报表，报表的记录源是"学生档案"表的所有字段	使用报表工具创建报表
使用报表向导创建名为"各学院专业学生"的递阶式报表，报表按照"学院编号""专业名称"进行分组，组内按照"学号"升序排列	使用报表向导创建报表
使用标签向导创建名为"学生标签"的报表，标签大小为 3.0 cm × 6.0 cm，报的记录源是"学生档案"表的以下字段：学号、姓名和年级	使用标签向导创建报表

7.2.1　使用报表工具创建报表

使用报表工具是创建报表的最快捷方式。使用报表工具创建的报表包含来自一个数据来源(表或者查询)的所有字段。一般情况下，

使用报表工具创建报表

通过报表工具创建的报表是表格式报表。

【例 7-1】　使用报表工具创建名为"学生档案"的报表，报表的记录源是"学生档案"表的所有字段，如图 7-8 所示。

图 7-8　"学生档案"报表

基本操作步骤如下：

(1) 在导航窗格中，单击"学生档案"表作为报表的数据源。

(2) 单击"创建"选项卡"报表"组中的"报表"图标，创建报表。

(3) Access 将在布局视图中生成和显示报表。

(4) 保存报表。默认的报表名称与作为数据源的表/查询对象相同。

报表工具可能无法创建最终需要的报表，但对于迅速输出基础数据极其有用。随后，可以在布局视图或设计视图中修改报表，以更好地满足设计需求。

7.2.2　使用报表向导创建报表

虽然使用报表工具可以快速地创建报表，但仅包含一个表或者查询的数据来源和该数据来源中的所有字段，在很大的程度上局限了报表的实用性设计要求。使用报表向导可以选择来自多个表或者查询中的部分或全部字段作为报表的数据源，还可以指定数据的分组和排序方式，对数据进行汇总。

使用报表向导
创建报表

【例 7-2】　使用向导创建名为"各学院专业学生"的报表。报表的记录源是"学院信息"表"学院编号"字段、"学院专业信息"表"专业名称"字段以及"学生档案"表以下字段：学号、姓名、性别、年级、班号。报表数据按照"学院编号"和"专业名称"进行分组，组内按照"学号"升序排列，并将报表"主题"设置为"丝状"(位于内置主题库 Office 组中第 3 行第 2 列)，如图 7-9 所示。

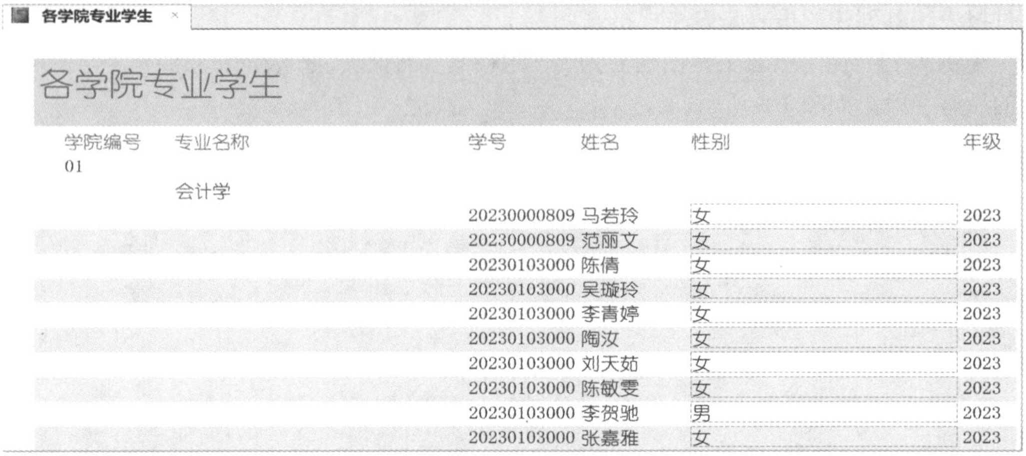
各学院专业学生
各学院专业学生
学院编号 专业名称 学号 姓名 性别 年级
01
会计学
20230000809 马若玲 女 2023
20230000809 范丽文 女 2023
20230103000 陈倩 女 2023
20230103000 吴璇玲 女 2023
20230103000 李青婷 女 2023
20230103000 陶汝 女 2023
20230103000 刘天茹 女 2023
20230103000 陈敏雯 女 2023
20230103000 李贺驰 男 2023
20230103000 张嘉雅 女 2023

图 7-9 “各学院专业学生” 报表

基本操作步骤如下：

(1) 单击“创建”选项卡“报表”组中的“报表向导”图标，启用报表向导。

(2) 在向导中依次选择数据来源及其所需要的字段。

(3) 在向导中确定查看数据的方式为“通过学院信息”，如图 7-10 所示。

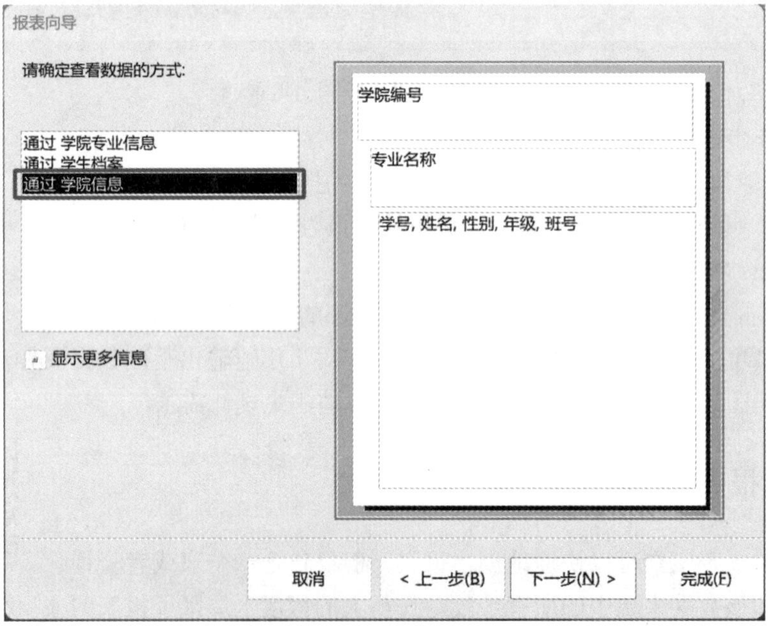
报表向导
请确定查看数据的方式:
通过 学院专业信息
通过 学生档案
通过 学院信息
显示更多信息
学院编号
专业名称
学号, 姓名, 性别, 年级, 班号
取消
< 上一步(B)
下一步(N) >
完成(F)

图 7-10 在报表向导中确定查看数据的方式

(4) 在向导中确定明细记录使用的排序次序为“学号，升序”。

(5) 在向导中确定报表的布局方式为“递阶”。

(6) 输入报表标题为“各学院专业学生”，选择“修改报表设计”后，单击“完成”按钮结束报表向导。

(7) 单击“表单设计”选项卡“主题”组中的“主题”图标，右击鼠标选择内置主题“丝状”，然后在弹出的快捷菜单中选择“仅将主题应用于此对象”。

(8) 保存报表。

7.2.3　使用标签向导创建报表

标签报表是一种特殊格式的报表类型，在实际的应用中非常普遍，例如粘贴在信封上的收件人信息标签、会议座位标签、产品标签等。在"高校学费管理系统"中，学生的学籍卡就是使用标签报表制作的。使用标签向导可以轻松地创建各种规格的标签报表。

使用标签向导
创建报表

【例 7-3】　使用向导创建名为"学生标签"的报表，标签大小为 3.0 cm × 6.0 cm，每行显示 3 列标签。报表的记录源是"学生档案"表，报表的第一行显示"学号"字段，第二行显示"姓名"字段后加"同学"字样，第三行显示"年级"加"班号"字段，如图 7-11 所示。

图 7-11　"学生标签"报表

基本操作步骤如下：

(1) 在导航窗格中单击选择"学生档案"表。

(2) 单击"创建"选项卡"报表"组中的"标签"图标。

(3) 在向导中定义标签大小。单击"自定义"按钮，再单击"新建"按钮，创建名为"学生标签"的尺寸规格，如图 7-12 所示。

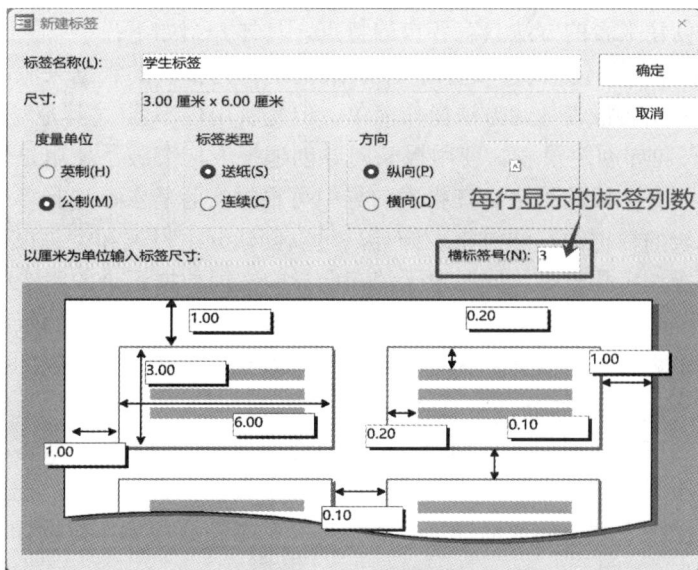

图 7-12　自定义标签规格

(4) 选择文字的字体为"黑体"，字号为"12"。

(5) 确定标签的显示内容，如图 7-13 所示。

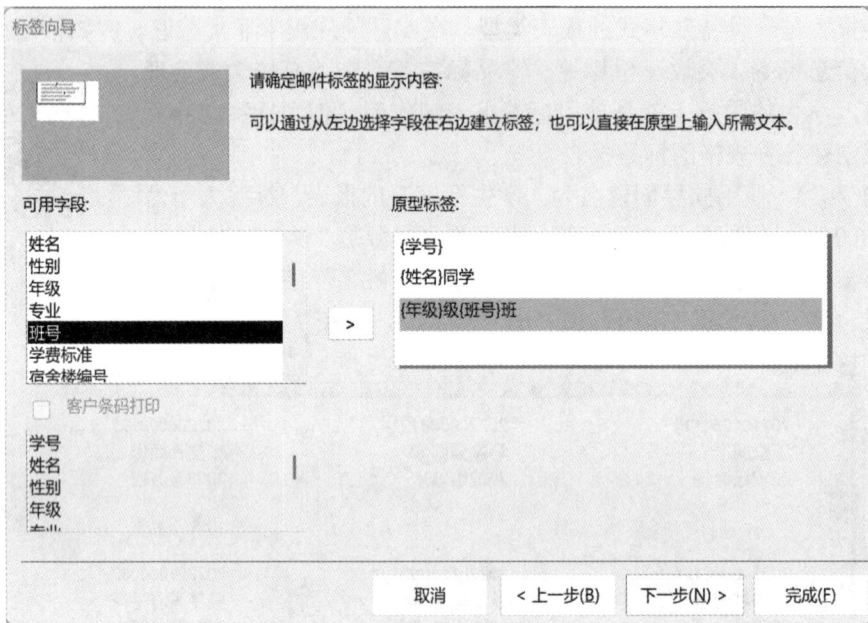

图 7-13　在标签向导中确定需要显示的内容

(6) 确定记录使用的排序字段为"学号"。

(7) 输入报表标题为"学生标签"，并完成向导。

> 只能在打印预览视图中查看标签报表，其他视图将数据显示在单个列中。

Access 报表的创建有多种方法，本节介绍使用报表工具、报表向导和标签向导创建报表的方法。三种创建报表的方法具有各自的特点，具体介绍如下：

(1) 使用报表工具创建报表。选择一个表或查询作为报表的数据来源，快速创建包括所有字段及记录的同名报表。此方法操作简单，但是实用性不强(尤其是对于复杂的报表)。

(2) 使用报表向导创建报表。使用报表向导创建报表，突破了使用报表工具只能有一个数据源且包含所有字段的约束。在报表向导中可根据实际需求，选择多个表或查询中的某些字段作为报表的数据源。通过报表向导，可以创建分组报表和汇总报表。但是，使用向导创建报表的操作步骤较多，同时也无法在向导中实现数据记录的筛选和汇总功能。

(3) 使用标签向导创建报表。由于标签报表中每一条记录所占用的版面不大，故可以将标签报表看作多列报表。要查阅标签报表的实际效果，只能通过报表的打印预览视图，在其他视图方式下，只能看到一列数据的效果。

在实际的应用中，应根据各种创建方法的特点选择合适的方式，较多的做法是：先使用向导初步创建报表，然后在设计视图或布局视图中编辑报表。这样，既提高了创建报表的效率，又保证了报表编辑的灵活性。下面将在 7.3 节中介绍如何在设计视图中设计与编辑报表。

7.3　报表的设计与编辑

报表除了可以输出原始数据之外，还拥有更加强大的数据分析管理功能，它可以将数据进行排序、分组和汇总统计。本节将介绍如何在报表上实施数据排序、分组和汇总操作的方法。通过本节的学习，可以完成如表 7-4 所示的任务并掌握相应的知识点。

表 7-4　报表设计的任务和知识点

任　　　务	涉及的知识点
使用报表设计视图创建具有筛选功能的"经统学院各专业男生"报表	使用报表设计视图创建报表
创建分组，按照收费日期分组汇总"已交学杂费金额"和"已交书费金额"	排序、分组和汇总的基本操作

7.3.1　使用设计视图创建报表

使用报表工具或者报表向导创建的报表，都难以在创建报表的同时产生带有汇总功能的控件或者筛选出满足条件的部分记录，要实现上述要求，应使用报表设计工具创建报表。

【例 7-4】　使用设计视图创建名为"经统学院各专业男生"的报表。在报表中，按照学号升序，筛选出经统学院(学院编号="01")所有的男学生记录。在报表的页面页眉节添加标签控件，标签的内容为"经统学院各专业男生"，格式为字号 18、加粗、楷体、红色，如图 7-14 所示。

使用报表设计
工具创建报表

图 7-14　"经统学院各专业男生"报表

基本操作步骤如下：

(1) 单击"创建"选项卡"报表"组中的"报表设计"图标，打开新建报表的设计视图。

(2) 单击"报表设计"选项卡"工具"组的"添加现有字段"图标，在 Access 窗口右侧显示如图 7-15 所示的"字段列表"窗格。

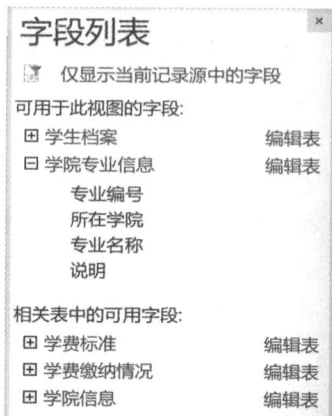

图 7-15   "字段列表"窗格

(3) 在"字段列表"窗格中选择所需要的字段并拖动到报表的设计视图：从"学院专业信息"表选择"专业名称"字段，其他字段源自"学生档案"表。

(4) 设置报表的"记录源"属性，设置条件为"所在学院"=01 并且"性别"=男，然后将排序规则设为学号、升序，如图 7-16 所示。

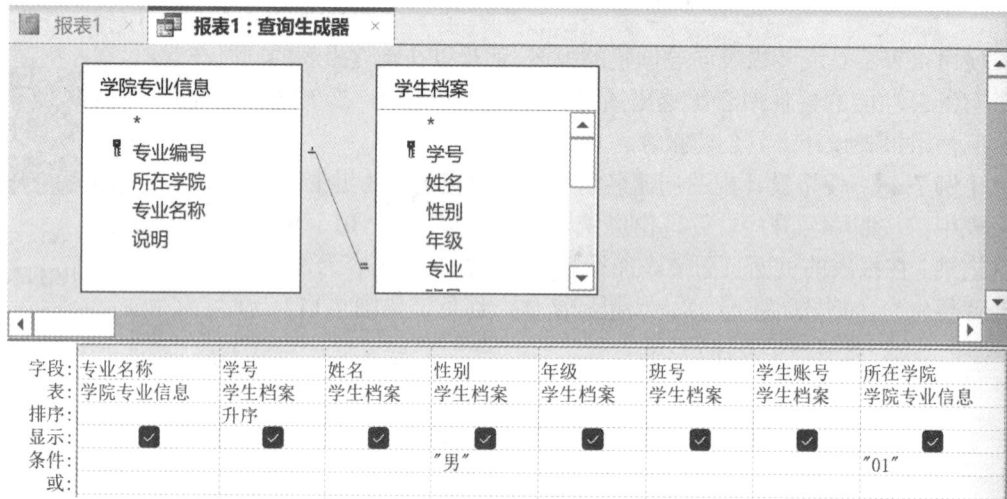

图 7-16   在"报表 1：查询生成器"中设置报表的记录源

(5) 在报表的页面页眉节添加标签控件，输入标签控件的内容为"经统学院各专业男生"，字体为楷体、加粗，字号为 18，字体颜色为红色。

(6) 保存报表并命名为"经统学院各专业男生"。

7.3.2   创建排序、分组和汇总

使用报表向导创建报表时，可以对报表数据记录执行排序操作；其他方式创建的报表，则可以在布局视图或者设计视图中实现对报表的分组、排序和汇总。一个报表最多可定义 10 个分组和排序级别。

　　打开"经统学院各专业男生"报表的设计视图或者布局视图，单击"报表设计"选项卡"分组和汇总"组中的"分组和排序"图标，在如图 7-17 所示的"分组、排序和汇总"窗格中，单击"添加组"图标或单击"添加排序"图标，向报表添加分组字段或者排序级别。每个排序级别和分组级别都具有大量选项，可以通过设置这些选项来获得所需的结果。

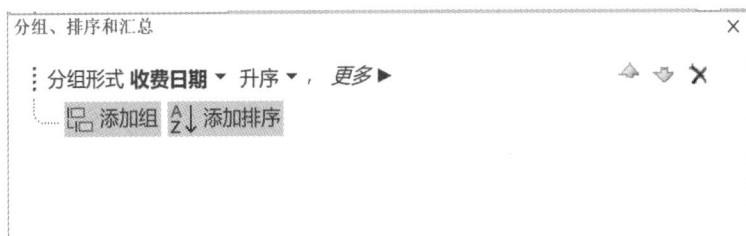

图 7-17　报表的"分组、排序和汇总"工具

　　单击如图 7-17 所示的 更多▶ 图标，可以显示如图 7-18 所示的分组级别或排序级别的所有选项，单击 更少◀ 图标则隐藏选项。

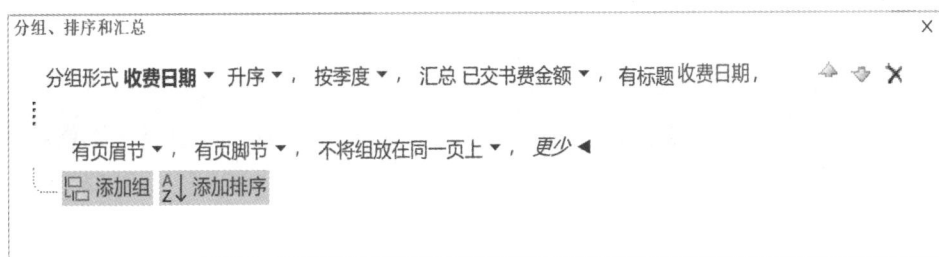

图 7-18　详细的排序级别和分组级别选项

主要的分组或排序级别选项说明如下。

1．排序顺序

单击排序顺序下拉列表，然后单击所需的选项来更改排序顺序。

2．分组间隔

　　分组间隔用于确定记录如何分组。例如，可根据整个控件值或者文本字段的开头进行分组，对于日期字段，可以按照日、周、月、季度进行分组，也可输入自定义间隔，如图 7-19 所示。

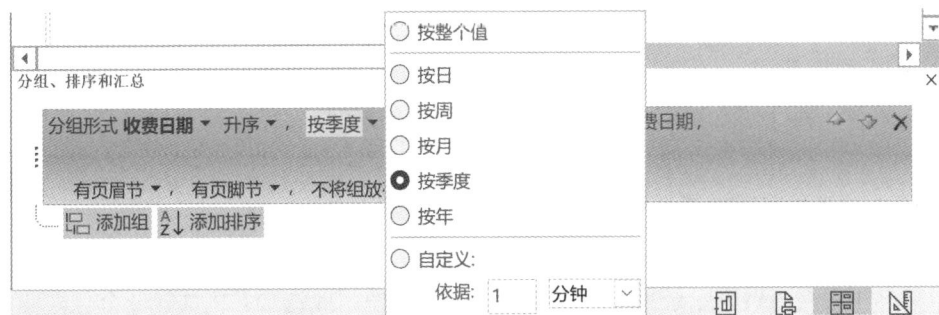

图 7-19　报表的"分组间隔"选项

3. 汇总

如图 7-20 所示，单击"汇总"选项，可以添加多个字段的汇总，并且可以对同一字段执行多种类型的汇总。

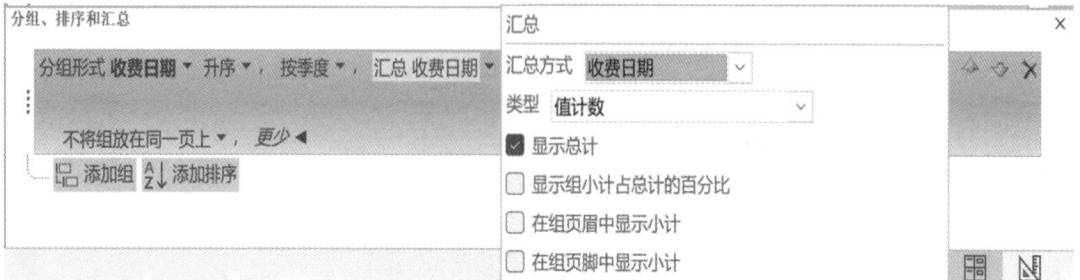

图 7-20　报表的"汇总"选项

(1) 单击"汇总方式"下拉箭头，选择要进行汇总的字段。

(2) 单击"类型"下拉箭头，选择要执行的汇总类型。

(3) 选择"显示总计"以便在报表的结尾(即报表页脚中)添加总计。

(4) 选择"显示组小计占总计的百分比"，以便在组页脚中添加用于计算每个组的小计占总计的百分比的控件。

(5) 选择"在组页眉中显示小计"或"在组页脚中显示小计"，以便将汇总数据显示在所需的位置。

(6) 选择了字段的所有选项之后，可从"汇总方式"下拉列表中选择另一个字段，重复上述过程以便对该字段进行汇总；否则，单击"汇总"弹出窗口外部的任何位置以关闭该窗口。

4. 标题

标题用于更改汇总字段或列标题，还可用于标记页眉与页脚中的汇总字段。若要添加或修改标题，执行以下操作：单击"有标题"后面的"单击添加"，随即出现"缩放"对话框，在该对话框中键入新的标题，然后单击"确定"按钮。

5. 有/无页眉节

有/无页眉节用于添加或移除每个组前面的页眉节。在添加页眉节时，Access 将把分组字段移到页眉节。当移除包含非分组字段控件的页眉节时，Access 会询问是否确定要删除该控件。

6. 有/无页脚节

有/无页脚节用于添加或移除每个组后面的页脚节。在移除包含控件的页脚节时，Access 会询问是否确定要删除该控件。

7. 组内记录与页面关系

1) 不将组放在同一页上

如果不在意组内数据记录被分页符截断，则可以使用此选项。例如，一个包含 40 条记录的组，可能有 18 条记录位于上一页，而剩下的 22 条记录位于下一页。

2) 将整个组放在同一页上

如果页面中的剩余空间容纳不下某个组，则 Access 将使这些空间保留为空白，从下一页开始打印该组。较大的组仍需要跨多个页面，但此选项将把组中分页符的数量尽可能减至最少。

3) 将页眉和第一条记录放在同一页上

确保组页眉不会单独打印在页面的底部。如果 Access 确定在该页眉之后没有足够的空间至少打印一行数据，则该组将从下一页开始。

【例 7-5】创建名为"学费缴纳情况(带分组和汇总)"的报表，报表的记录源是"学费缴纳情况"表的全部字段。创建报表后，编辑报表的分组字段为"收费日期"，汇总方式分别按"已交学杂费金额"和"已交书费金额"合计，汇总数据显示位置为"在组页脚中显示小计"，如图 7-21 所示。

创建排序、分组和汇总

收费日期	学生学号	收费学年	已交书费金额	已交学杂费金额	收费银行	经办人
2022年2月2日						
	202101064112	2022	500.00	4,300.00	4	01
			500.00	4.300.00		
2023年9月7日						
	202201060008	2023	500.00	4,300.00	2	01
	202201060007	2023	500.00	4,300.00	2	01
	202201060006	2023	500.00	4,300.00	2	01
	202201060005	2023	500.00	4,300.00	2	01
	202201060004	2023	500.00	4,300.00	2	01
	202201060003	2023	500.00	4,300.00	2	01
	202201060002	2023	500.00	4,300.00	2	01
	202201060001	2023	500.00	4,300.00	2	01
	202200008121	2023		6,000.00	4	01
			4.000.00	40.400.00		

图 7-21   "学费缴纳情况(带分组和汇总)"报表

基本操作步骤如下：

(1) 在导航窗格中单击"学费缴纳情况"表作为报表数据的源。

(2) 单击"创建"选项卡"报表"组中的"报表"图标，创建报表。

(3) 在布局视图中适当调整各个字段的列宽。

(4) 单击"报表设计"选项卡"分组和汇总"组中的"分组和排序"图标，显示"分组、排序和汇总"窗格。

(5) 单击"添加组"按钮，选择"收费日期"，将"按季度"改为"按整个值"。

(6) 单击"更多"按钮，将"汇总收费日期"下拉的"显示总计"打勾删除，汇总方式选"已交书费金额"，类型为"合计"，勾选"在组页脚中显示小计"，如图 7-22 所示。使用相同的步骤继续添加"已交学杂费金额"合计。

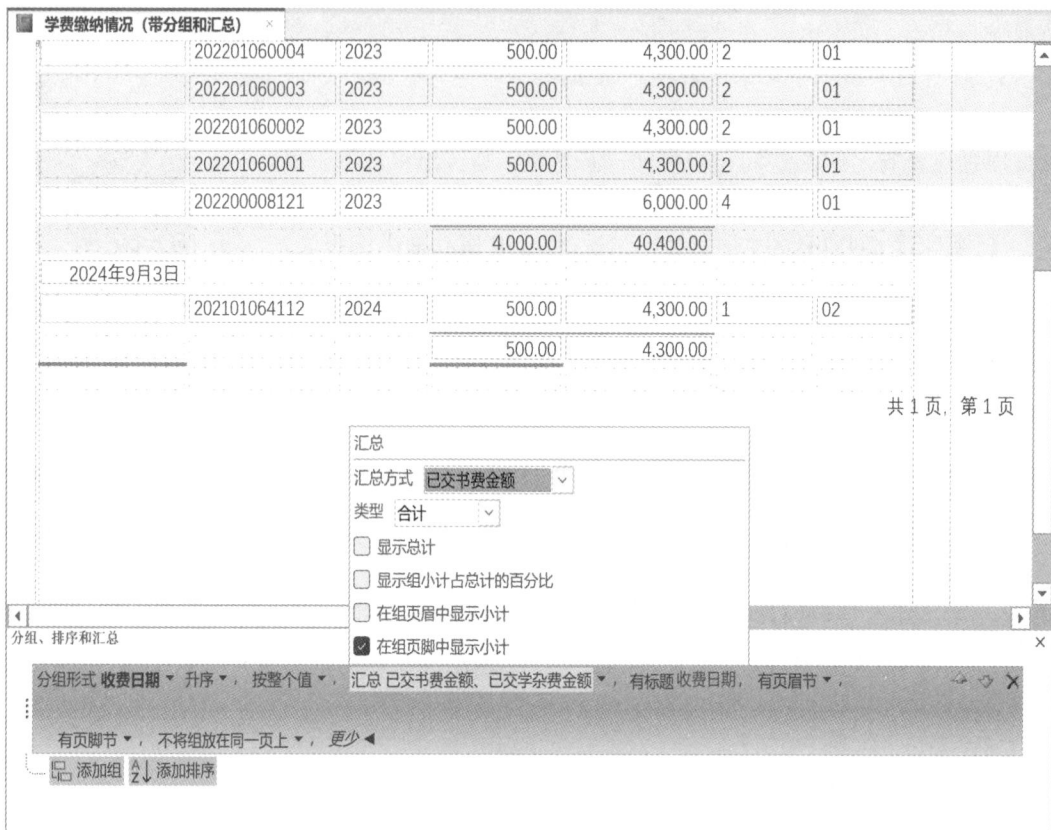

图 7-22　报表的"分组、排序和汇总"窗格

(7) 保存报表并命名为"学费缴纳情况(带分组和汇总)"。

7.3.3　更改分组级别和排序级别的优先级

若要更改分组或排序级别的优先级，单击"分组、排序和汇总"窗格中的行，然后单击该行右侧的向上或向下箭头。

7.3.4　删除分组级别和排序级别

若要删除分组或排序级别，在"分组、排序和汇总"窗格中，单击要删除的行，然后按下 Delete 键或单击该行右侧的"删除"按钮。在删除分组级别时，如果组页眉或组页脚中有分组字段，则 Access 将把该字段移到报表的主体节中，组页眉或组页脚中的其他任何控件都将被删除。

使用报表设计工具创建报表，可以在报表中添加不同类型的控件或者设置控件的属性。使用报表设计工具创建报表具有更高的灵活性和实用性，但要求用户熟悉报表的结构和控件的操作。

　　除了在报表向导中创建分组、汇总报表之外，还可以在报表的设计视图中添加分组级别、排序级别和汇总。本节以一个添加分组并执行汇总的任务为例，介绍了如何在报表的设计视图中定义报表的分组级别、排序和汇总操作。在报表的设计视图中添加分组后，将分组字段从主体节移动到组页眉节中显示的操作方法是：单击选择控件，然后单击"排列"选项卡"移动"组中的"上移"图标，将控件上移一级。

习　题　7

一、单选题

1. Access 报表对象的数据源可以是(　　)。

A. 表、查询和窗体　　　　　　　　　B. 表、查询和报表

C. 表和查询　　　　　　　　　　　　D. 表、查询和 SQL 命令

2. 既可以查看报表样本数据，也可以编辑报表的视图是(　　)。

A. 设计视图　　　　　　　　　　　　B. 布局视图

C. 打印预览视图　　　　　　　　　　D. 报表视图

3. 在报表每一页的底部都输出信息，需要设置的区域是(　　)。

A. 报表页眉　　　B. 报表页脚　　　C. 页面页眉　　　D. 页面页脚

4. 要实现报表的分组统计，其操作区域是(　　)。

A. 组页眉或组页脚　　　　　　　　　B. 页面页眉或页面页脚

C. 主体　　　　　　　　　　　　　　D. 报表页眉或报表页脚

5. 要显示格式为"页码/总页数"的页码，应该设置文本框的控件来源属性为(　　)。

A. =[Page]/[Pages]　　　　　　　　　B. [Page]/[Pages]

C. =[Page]& "/" &[Pages]　　　　　　D. [Page]& "/" &[Pages]

6. 在报表设计的工具栏中，用于修饰版面以达到更好显示效果的控件是(　　)。

A. 直线和矩形　　　　　　　　　　　B. 直线和圆形

C. 直线和多边形　　　　　　　　　　D. 矩形和圆形

7. 如果设置报表上某个文本框的控件来源属性为"=int(12.56)"，则打印预览视图中，该文本框显示的信息为(　　)。

A. 未绑定　　　　B. 12　　　　C. int(12.56)　　　D. 13

8. 在使用报表设计工具设计报表时，若要统计报表中某个字段的全部数据，应将计算表达式放在(　　)。

A. 组页眉/组页脚　　　　　　　　　　B. 页面页眉/页面页脚

C. 主体　　　　　　　　　　　　　　D. 报表页眉/报表页脚

9. 图 7-23 是某报表的设计视图。根据视图内容，可以判断出分组字段是(　　)。

A. 收费日期和班级　　　　　　　　　B. 收费日期

C. 班级　　　　　　　　　　　　　　D. 无分组字段

图 7-23　某报表的设计视图

10. 在报表设计中，以下可以用于显示字段数据的是(　　)。

A. 文本框　　　　　B. 标签　　　　　C. 直线　　　　　D. 徽标

11. 报表中的页面页眉用来(　　)。

A. 显示报表中的字段名称或记录的分组名称

B. 显示报表中的标题、图形或说明性文字

C. 显示本页的汇总说明

D. 显示整个报表的汇总说明

12. 在报表属性中对几个常用属性的叙述，错误的是(　　)。

A. 记录来源将报表与某一数据表或查询绑定起来

B. 将"允许添加"设置为"是"可以在报表中添加数据

C. 页面页眉页标题内容出现在所有的打印页面上

D. 可以将报表的"默认视图"设置为"打印预览"

13. 在报表中将大量数据按不同的类型分别集中在一起，称为(　　)。

A. 排序　　　　　B. 合计　　　　　C. 分组　　　　　D. 数据筛选

14. 关于报表功能的叙述，不正确的是(　　)。

A. 可以呈现各种格式的数据

B. 可以包含子报表与图表数据

C. 可以分组组织数据，进行汇总

D. 可以进行计数、求平均、求和等统计计算

15. 以下关于报表组成的叙述中，错误的是(　　)。

A. 打印时每页的底部用来显示本页的汇总说明的是页面页脚

B. 用来显示整份报表的汇总说明，在所有的记录都被处理后，只打印在报表的结束处
   的是报表页脚

C. 报表显示数据的主要区域叫主体

D. 用来显示报表中的字段名称或对记录的分组名称的是报表页眉

16. 报表不能完成的工作是 (　　)。

A. 分组数据　　　　　　　　　　　B. 汇总数据

C. 格式化数据　　　　　　　　　　D. 输入数据

17. 要改变报表上文本框的数据源，应设置的属性是(　　)。

A. 记录源　　　　B. 控件来源　　　　C. 默认值　　　　D. 筛选查询

18. 使用(　　)创建报表时会提示用户输入相关的数据源、字段及报表版面格式等信息。

A. 自动报表　　　B. 报表向导　　　　C. 控件向导　　　D. 标签向导

19. 下面不属于报表操作视图的是(　　)。

A. 设计视图　　　B. 打印预览视图　　C. 报表预览视图　D. 布局视图

20. 一个主报表最多只能包含(　　)级子窗体或子报表。

A. 2　　　　　　　B. 3　　　　　　　C. 4　　　　　　　D. 5

二、填空题

1. 在报表设计中，可以通过添加_____控件来控制另起一页输出显示。

2. 报表设计中，可以通过在组页眉或组页脚中创建_____控件来显示记录的分组汇总数据。

3. 报表页眉的内容只在报表的_____打印输出。

4. 报表页脚的内容只在报表的_____打印输出。

5. 在 Access 报表中最多可以设置_____个分组级别和排序级别。

6. 在报表的设计视图中，区段表示为带状形式，也被称为_____。

7. 使用_____创建报表，可以完成大部分报表设计基本操作，加快了创建报表的过程。

8. 计算所有学生"已缴纳学费金额"字段的总计值，需在_____节添加控件并设置控件的记录源属性为_____。

9. 使用_____可以对整个报表控件设置格式。

10. 若想直观地查看标签报表的输出效果，可以打开报表的_____视图。

三、简答题

1. 在 Access 中，报表和窗体的主要区别是什么？

2. 简述 Access 报表各个节区域的位置和常见用法。

3. 如何实现对文本框的条件格式设置？

4. 如何将报表中的组合框更改为文本框或者列表框？

5. 怎样使用"分组、排序和汇总"编辑框来设置分组级别和排序级别？

第 8 章

Access 宏设计

学习目标

通过本章学习，了解宏的基本概念，熟练掌握创建宏、宏组、条件宏的方法，并掌握宏的应用。

学习要点

- Access 宏的基本概念
- Access 宏的设计与运行调试
- 使用 Access 宏制作菜单的应用方法

知识重点

- Access 宏生成器的使用方法
- Access 宏的设计

知识难点

- Access 宏的设计

学习提示

在许多数据库管理系统中，要完成一些操作尤其是流程控制一般都要采用编写代码的方法才能实现，而 Access 提供了功能强大的宏对象实现程序设计的功能，通过宏可以自动完成数据库中一些重复和常规的操作，而无需掌握繁多的程序设计语言。本章仍然通过"高校学费管理系统"为例介绍有关宏的概念、常用的宏操作以及创建宏的方法。

建议学习时间　理论 2 课时，上机操作时间 2 课时

8.1 Access 宏概述

通过本节的学习，了解宏的定义与作用、Access 宏生成器，掌握常用的宏操作及其参数的设置。

8.1.1 宏的定义与类型

1. 宏(Macro)

宏是由一个或多个操作组成的集合，其中每个操作都能实现特定的功能。实际上，可以将宏看作是一种简化的编程语言，这种语言是通过生成一系列要执行的操作编写而成的。在设计宏的时候，无需再编写程序代码，只需要选择宏操作，设置其相应的参数即可向窗体、查询、报表等添加功能。

一个宏可以由一条或多条宏操作组成。如图 8-1 所示的宏包括了 OpenForm、MessageBox 和 CloseWindow 三条宏操作。运行宏时，从上往下依次运行各条宏操作：首先执行 OpenForm 宏操作，打开"学生档案"窗体；然后执行 MessageBox 宏操作，显示一个提示对话框"即将关闭窗体！"；最后执行 CloseWindow 宏操作，关闭"管理系统"窗体。

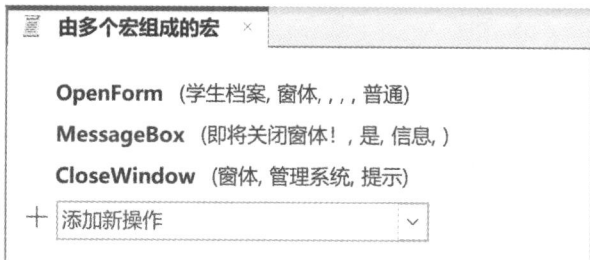

图 8-1　由多个宏操作组成的宏

2. 宏组(Macro Group)

宏组是存储在一个宏对象内一个或多个相关宏的集合。宏组内的每一个宏通过宏名标识，每个宏可分别由一条或多条宏操作组成。如图 8-2 所示的宏组包括三个宏，每个宏分别有一条宏操作。

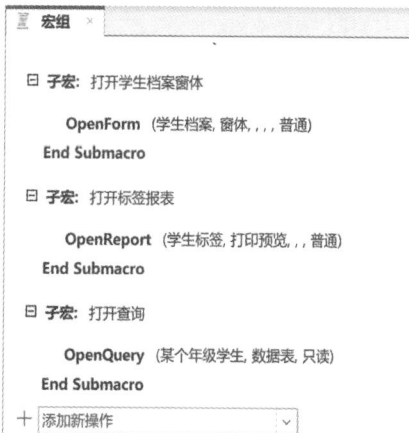

图 8-2　宏组

3. 宏的类型

Access 宏可以分为两种类型：独立宏和嵌入宏。

1) 独立宏(Standalone Macros)

独立宏在数据库中以单独的宏类型对象存在，在导航窗格中的"宏"类别下可列出当前数据库中保存的所有独立宏。独立宏可以被重复使用，在不同的窗体/报表的多个控件事件调用，能降低重复编写相同代码的情况。

2) 嵌入宏(Embedded Macros)

嵌入宏是嵌入到窗体、报表或控件中的宏。它们与特定的对象紧密关联，不作为独立的宏对象存在，因此也不会在导航窗格中显示。嵌入宏作为它们所嵌入的对象或控件的一部分，适用于自动执行特定于特定窗体或报表的任务。

8.1.2　Access 宏生成器

Access 宏生成器相当于其他 Access 数据库对象的设计视图，主要用于设计与编辑 Access 宏。Access 宏生成器的界面类似于 VBA 事件过程的代码界面，如图 8-3 所示。

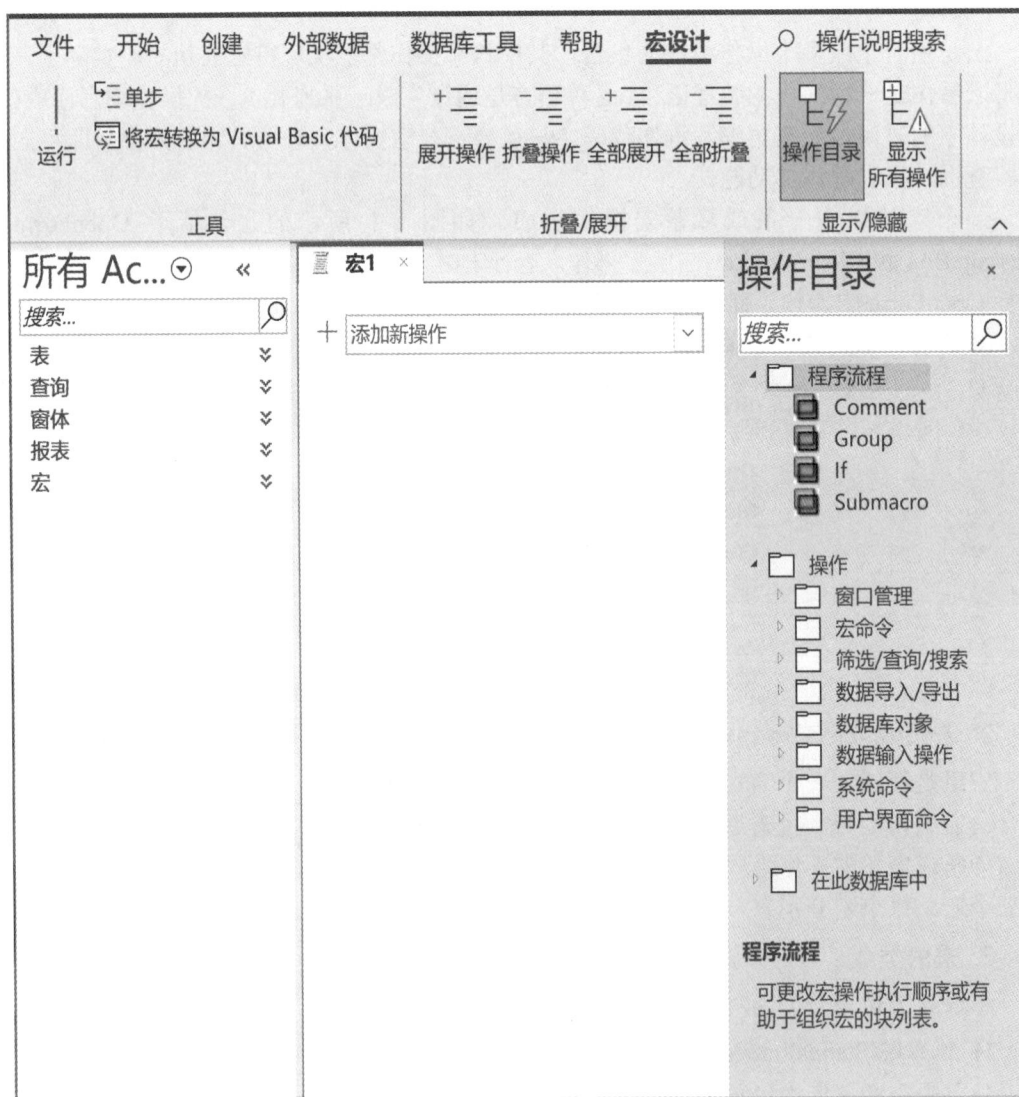

图 8-3　Access 宏生成器界面

宏生成器中最重要的工具是显示"添加新操作"的组合框，用于添加和设置操作。此外，在"宏设计"选项卡上分别有"工具"组、"折叠/展开"组、"显示/隐藏"组，可用于调试和运行宏、展开或折叠宏的结构和操作，以及对宏生成器组成部分的显示或隐藏。

在宏生成器中添加操作的方法有以下三种：

(1) 直接在"添加新操作"的组合框中输入宏操作关键字，如 OpenForm 等。

(2) 单击"添加新操作"的组合框下拉箭头，从下拉列表中选取所要的操作，如图 8-4 所示。

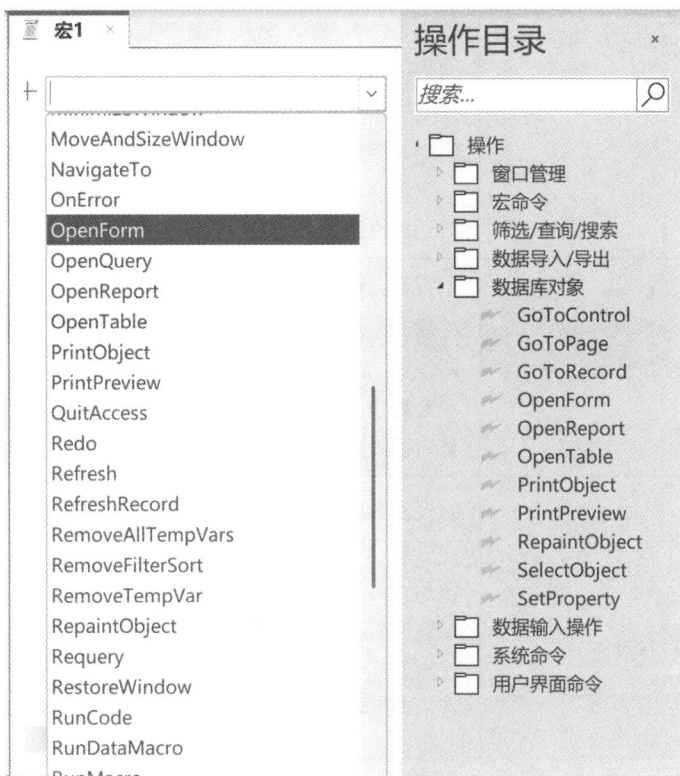

图 8-4　在"添加新操作"中选择宏操作

(3) 从右侧的"操作目录"窗格中找到所需要的宏操作，双击该操作或把它拖到组合框中。"操作目录"窗格包括"程序流程""操作"和"在此数据库中"三部分。

① 程序流程：包括注释(Comment)、组(Group)、条件(If)和子宏(Submacro)，主要用于宏的结构设计，使宏的结构更加清晰、可读性更好。

② 操作：按照操作的性质，将宏的操作分成 8 组，一共有 66 个宏操作。如图 8-4 所示，数据库对象组中包括 OpenForm 等宏操作。

③ 在此数据库中：列出当前数据库中所有的独立宏，以便用户可以重复使用已有的宏和事件过程代码。

8.1.3　常用的宏操作

Access 定义了许多的宏操作，表 8-1 描述了常用宏操作的功能与操作参数设置。

常用的 Access 宏操作概述

表 8-1 常用宏操作的功能与操作参数

宏操作	功 能	操 作 参 数
OpenForm	打开窗体	窗体名称：选择指定的窗体。 视图：选择打开窗体的视图方式(可选：窗体、设计、打印预览、数据表、数据透视表、数据透视图、布局视图)。 筛选名称：输入要应用的筛选。 当条件=：输入 SQL WHERE 语句或表达式，可从数据表或查询中选择记录。 数据模式：设置打开窗体的数据输入模式(可选：增加、编辑、只读模式)。 窗口模式：选择窗体打开的模式(可选：普通、隐藏、图标、对话框模式)
OpenQuery	打开查询	查询名称：选择指定的查询。 视图：选择打开查询的视图方式(可选：数据表、设计、打印预览、数据透视表、数据透视图)。 数据模式：选择查询的数据输入模式(可选：增加、编辑、只读模式)
OpenReport	打开报表	报表名称：选择指定的报表。 视图：选择要打开报表的视图方式(可选：打印、设计、打印预览、报表、布局视图)。 筛选名称：输入要应用的筛选。 当条件=：输入 SQL WHERE 语句或表达式，可从数据表或查询中选择记录。 窗口模式：选择报表打开的模式(可选：普通、隐藏、图标、对话框模式)
OpenTable	打开表	表名称：选择要打开的表。 视图：选择要打开表的视图方式(可选：数据表、设计、打印预览、数据透视表、数据透视图)。 数据模式：选择表的数据输入模式(可选：增加、编辑、只读模式)
CloseWindow	关闭数据库对象	对象类型：选择要关闭对象的类型(可选：表、查询、窗体、报表、宏、模块、数据访问页、服务器视图、图表、存储过程、函数)。 对象名称：选择要关闭对象的名称。 保存：选择关闭对象时是否提示保存(可选：提示、是、否)
CloseDatabase	退出管理系统	没有参数
QuitAccess	退出 Access 系统	选项：提示、全部保存、退出

宏操作	功　能	操 作 参 数
RunMacro	运行指定的宏	宏名称：选择要运行的宏，格式为[宏名]。运行子宏时的格式为[宏组名称].[子宏名]。 重复次数、重复表达式：设置运行宏的循环次数及条件。如果输入为空且重复表达式也为空，那么只运行一次宏
StopMacro	停止当前的宏	没有参数
StopAllMacro	停止所有的宏	没有参数
MessageBox	显示含有警告或提示消息的消息框	消息：在消息框中显示的文字、数字或日期，或者键入一个以等号(=)开头的表达式。 发嘟嘟声：显示消息框时是否发出嘟嘟声。 类型：在消息框中显示的图标类型(可选：无、重要、警告?、警告!、信息)。 标题：消息框的标题文本
FindRecord	在当前的数据表中查找指定的内容	查找内容：要查找的文字、数字或日期，或者键入一个以等号 (=) 开头的表达式。可以使用通配符。 匹配："字段任何部分"搜索字段任何部分的数据，"整个字段"搜索整个字段的数据，"字段开头"搜索字段开头部分的数据。 区分大小写：指定搜索是否区分大小写。 搜索："向上"从当前记录向上搜索至记录开头；"向下"向下搜索至记录的结尾；"全部"向下搜索至记录结尾，然后从记录开头搜索至当前记录，以便搜索所有记录。 只显示当前字段："是"将搜索限定到当前字段，"否"则搜索每条记录中的所有字段
GoToControl	将焦点移动到激活的数据表或窗体的指定字段或控件上	控件名称：获得焦点的字段或控件的名称
AddMenu	创建自定义菜单或快捷菜单	菜单名称：菜单项的名称，用于显示在菜单中。 菜单宏名称：指定与菜单项关联的宏名称，该宏定义了菜单项的功能。 状态栏名称(可选)：用户选择菜单项时，状态栏显示的提示信息

Access 宏是一种便捷的自动化工具，它使得用户能够执行一系列预设的操作而无需编写 VBA 代码。用户根据具体需求选择使用独立宏或嵌入宏来实现自动化任务：独立宏适合于需要在多个地方使用的通用操作，而嵌入宏适合于特定于某个窗体或报表的操作。

通过宏生成器，用户可以轻松创建和编辑宏，实现如打开窗体、打印报表、运行查询等功能。宏生成器中的"操作目录"窗格将宏操作分为八个类别，方便用户根据操作类型快速选择和应用。此外，用户还可以在宏生成器"添加新操作"的组合框中直接输入或选择所需的宏操作，进一步简化了宏的创建和设计过程。

8.2 创建 Access 宏

本节主要介绍在 Access 中如何使用宏生成器创建宏、条件宏和宏组。通过本节的学习，可以完成如表 8-2 所示的任务并掌握相应的知识点。

表 8-2   宏操作的任务和知识点

任 务	涉及的知识点
创建一个名为"打开只读窗体"的宏对象，在宏内以只读模式打开"学生档案"窗体后弹出消息框	创建独立宏
打开"财务人员档案(带子窗体)"窗体的设计视图，添加"退出"按钮并编写单击事件：提示"准备关闭窗口！"，然后关闭当前窗体	创建嵌入宏
打开"财务人员档案(带子窗体)"窗体的设计视图，添加"解密"按钮并编写单击事件：判断名为"密码"文本框内容是否为空，如果是，提示"密码空，无法显示"并将焦点移动到"密码"文本框，否则提示"源码是 xxxx"字样(xxxx 为"密码"控件的内容)	创建条件宏
创建名为"用户宏组"的宏。宏组内包含两个宏，宏名分别为"登录"和"退出"。其中，"登录"宏先弹出"欢迎 xxx"信息框(xxxx 为"姓名"控件的内容)，然后打开"管理系统"窗体，"退出"宏用于关闭"管理系统"窗体	创建宏组

8.2.1 创建独立宏

独立宏是可以显示在导航窗格中的宏对象，可以单独运行，也可以被多个窗体、报表等对象的不同事件触发，不受其他数据库对象的影响而独立存在。

创建独立宏的操作方法是：单击"创建"选项卡"宏与代码"组中的"宏"图标。

【例 8-1】 创建一个名为"打开只读窗体"的宏对象，在该宏中选择"OpenForm"宏操作以"只读"的数据模式打开名为"学生档案"的窗体，然后使用 MessageBox 宏操作弹出消息框，消息内容为"只读模式不提供编辑功能"。

创建独立宏

基本操作步骤如下：

(1) 单击"创建"选项卡"宏与代码"组中的"宏"图标，打开宏生成器。

(2) 在宏生成器中编辑宏操作及其参数，如图 8-5 所示。

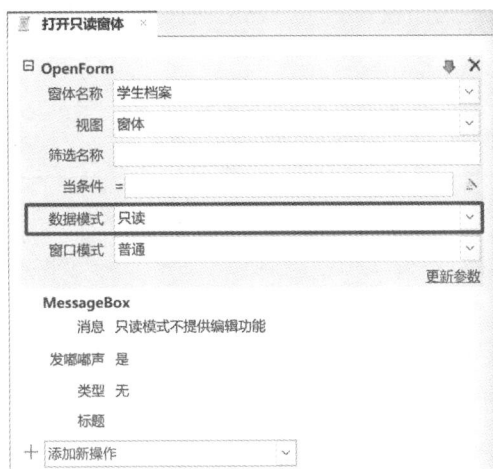

图 8-5 "打开只读窗体"宏

(3) 保存宏并命名为"打开只读窗体"。

宏生成器默认展开显示操作参数，如图 8-5 所示。为了更简洁地显示宏，可以单击"设计"选项卡中"折叠/展开"组中的"折叠操作"，将参数直接写在操作名称的后面。此外，单击宏操作左侧的图标 ➕ 展开该条宏操作，单击图标 ➖ 折叠宏操作，如图 8-6 所示。

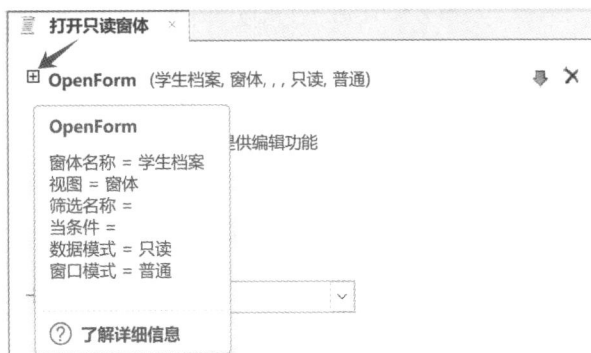

图 8-6 宏操作的折叠

8.2.2 创建嵌入宏

嵌入宏是嵌入在窗体、报表或其控件的事件属性中的宏，它不会显示在导航窗格中，受所在对象的影响，会随着所在对象的复制、移动或删除而被复制、移动或删除。

创建嵌入宏有以下两种方法：

(1) 创建控件(如按钮)时使用控件向导，对控件的默认事件，Access 自动创建嵌入宏，以实现用户指定的操作。

(2) 在窗体/报表的设计视图中，在"属性表"窗格的"事件"属性中选择宏生成器创建嵌入宏。

创建嵌入宏

【例 8-2】 打开"财务人员档案(带子窗体)"窗体的设计视图，添加"退出"按钮并

编写单击事件：提示"准备关闭窗口！"，然后关闭当前窗体。

基本操作步骤如下：

(1) 打开"财务人员档案(带子窗体)"窗体的设计视图。

(2) 关闭"使用控件向导"，如图 8-7 所示。

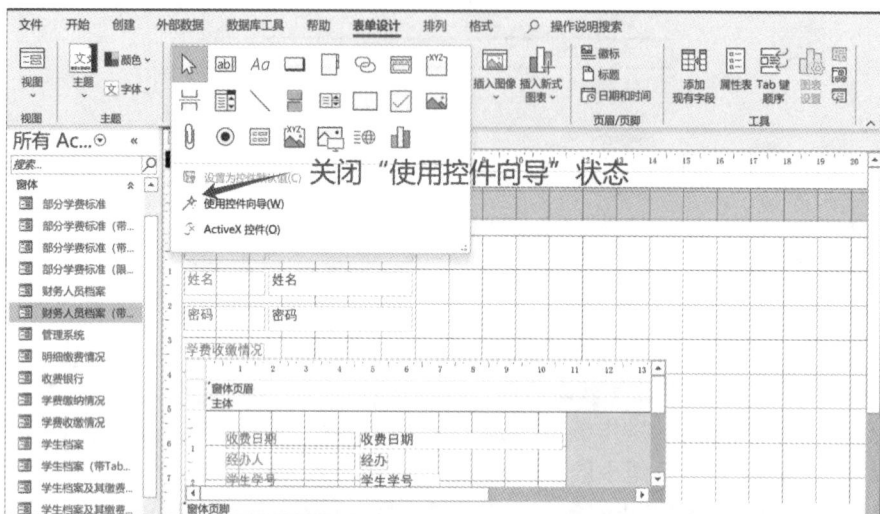

图 8-7　关闭"使用控件向导"

(3) 单击"表单设计"选项卡"控件"组中的"按钮"工具，在设计视图中单击鼠标显示按钮控件的位置。

(4) 由于已关闭"使用控件向导"功能，故添加控件时不会弹出控件向导。打开"属性表"窗格或者使用鼠标选定按钮上显示的文本，修改按钮控件的"标题"属性为"退出"。

(5) 选择步骤(4)添加的按钮控件，单击"属性表"窗格中"事件"选项卡的"单击"，在弹出的"选择生成器"对话框中单击选择"宏生成器"，如图 8-8 所示。

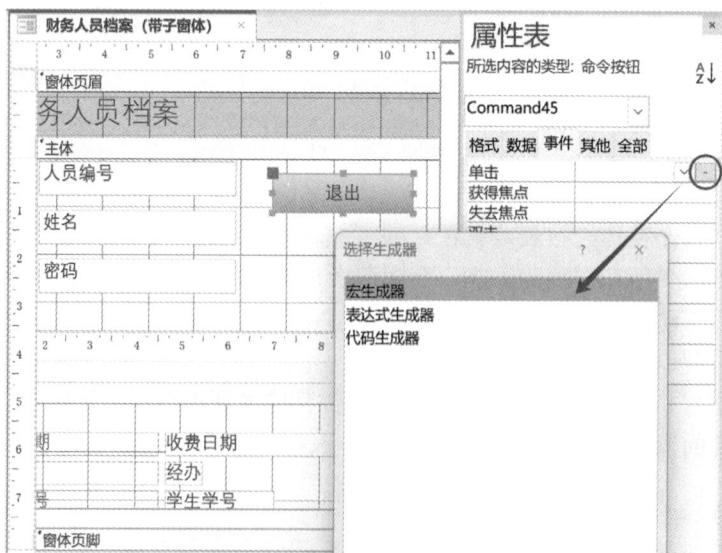

图 8-8　在"事件"属性中选择"宏生成器"

(6) 在宏生成器中编辑宏操作及其参数，如图 8-9 所示。

图 8-9　"退出"按钮控件的嵌入宏

(7) 关闭并保存宏设计，返回窗体的设计视图。此时，按钮控件的"单击"事件显示为"[嵌入的宏]"，如图 8-10 所示。

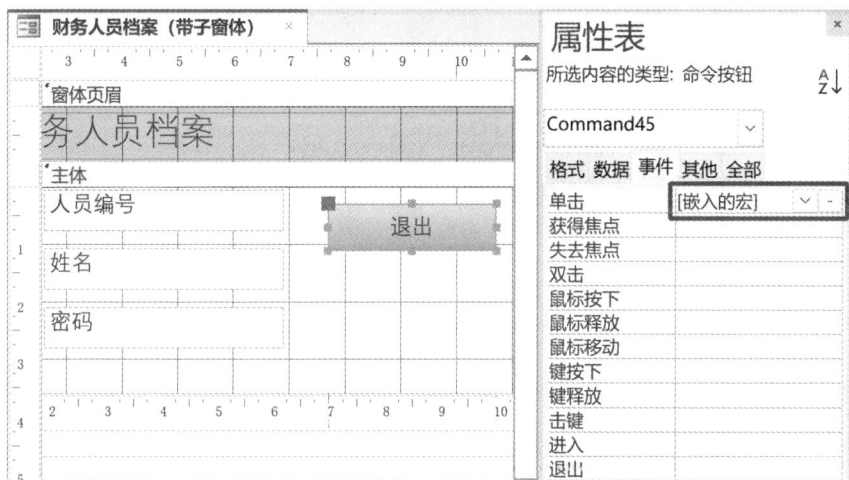

图 8-10　带嵌入宏的控件"单击"事件属性

(8) 保存窗体。

8.2.3　创建条件宏

一般程序设计语言有顺序、分支和循环三种结构。指令序列从上到下按顺序执行时是顺序结构；指令序列的执行有时要根据某条件表达式返回的值是否取真来决定是否执行，这种执行方式称为分支。

在默认的情况下，宏操作是按照从上而下的顺序依次执行的，但在某些时候，需要宏在满足某个条件时才执行。例如：当输入的密码正确时才打开相应的窗体，这时就需要通过设置条件来控制宏的流程。使用 If 操作，可以给宏设置条件。

【例 8-3】 打开"财务人员档案(带子窗体)"窗体的设计视图，添加"解密"按钮并编写单击事件：判断名为"密码"的文本框内容是否为空，如果是，提示"密码空，无法显示"并将焦点移动到"密码"文本框，否则提示"源码是 xxxx"字样(xxxx 为"密码"控件的内容)。在"密码"有内容和空的情况下，单击"解密"按钮的效果分别如图 8-11 和图8-12 所示。

创建条件宏

图 8-11   "财务人员档案(带子窗体)"窗体—密码有内容

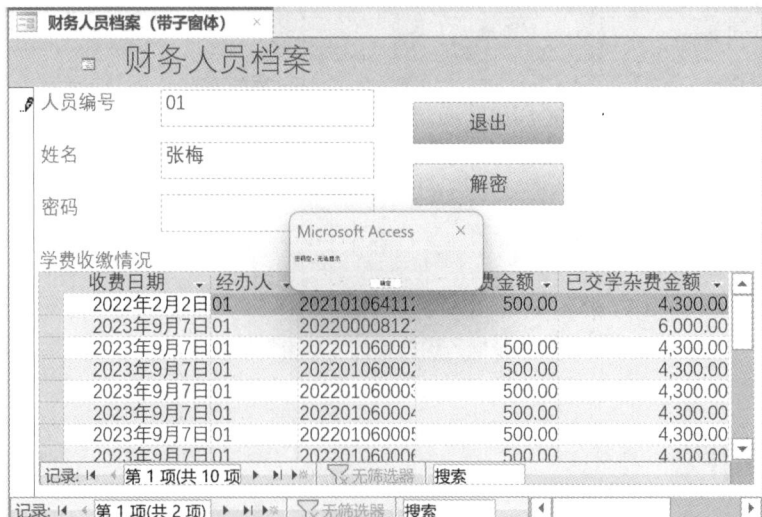

图 8-12   "财务人员档案(带子窗体)"窗体—密码空

基本操作步骤如下：

(1) 打开"财务人员档案(带子窗体)"窗体的设计视图。

(2) 关闭"使用控件向导"，单击"表单设计"选项卡"控件"组中的"按钮"工具，在设计视图中单击鼠标显示按钮控件的位置。

(3) 打开"属性表"窗格或者使用鼠标选定按钮上显示的文本，修改按钮的"标题"属性为"解密"。

(4) 选择步骤(2)添加的按钮，单击"属性表"窗格中"事件"选项卡的"单击"，在弹出的"选择生成器"对话框中单击选择"宏生成器"。

(5) 在宏生成器中添加 If 块设计结构，如图 8-13 所示。

图 8-13　IF 块设计结构

(6) 在"条件表达式"文本框中输入条件表达式"[密码] Is Null"。该表达式可用于判断指定的值是否为空。关于 Is Null 运算符的使用方法，可参考 5.2.1 节运算符的相关介绍。

(7) 在 If 块中的"添加新操作"组合框选择"MessageBox"，在"消息"操作参数键入"密码空，无法显示"。

(8) 单击 If 块右下角的"添加 Else"，打开 Else 块用以添加当条件不满足时需要完成的宏操作。

(9) 在 Else 块中添加以下两个宏操作，如图 8-14 所示。

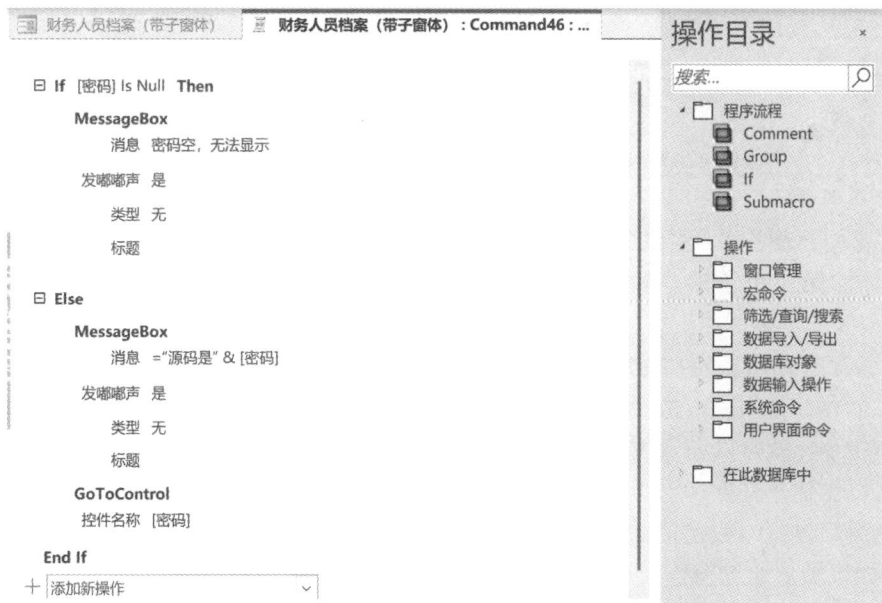

图 8-14　"解密"按钮控件的嵌入宏

① MessageBox 宏操作，"消息"参数为"="源码是"& [密码]"。

② GotoControl 宏操作，"消息"参数为"[密码]"。

(10) 关闭并保存宏设计，返回窗体的设计视图并保存窗体。

8.2.4　创建宏组

宏组是存储在一个宏对象内一个或多个子宏的集合，宏组内的每个子宏都分别设置宏名。通常，与一个窗体、报表或同类任务相关联的一系列动作以宏操作集合的形式存放在一个宏组中，以便于管理。

【例 8-4】　创建名为"用户宏组"的宏。宏组内包含两个子宏，宏名分别为"登录"和"退出"。其中，"登录"宏先弹出"欢迎 xxx"信息框(xxxx 为"姓名"控件的内容)，然后打开"管理系统"窗体，"退出"宏用于关闭"管理系统"窗体。

创建宏组

基本操作步骤如下：

(1) 单击"创建"选项卡"宏与代码"组中的"宏"图标，进入宏生成器。

(2) 在宏生成器中添加 Submacro 子宏结构，如图 8-15 所示。

图 8-15　在宏生成器中添加子宏

(3) 输入子宏名称"登录"，在子宏中添加"MessageBox"和"OpenForm"操作。

(4) 添加第二个子宏，输入子宏名称"退出"，在子宏中添加"CloseWindow"宏操作。

(5) 保存宏并命名为"用户宏组"，如图 8-16 所示。

通过创建和使用宏，由 Access 自动实现一组相关的程序，用户只需要使用 Access 提供的操作指令，就可以在宏生成器中方便地建立各种宏操作。在 Access 中，可以创建单个宏，也可以创建条件宏和宏组；可以创建独立宏，也可以创建嵌入宏。

宏的编辑过程一般包括如下三个步骤：

(1) 如果需要通过窗体或控件触发宏，则必须创建包含触发控件(如按钮)的窗体。

(2) 创建相关的宏或者宏组。在宏操作的参数中引用触发控件值的格式是"[Forms]![窗体名称]![控件名称]"或者"[Report]![报表名称]![控件名称]"。当引用的控件来自触发窗体或报表时，引用的格式可以简化为"[控件名称]"。

(3) 返回第一步创建的窗体设计视图，向触发控件的事件添加宏或者宏组，调用的格式为"[宏组名称].[宏名]"。

图 8-16　"用户宏组"宏

8.3　宏的运行和调试

创建宏以后，就可以运行和调试宏了。宏可以单独运行，但在更多的情况下，宏是由一些控件响应事件时触发启动的，这就需要与窗体或者报表上的控件事件设置关联。本节主要介绍 Access 宏的运行和调试方法。

8.3.1　宏的运行

宏的运行方法主要有以下三种。

1. 在窗体或控件的事件中触发宏

在窗体或控件的事件中触发宏是最常用的运行方法。通过设置窗体或控件的事件触发宏的运行，首先在窗体设计视图中对控件或窗体的事件编辑好嵌入式宏，或者选择已编辑好的宏，然后在窗体视图下通过响应事件运行宏。

根据触发方式将事件分为五类：窗口事件、鼠标事件、数据处理事件、焦点事件和键盘事件。常用的事件如表 8-3 所示。

表 8-3 控件的事件

事件名称	功 能
Load	加载。打开窗体后，显示对象时发生的事件
Close	关闭。关闭窗体时发生的事件
Open	打开。打开窗体后，显示对象前发生的事件
Click	单击。鼠标单击对象时发生的事件
DblClick	双击。鼠标双击对象时发生的事件
MouseDown	鼠标按下。鼠标在对象上按下左键时发生的事件
MouseUp	鼠标释放。鼠标在对象上释放按下鼠标左键时发生的事件
MouseMove	鼠标移动。鼠标在对象上移动时发生的事件
BeforeUpdate	更新前。在控件或记录的数据被更新之前发生的事件
AfterUpdate	更新后。在控件或记录的数据被更新之后发生的事件
Change	更改。当控件的部分内容更改时发生的事件
GetFocus	获得焦点。当对象接收焦点时发生的事件
LostFocus	失去焦点。当对象失去焦点时发生的事件
KeyDown	键按下。在对象具有焦点并在键盘上按下任何键时发生的事件
KeyUp	键释放。在对象具有焦点并在键盘上释放一个按下的键时发生的事件
KeyPress	击键。在对象 KeyDown 事件之后、KeyUp 事件之前发生的事件

独立宏和宏组可以单独运行，也可以通过窗体上的按钮控件触发，方法是：打开窗体的设计视图，向相关按钮的单击事件添加宏，如图 8-17 所示。在控件事件中调用宏的格式为"[宏名]"，调用宏组的格式为"[宏组名称].[宏名]"。

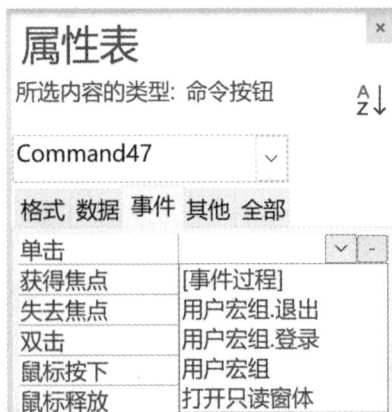

图 8-17 在控件中选择事件触发的宏或宏组

2. 在宏生成器中运行宏

运行宏：打开宏生成器，单击"宏设计"选项卡"工具"组中的"运行"图标。

运行宏组中的宏：定位光标在需要运行的宏名开始处，然后单击"宏设计"选项卡"工具"组中的"运行"图标。

3. 在导航窗格中运行宏

在 Access 导航窗格中，选定某一个宏对象后，双击鼠标或者右击鼠标选择"运行"，相当于宏生成器中单击"宏设计"选项卡"工具"组中"运行"图标的效果。

运行宏的时候，若宏操作的参数中引用其他控件，则这些控件所在的窗体或者报表也需要同时打开，否则 Access 将提示出错。假设在导航窗格中双击例 8-4 的"用户宏组"或者在宏生成器中单击"运行"，将会弹出如图 8-18 所示的错误提示信息。

图 8-18　运行宏时的错误提示信息

导致上述运行错误的主要原因是：在导航窗格中运行宏或者在宏生成器中运行宏的时候，"用户宏组"MessageBox 宏操作的"消息"参数中的"姓名"控件无法被引用。解决方法如下：

(1) 删除如图 8-16 所示"用户宏组"中对"姓名"控件的引用。

(2) 在包含"姓名"控件的窗体、报表或者控件的事件中调用"用户宏组"。例如，在"财务人员档案(带子窗体)"窗体"加载"事件属性中引用该宏组，如图 8-19 所示。

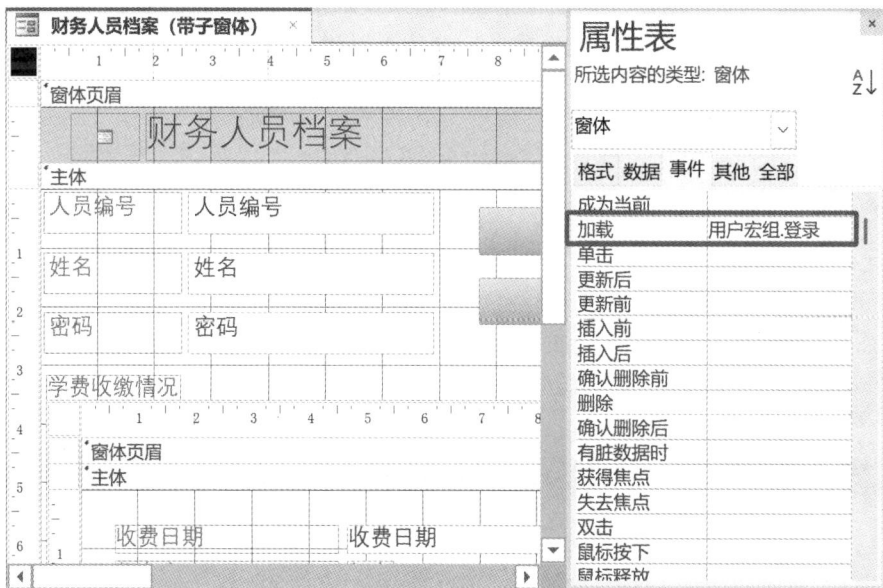

图 8-19　窗体的"加载"事件属性

(3) 打开加载窗体时，触发该窗体的"加载"事件，运行结果如图 8-20 所示。

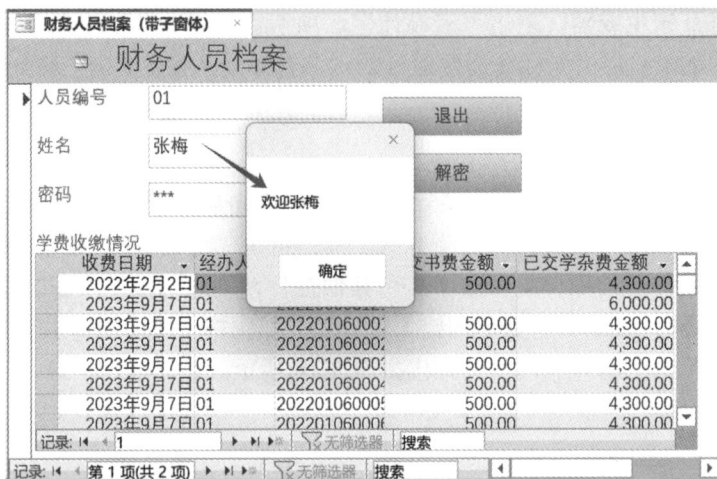

图 8-20　加载窗体的运行结果—引用"登录"子宏

8.3.2　宏的调试

通常编辑好的宏在运行时并不一定令人满意，此时可以使用 Access 中的调试功能检查是否出错以及出错的原因。

基本操作步骤如下：

(1) 打开宏生成器，单击"宏设计"选项卡"工具"组中的"单步"图标。

(2) 单击"宏设计"选项卡"工具"组中的"运行"图标。

运行时若弹出如图 8-21 所示的对话框，则表示该宏正确。若宏错误，则会弹出如图 8-18 所示的出错提示对话框，给出该宏操作错误的提示，单击"确定"按钮后显示"操作失败"对话框，如图 8-22 所示，显示该宏操作各列的值以及错误号。

图 8-21　"单步执行宏"对话框

图 8-22　宏操作失败对话框

对于嵌入宏，只能通过在窗体、报表或者控件的事件中触发；对于独立宏，可以根据宏操作及其参数选择在窗体、报表或者控件的事件中触发宏，在宏生成器或导航窗格中运行。

创建宏后，通过宏的调试功能可以单步执行并查看该步操作的运行结果，以便于检查宏的设计是否正确。如果在调试的过程中 Access 提示出错，则可以根据"操作失败"对话框获取宏名、宏操作的名称、参数、错误号等信息。

8.4　Access 宏的应用

本节主要介绍使用宏制作菜单及快捷菜单。通过本节的学习，可以完成如表 8-4 所示的任务并掌握相应的知识点。

表 8-4　宏应用的任务和知识点

任　　务	涉及的知识点
制作"高校学费管理系统"的菜单	制作自定义菜单
将"快速选择"自定义菜单应用为"管理系统"窗体的快捷菜单	制作自定义快捷菜单

8.4.1　制作自定义菜单

使用 AddMenu 宏操作可以制作自定义菜单。创建自定义菜单的时候，需要预先为每个下拉菜单创建宏操作，然后将创建的宏绑定到窗体或者报表的菜单栏属性。

制作自定义菜单

【例 8-5】　制作管理系统的自定义菜单，如图 8-23 所示。

图 8-23　自定义菜单及子菜单

菜单结构及各级子菜单实现的功能如表 8-5 所示。

表 8-5　自 定 义 菜 单

一级菜单	二级菜单	三级菜单	实现的功能
快速选择	学生管理	学生档案	打开"学生档案"表
		学生标签报表	打印预览视图方式打开"学生标签"报表
	退出		关闭当前数据库文件

创建下拉菜单(子菜单)的基本操作步骤如下：

(1) 单击"创建"选项卡"宏与代码"组中的"宏"图标，打开宏生成器。

(2) 在宏生成器中选择子宏结构，创建名为"学生档案"的子宏，该子宏只有一个操作：OpenTable，操作参数为"学生档案"(注：子宏的名称就是要在菜单上显示的命令名称)。

(3) 重复步骤(2)，创建名为"学生标签报表"子宏，子宏的宏操作是 OpenReport，操作参数为"学生标签""打印预览"。

(4) 保存宏组并命名为"menu_学生管理"，如图 8-24 所示。

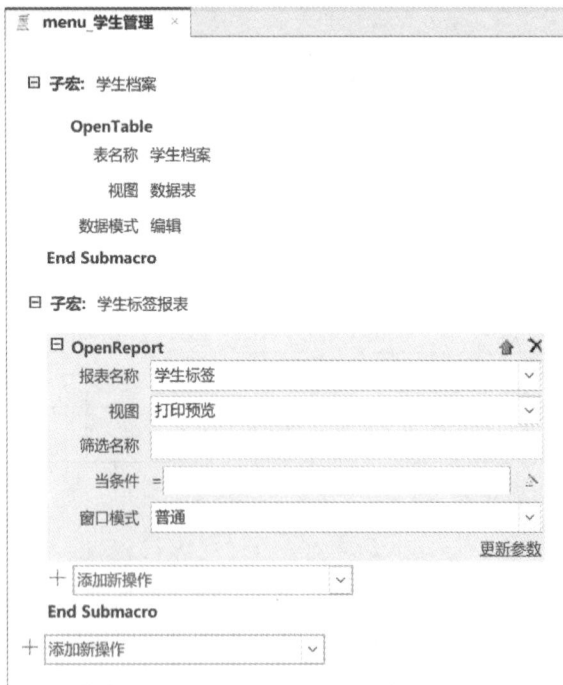

图 8-24　"menu_学生管理"子菜单的宏设计

设置"快速选择"菜单的基本操作步骤如下：

(1) 单击"创建"选项卡"宏与代码"组中的"宏"图标，打开宏生成器。

(2) 创建名为"学生管理"的子宏，由于"学生管理"有下一级子菜单，因此选择宏操作为 AddMenu。"菜单名称"参数为"学生管理"，"菜单宏名称"参数为"menu_学生管理"。

(3) 继续添加"退出"子宏，保存宏组并命名为"menu"，如图 8-25 所示。

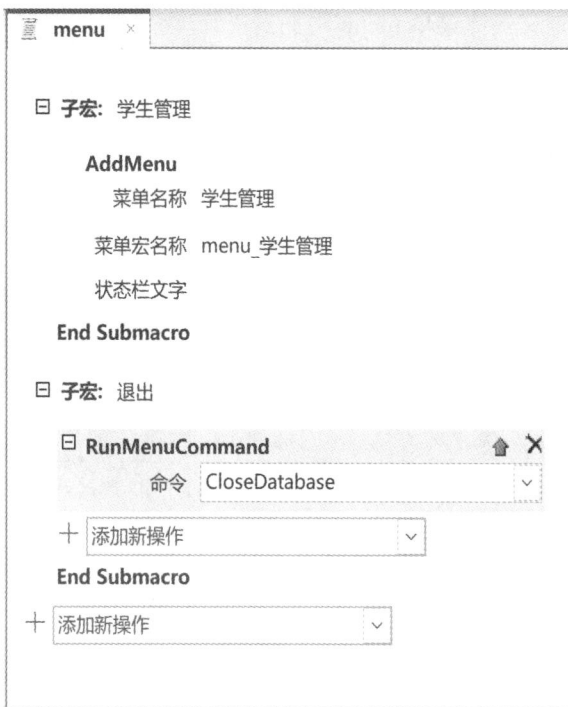

图 8-25　一级菜单"menu"的宏设计

设置系统主菜单的基本操步骤作如下：

(1) 单击"创建"选项卡"宏与代码"组中的"宏"图标，打开宏生成器。

(2) 选择宏操作为 AddMenu，"菜单名称"为"快速选择"，"菜单宏名称"为"menu"。

(3) 保存并命名宏组为"主菜单"，如图 8-26 所示。

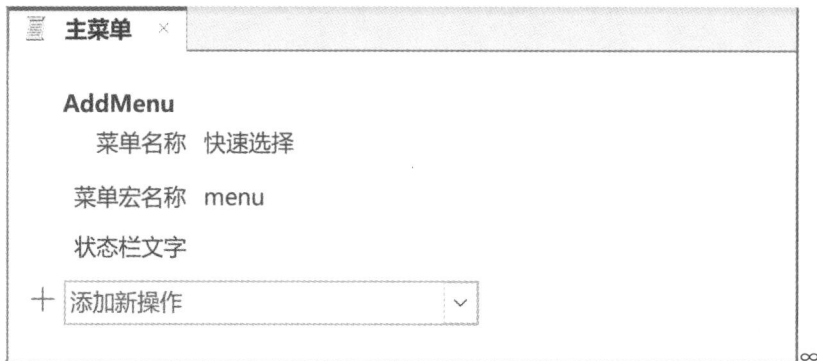

图 8-26　系统主菜单的宏设计

8.4.2 制作自定义快捷菜单

如果希望打开窗体或者报表的时候,右键鼠标时显示自定义的菜单。可以先通过"用宏创建快捷菜单"工具生成快捷菜单,然后在窗体或者报表的"快捷菜单栏"属性中引用带有自定义菜单功能的独立宏(组)。

制作自定义快捷菜单

【例 8-6】 将自定义快捷菜单 menu 附加到"管理系统"窗体中。

基本操作步骤如下:

(1) 在导航窗格中单击选择"主菜单"宏,单击自定义快速访问工具栏中的"用宏创建快捷菜单"图标,生成快捷菜单。

(2) 打开"管理系统"窗体的设计视图。

(3) 在"属性表"窗格中,设置窗体的"快捷菜单栏"属性为"主菜单",如图 8-27 所示。

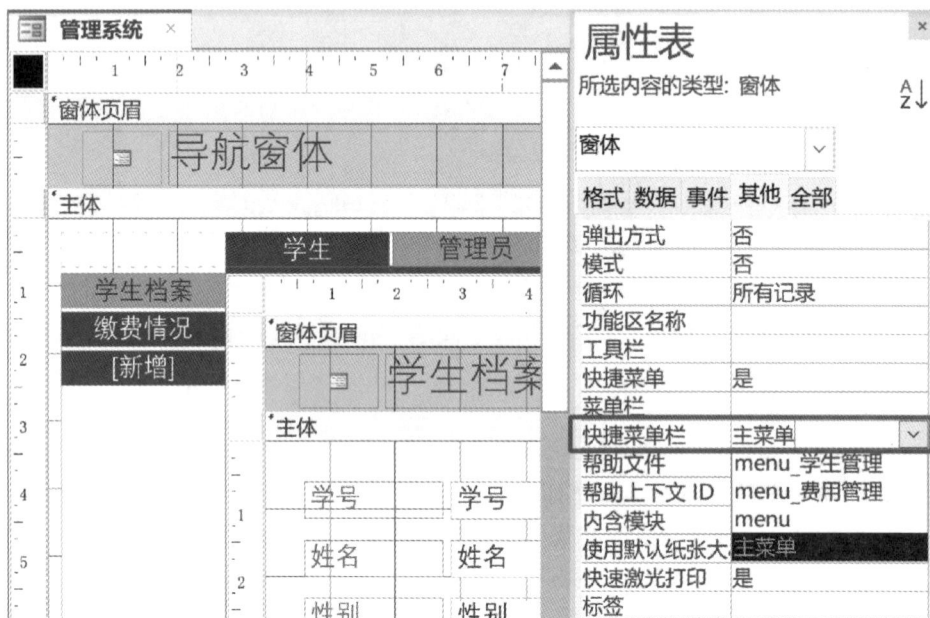

图 8-27 设置窗体的"快捷菜单栏"属性

(4) 保存窗体。

(5) 切换到窗体视图,在窗体的任意位置右击鼠标,即可打开如图 8-23 所示的自定义快捷菜单。

可以通过自定义快速访问工具栏,将"用宏创建快捷菜单"图标添加到快速访问工具栏。方法是:单击"文件"选项卡 |"选项" |"快速访问工具栏",在"不在功能区中的命令"位置中选择"用宏创建快捷菜单"命令,然后单击"添加(A)>>"按钮,如图 8-28 所示。

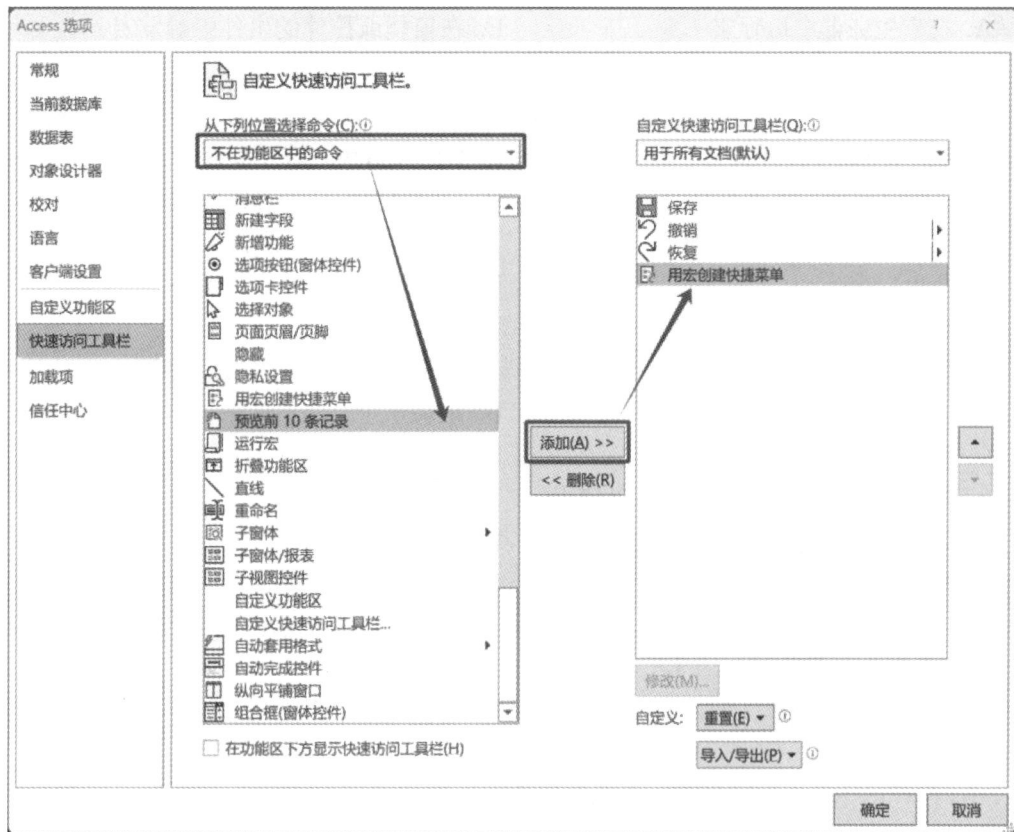

图 8-28　编辑自定义快速访问工具栏

习　题　8

一、单选题

1. 以下关于宏的描述中，错误的是(　　)。

A. 宏是一种工具，可以用它来自动完成任务，并向窗体、报表和控件中添加功能

B. 在 Access 中，可以将宏看作一种简化的编程语言

C. 一个宏对象可以包含多条宏操作

D. 一个宏由单条宏操作组成，大多数操作都不需要参数

2. 要运行宏中的某一个子宏时需要以(　　)格式来指定。

A. 宏名.子宏名　　　　　　　　　　　B. 宏名

C. 子宏名.宏名　　　　　　　　　　　D. 子宏名

3. 以下宏操作中，用于设置控件属性的是(　　)。

A. SetLocalVar　　　　　　　　　　　B. SetOrderBy

C. SetProperty　　　　　　　　　　　D. SetTempVar

4. 关于宏运行的方式，错误的是(　　)。

A. 在宏生成器中运行宏　　　　　　B. 在窗体或控件的事件中触发宏

C. 宏不可以直接运行　　　　　　　D. 通过 RunMacro 运行宏

5. 以下关于宏指令的描述中，错误的是(　　)。

A. OpenForm：打开窗体　　　　　　B. OpenQuery：打开查询

C. OpenReport：打开报表　　　　　　D. StopMacro：执行宏，没有参数

6. 关闭数据库的宏操作是(　　)。

A. QuitAccess　　　　　　　　　　B. CloseDatabase

C. StopMacro　　　　　　　　　　D. Return

7. 直接运行含有子宏的宏时，执行的是该宏中的(　　)子宏中的所有操作。

A. 第一个　　　　　　　　　　　　B. 最后一个

C. 中间那个　　　　　　　　　　　D. 所有

8. 要在数据表中查找记录，可以使用(　　)操作。

A. IndexRecord　　　　　　　　　　B. PrintRecord

C. FindRecord　　　　　　　　　　D. ShowRecord

9. 为窗体或报表上某个控件的单击事件设置嵌入宏后，在属性表中该控件的单击事件属性值组合框中显示的是(　　)。

A. "嵌入宏"　　　　　　　　　　　B. "嵌入的宏"

C. [嵌入宏]　　　　　　　　　　　D. [嵌入的宏]

10. 在"操作目录"窗格中，不存在的目录是(　　)。

A. 程序流程　　　　　　　　　　　B. 窗口命令

C. 在此数据库中　　　　　　　　　D. 操作

11. 不能被多个控件或对象的事件触发的是(　　)。

A. 独立宏　　　　　　　　　　　　B. 嵌入宏

C. 子宏　　　　　　　　　　　　　D. 条件宏

12. CloseWindow 宏操作能够关闭的对象是(　　)。

A. 当前数据库　　　　　　　　　　B. 报表

C. Access　　　　　　　　　　　　D. 文本框

13. 在 If 结构中设置条件，判断"密码"文本框中输入的值是否为"abc"，那么以下条件表达式正确的是(　　)。

A. [密码]="abc"　　　　　　　　　B. 密码=abc

C. 【密码】=abc　　　　　　　　　D. "密码"="abc"

14. 不属于 Access 程序流程指令的是(　　)。

A. Submacro　　　　　　　　　　　B. Comment

C. QuitAccess　　　　　　　　　　D. If

15. 宏不能修改的是(　　)。

A. 窗体　　　　　　　　　　　　　B. 宏本身

C. 表　　　　　　　　　　　　　　D. 控件

16. OpenTable 宏操作的作用是(　　)。

A. 打开桌子　　　　　　　　　　　　B. 打开报表

C. 打开数据库　　　　　　　　　　　D. 打开数据表

17. 不能通过 RunMacro 操作运行的宏是(　　　)。

A. 条件宏　　　　　　　　　　　　　B. 子宏

C. 嵌入宏　　　　　　　　　　　　　D. 独立宏

18. 用于关闭数据库对象的宏操作是(　　　)。

A. CloseWindow　　　　　　　　　　 B. CloseDatabase

C. CloseObject　　　　　　　　　　　D. QuitAccess

19. 以下关于宏的描述，错误的是(　　　)。

A. 宏可以只有一条宏操作

B. 宏是 Access 的对象之一

C. 宏操作能实现一些简单的编程功能

D. 宏中不能使用条件表达式

二、填空题

1. 在控件事件中，触发宏组中某一个子宏的格式为 _____。

2. 通过宏的_____功能，可以检验宏的运行是否正常。

3. 宏操作_____ 的作用是退出 Access 应用系统。

4. 宏是由一个或多个_____组成的集合。

5. 创建子宏，首先要添加的宏指令是_____。

6. 在 Access 中提供了_____的宏调试工具。

7. 要在一个宏中运行另一个宏，使用的宏操作命令是_____。

第 9 章

Access 模块与 VBA 设计

学习目标

通过本章学习，了解 Visual Basic for Application(VBA)的基本概念，掌握 VBA 程序设计基础与程序流程控制的方法。

学习要点

- VBA 程序设计方法
- VBA 程序流程控制

知识重点

- VBA 程序流程控制

知识难点

- VBA 程序流程控制

学习提示

虽然 Access 的交互操作功能非常强大且易于掌握，但是在实际的数据库应用系统中，用户还是希望尽量通过自动操作达到数据库管理的目的。Office 中包含 Visual Basic for Application(VBA)，VBA 具有与 Visual Basic 相同的语言功能，可为 Access 提供无模式用户窗体以及支持附加 Active X 控件等功能。

Access 模块是由 VBA 语言来实现的，VBA 就是 Visual Basic 的宏语言版本，而模块则是存储在一个单元中的 VBA 声明、语句和过程的集合。就实现而言，VBA 是 Microsoft 将 Visual Basic 的一部分代码结合到 Office 中而形成的，可用于编写基于 Windows 的应用程序，并可内置于多个 Microsoft 程序中。

建议学习时间　**理论 4 课时，上机操作时间 4 课时**

9.1　Access 模块概述

本节主要介绍 Access 模块的基本概念和分类，学习如何将宏转化为模块，以及模块的创建过程。通过本节的学习，可以完成如表 9-1 所示的任务并掌握相应的知识点。

表 9-1　模块的任务和知识点

任　　务	涉及的知识点
将宏"打开只读窗体"转换为 VBA 模块	模块基本概念及模块的创建过程

9.1.1　模块的定义与功能

模块通过 Visual Basic for Application(VBA)代码进行组织，是 Access 数据库中用于存储和管理 VBA 代码的重要工具。

1. 模块的定义

模块是将 Visual Basic 声明、语句和过程作为一个单元进行存储的集合，存储在 Access 数据库中。

(1) 声明部分：定义变量、常量、自定义类型和外部过程。在模块中，声明部分与过程部分是分割开来的。在声明部分中，如果设定的常量或变量是全局性的，那么该变量或常量可以被模块中的所有过程调用。

(2) 语句和过程部分：这是一种自动执行的过程，包括函数和过程，用来对用户或程序代码启动的事件或系统触发的事件作出响应。

2. 模块的主要功能

(1) 维护数据库：模块允许用户通过编写 VBA 代码来维护数据库。例如，用户可以编写代码来更新、删除或插入数据，以及执行其他数据库操作。

(2) 创建自定义函数：模块允许用户创建自定义函数，以执行特定的计算或操作。这些自定义函数可以接收参数，并返回结果，从而简化代码的编写和重用。

(3) 显示错误提示：模块可以包含错误处理代码，用于检测和显示错误信息。这有助于用户了解程序运行时发生的问题，并提供相应的解决方案。

(4) 执行系统级的操作：模块可以执行系统级的操作，如处理文件、使用动态数据交换(DDE)和调用 Windows 系统函数。这使得模块在处理复杂任务时更加灵活和强大。

9.1.2　模块的分类

Access 有两种类型的模块：类模块和标准模块。

1. 类模块(Class Module)

类模块是用于定义新对象的模块。在类模块中，用户可以定义对象的属性和方法，这些属性和方法将成为该对象的组成部分。类模块可以单独存在，也可以与窗体或报表相关联，这意味着用户可以在窗体或报表的事件过程中使用类模块中定义的属性和方法。

类模块有三种基本形式：窗体类模块、报表类模块和自定义类模块。为窗体或报表创建第一个事件过程时，Access 将自动创建与之关联的窗体或报表模块。单击"表单设计"或者"报表设计"选项卡"工具"组中的"查看代码"图标，可以查看窗体或报表中的类模块。

2. 标准模块(Standard Module)

标准模块包含 Sub 和 Function 过程，可以供整个数据库使用，而不仅限于特定的窗体或报表。标准模块通常用于存储通用的代码，如数据验证、计算和数据处理等。

在标准模块中，引用窗体控件的格式为

[Forms]![窗体名称]![控件名称]

引用报表控件的格式为

[Reports]![报表名称]![控件名称]

引用当前窗体或报表控件时，引用的格式简化为

Me.[控件名称]

9.1.3　将宏转化为 VBA 代码

在 Access 中，可以将宏看作一种简化的编程语言，Access 宏提供了 VBA 可用命令的子集，一般认为生成宏比编写 VBA 代码容易。例如，向窗体添加一个命令按钮，可以将按钮的"OnClick"单击事件与一个宏关联，该宏可以包含按钮每次被单击时执行的操作。

【例 9-1】　将名为"打开只读窗体"的宏转换为 VBA 模块。

基本操作步骤如下：

(1) 在导航窗格中鼠标右击"打开只读窗体"宏，选择"设计视图"，打开宏生成器。

(2) 单击"宏设计"选项卡"工具"组中的"将宏转换为 Visual Basic 代码"图标。

将宏转换为 VBA 模块

(3) 在"转换宏"对话框中，指定是否要将错误处理代码和注释添加到 VBA 模块，然后单击"转换"按钮。Access 随即打开 Visual Basic 编辑器。

(4) 在"工程"窗格或者左侧导航窗格的"模块"中双击被转换的宏，查看和编辑模块。

转换后的 VBA 模块代码如下：

```
Function 打开只读窗体()
On Error GoTo 打开只读窗体_Err
    DoCmd.OpenForm "学生档案", acNormal, "", "", acReadOnly, acNormal
```

```
            Beep
            MsgBox "只读模式不提供编辑功能", vbOKOnly, ""
打开只读窗体_Exit:
            Exit Function
打开只读窗体_Err:
            MsgBox Error$
            Resume  打开只读窗体_Exit
End Function
```

在转换过程中，可转换的内容包括程序代码、错误处理、注释等，每次转换均会产生新模块，内含一个转换完成的程序。因此，如果执行多次转换，就会产生多个模块。表 9-2 给出了宏操作及转换后对应的结果。

常见宏操作与 VBA
语句对照表

表 9-2　宏操作与转换后对应的结果

宏操作	转换后的 VBA 代码
MessageBox	MsgBox 函数或语句
RunApplication	Shell 函数
SendKeys	SendKeys 语句
RunCode	Call 及程序名称
SetValue	与 Let 语句功能类似或使用等号设定数据，如"D=Now()"，其中 D 为变量
AddMenu	无对应函数或语句
StopAllMacros	End
StopMacro	Exit Function
RunMenuCommand	RunCommand

9.1.4　创建模块的方法

在 VB 编辑器中可以创建标准模块、类模块和过程。在 Access 中，主要有以下三种进入 VB 编辑器的方法：

(1) 单击"数据库工具"选项卡"宏"组中的"Visual Basic"图标。

(2) 按下 Alt＋F11 组合键。

(3) 单击"创建"选项卡"宏与代码"组中的"Visual Basic"图标。

进入 VB 编辑器之后，选择"插入"菜单中的"过程""模块"或者"类模块"选项，即可添加相应的模块。

本节介绍了模块的基本概念和分类，创建模块的主要方法。

Access 的每一条宏操作都可以转换为等效的 VBA 代码，转换为 VBA 代码之后，就可以在 VB 编辑器中查阅或者修改 VBA 代码了。

9.2 VBA 程序设计基础

本节介绍 Access 模块编程环境、VBA 编程的基本方法。通过本节的学习，可以完成如表 9-3 所示的任务并掌握相应的知识点。

表 9-3　创建查询的任务和知识点

任　　务	涉及的知识点
声明一个名为 Student 的自定义数据类型	VBA 的常量和变量的定义
定义变量为 Student 自定义数据类型，并向该变量赋值	VBA 变量的定义和赋值
创建名为"自定义对话框"的模块，使用 MsgBox()函数显示一个对话框	MsgBox()函数的使用
创建"计算正方形面积"模块，使用 InputBox()函数显示对话框，用于接收边长数据，计算并显示该边长的正方形面积	InputBox()函数的使用

9.2.1　VB 编辑器

VB 编辑器(Visual Basic Editor, VBE)是编辑 Visual Basic 程序代码的环境，如图 9-1 所示。

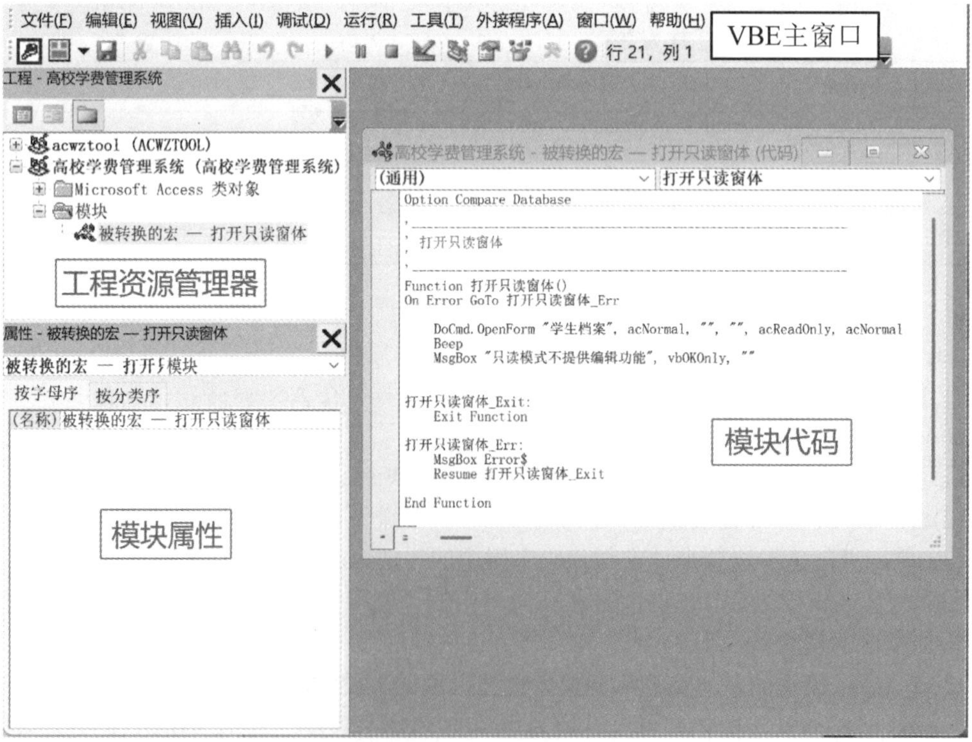

图 9-1　VB 编辑器

1. VBE 特性

(1) VBE 提供的开发环境存在于宿主应用程序外的多文档界面(MDI)窗口中。所谓 MDI，就是在开发时可以同时显示多个窗体，这给程序开发带来了便利。

(2) VBE 提供了可视化编程环境，可以快速地在工程中定位、编辑、运行代码。

(3) VBE 包含有完整的调试工具，可单步执行代码、设置断点和监视点。

2. VBE 主要的操作界面

(1) 菜单栏：包含了绝大多数命令，供用户选择执行。Visual Basic 有两种类型的菜单：

① 内建菜单，显示在窗口顶端的菜单栏中，每个菜单名称都会有些相应的子菜单或者命令，如"编辑"菜单包含用来编辑代码时用到的命令；

② 快捷菜单，在对象上右击鼠标或按下 Shift + F10 组合键时出现，快捷菜单内包含常用的操作命令。

(2) 工具栏：默认情况下，标准工具栏显示在菜单栏下方，其他工具栏则被隐藏起来。单击"视图"|"工具栏"|"自定义"菜单，打开自定义对话框，在"工具栏"选项卡中勾选相应的工具栏，或者单击"新建"按钮，创建自定义工具栏。

(3) 工程资源管理器：显示工程的一个分层结构列表，用于管理 VBA 工程项目。VBE 将每个工作簿视为一个工程，在 Access 中打开的所有窗体都集中在工程资源管理器中进行管理。工程资源管理器是一个浏览及管理的工具，不能建立应用程序，但可以增加模块代码。打开工程资源管理器的快捷键为 Ctrl + R 组合键。

(4) 模块属性窗口：主要用于设置对象的属性值。属性窗口会根据所选择的窗体、控件、类、工程或模块给出属性列表。属性窗口左边显示属性名，右边显示属性值。打开属性窗口的快捷键为 F4 键。

(5) 模块代码窗口：编写模块代码的区域。每个模块都有一个关联的代码窗口。在"工程资源管理器"中双击模块名，可打开关联的代码窗口。

(6) 本地窗口：自动显示所有在当前过程中的变量声明及变量值。

(7) 立即窗口：用于程序的调试，在调试程序时可以显示调试的过程。

(8) 用户窗体：应用程序最终面向用户的窗口，显示应用程序的运行结果，如自定义对话框。

(9) 工具箱：由若干个工具图标组成，这些图标是 Visual Basic 应用程序的构件，称为图形对象或控件，可以添加到窗体、框架或页面中。

9.2.2　VBA 编程基础

1. 数据类型

VBA 的数据类型可以分为数值数据类型、布尔数据类型、日期数据类型、字符数据类型、对象数据类型、变体数据类型和用户自定义数据类型。如表 9-4 所示，不同的数据类型所占用的内存空间和表示的数值范围是不同的。

表 9-4　VBA 的数值数据类型

数值类型	占用字节数	表示的数值范围
Byte	1	0～255
Integer	2	−32768～32767
Long	4	−2 147 483 648～2 147 483 647
Single	4	负数从−3.402823E38～−1.401298E − 45 正数从 1.401298E − 45～3.402823E38
Double	8	负数从−1.797 693 134 862 32E308～−4.940 656 458 412 47E − 324 正数从 4.940 656 458 412 47E − 324～1.797 693 134 862 32E308
Currency	8	−922 337 203 685 477.5808～922 337 203 685477.5807
Boolean	2	True 或 False(0)
Date	8	公元 100 年 1 月 1 日～公元 9999 年 12 月 31 日
String	不固定	可变长字符串：约 20 亿个字符； 定长字符串：1～64 KB 个字符
Object	4	对象
Variant	不固定	数字或字符串

1) 数值数据类型

数值数据类型分为字节型(Byte)、整型(Integer)、长整型(Long)、单精度浮点型(Single)、双精度浮点型(Double)和货币型(Currency)。

2) 布尔数据类型(Boolean)

布尔数据类型只有 True 和 False 两个值，支持布尔数据的逻辑与、或、非等运算。将其他数值类型转换为布尔数据类型时，0 转换为 False，其余值均转换为 True；将布尔数据类型转换为其他数值类型时，False 转换为 0，True 转换为 1。

3) 日期数据类型(Date)

日期数据类型以 64 位浮点数值形式存储。日期数据类型表示的范围为公元 100 年 1 月 1 日至公元 9999 年 12 月 31 日，时间从 0:00:00 至 23:59:59。日期和时间变量分别按照 Windows 短日期和时间格式显示。将其他数值类型转换为时间类型时，整数部分表示日期，小数部分表示时间，负整数表示公元 1899 年 12 月 31 日前的日期。日期数据类型用一对#号括起来表示。

4) 字符数据类型(String)

字符数据类型有两种：可变长字符串和定长字符串。可变长字符串最多包含约 20 亿个字符，定长字符串最多包含约 64 KB 个字符。字符数据类型用一对双引号括起来表示。

5) 对象数据类型(Object)

对象类型变量占 4 个字节，可以赋值为任何对象的引用。

6) 变体数据类型(Variant)

变体数据类型的变量所代表的数据类型不是确定的，可以成为任何类型的变量。变体数据类型的变量可以存储特殊值，如 Empty、Error、Nothing、Null 等。

7) 用户自定义数据类型

用户自定义数据类型可以包含多个不同类型的元素，每个元素都有其自己的名称和数据类型。通过定义用户自定义数据类型，用户可以更有效地组织和处理数据。

用户自定义数据类型的定义语法如下：

[{Private | Public}] Type　自定义数据类型名称

　　元素 1[([索引下界　To] 索引上界)]　　[As 类型]

　　元素 2[([索引下界　To] 索引上界)]　　[As 类型]

End Type

用户自定义数据类型的定义通常放在模块的声明部分，以便在整个模块中使用。在定义了用户自定义数据类型后，用户可以声明该类型的变量，并使用点运算符(.)访问其元素。

【例 9-2】创建名为"声明自定义变量"的模块，声明一个名为 Student 的用户自定义数据类型，该数据类型包含三个元素：Name、Sex 和 Score。

声明自定义
变量模块

基本操作步骤如下：

(1) 单击"创建"选项卡"宏与代码"组中的"Visual Basic"图标。

(2) 进入 VB 编辑器之后，选择"插入"菜单中的"模块"选项。

(3) 输入以下语句：

```
Type Student
    Name As String
    Sex As String
    Score As Integer
End Type
```

(4) 保存模块并命名为"声明自定义变量"。

2. 常量

常量是指在程序运行过程中始终固定不变的量。在 VBA 编程中，常量用于存储不变的值，例如 π(圆周率)或税率等。声明常量时，需要指定常量的名称、数据类型和初始值。一旦声明并赋值后，常量的值就不能被修改。

声明常量的语法如下：

[{Public | Private}] Const　常量名称　[As 类型] = 表达式

例如，将数值 3.141 592 653 589 79 赋予单精度浮点型常量 ConPI 的语句是：

```
Const ConPI As Single = 3.14159265358979
```

在声明常量时，可以使用 As 关键字指定常量的数据类型。如果省略 As 关键字，则 VBA 会根据表达式的类型自动推断常量的数据类型。常量的名称必须符合 VBA 的命名规则，即以字母开头，不能包含空格、标点符号或特殊字符，且长度不能超过 255 个字符。

3. 变量

变量是指在程序运行过程中其值可以变化的量。在 VBA 代码中声明和使用指定的变量存储值、计算结果或操作数据库中的任意对象。在程序中使用访问运算符"."存取变量的

各个元素。

1) 变量名命名原则

为了编写方便，提高可读性和可维护性，应该为变量赋予一个有意义的名称。变量的命名原则包括：

(1) 变量名必须以英文字母开头。

(2) 不能包含嵌入的空格、句点或类型声明字符。

(3) 变量名的长度不能超过 255 个字符，且变量名不区分大小写。

(4) 不能在作用域中使用重复的变量名。

(5) 不能与系统定义常量或固有常量相同。系统定义常量有三个：True、False 和 Null。固有常量通常是以 ac 或 vb 开头，如 vbOk、vbYes、vbNo 等。

2) 数组变量

用一个数组表示一组具有相同数据类型的值，格式为数组变量名(数组的维数)，如 AllStudent(40)。定义数组变量之后，既可以引用整个数组，也可以引用数组中的个别元素，如 AllStudent(0)。

数组元素的下标下限值默认为 0，数组元素个数等于维数加一。如 AllStudent(40) 数组包含了 AllStudent(0), AllStudent(1), …, AllStudent(40)共 41 个元素。

---

3) 声明变量的语法

声明变量的语法如下：

Public 变量名[数组的维数] [As 数据类型]

Private 变量名[数组的维数] [As 数据类型]

Static 变量名[数组的维数] [As 数据类型]

Dim 变量名[数组的维数] [As 数据类型]

Public 和 Private 用于声明全局变量，可以在类中使用。Public 和 Private 的区别在于：Public 声明公共变量，如果在模块中声明，那么整个应用程序都能使用；如果在类中声明，那么该变量是一个共有属性；Private 声明私有变量，如果在模块中声明，那么只有这个模块可以访问该变量，如果在类中声明，那么该变量是一个私有属性。

Static 和 Dim 仅在 Sub 或者 Function 过程内部使用，它们所声明的变量都只能在过程内部被访问。Dim 和 Static 的区别在于：Static 声明静态变量，即使过程结束，该变量所占的内存也不会被释放，再次调用过程时，该变量的值依然存在；Dim 声明动态变量，一旦过程结束，将释放该变量所占的内存，因而该变量储存的数据就会被破坏。

相比之下，Public 和 Static 都有保留数据不被破坏的作用，但是 Public 适合于所有过程都可以访问的变量，适用于窗体之间数值的传递，而 Static 声明的变量只能在该过程中被访问。

如果声明语句没有[As 数据类型]子句，那么所声明的变量默认为变体类型。

【例 9-3】 创建名为"定义自定义变量"的模块，用 Dim 声明变量

定义自定义
变量模块

MyStudent 为例 9-2 的 Student 类型，并向该变量赋值为张三丰、男、218。

基本操作步骤如下：

(1) 单击"创建"选项卡"宏与代码"组中的"Visual Basic"图标，打开 VB 编辑器。

(2) 选择"插入"菜单中的"模块"选项。

(3) 输入以下语句：

```
Public Sub mod3 ()              '子程序 Sub
Type Student
     Name As String             '声明变量之后，字符串的初始值为零长度字符串 ("")
     Sex As String
     Score As Integer           '声明变量之后，数值变量的初始值为 0
End Type
Dim MyStudent As Student
     MyStudent .Name = "张三丰"
     MyStudent.Sex = "男"
     MyStudent.Score = 218
End Sub
```

(4) 保存模块并命名为"定义自定义变量"。

4. 对话框

VBA 提供了两个对话框函数，分别是 MsgBox()和 InputBox()。这两个函数在 VBA 编程中经常使用，可以提高程序的交互性和可操作性。

1) MsgBox ()函数

MsgBox()函数用于显示一个对话框，其中包含信息、警告或询问，并根据用户的选择返回一个值。基本语法如下：

MsgBox(信息[, 风格][, 标题])

"信息"是指显示给用户的字符串信息文本，即显示在对话框中的内容；"风格"是指对话框显示的按钮类型和图标选项的组合方式；"标题"是指对话框顶部的字符串信息。

对话框显示的按钮类型参数如表 9-5 所示。

表 9-5　MsgBox 对话框的风格参数(按钮类型)

按钮类型	数值	说　　明
vbOkOnly	0	只显示"确定"按钮
vbOkCancel	1	显示"确定"和"取消"按钮
vbAbortRetryIgnore	2	显示"中止""重试"和"忽略"按钮
vbYesNoCancel	3	显示"是""否"和"取消" 按钮
vbYesNo	4	显示"是"和"否"按钮
vbRetryCancel	5	显示"重试"和"取消"按钮

对话框显示的图标选项参数如表 9-6 所表示。

表 9-6   MsgBox 的风格参数(图标选项)

图标选项	数值	说　明
vbCritical	16	显示"STOP"图标
vbQuestion	32	显示"？"图标
vbExclamation	48	显示"！"图标
vbInformation	64	显示"i"图标

【例 9-4】 创建名为"自定义对话框"的模块，使用 MsgBox()函数显示一个对话框，如图 9-2 所示。

自定义对话框模块

图 9-2   MsgBox 对话框

基本操作步骤如下：

(1) 单击"创建"选项卡"宏与代码"组中的"Visual Basic"图标，打开 VB 编辑器。

(2) 选择"插入"菜单中的"模块"选项。

(3) 输入以下语句：

```
Public Sub mbox ()
    Dim a As Integer
    a = MsgBox ("MsgBox 实例", vbYesNo + vbInformation, "自定义对话框")
End Sub
```

(4) 保存模块并命名为"自定义对话框"。

MsgBox()函数的返回值是一个整数，表示用户点击了哪个按钮。根据这个返回值，程序可以作出相应的判断和操作。MsgBox()的返回值如表 9-7 所示。

表 9-7   MsgBox ()的返回值

返回常数	数值	用户按钮
vbOk	1	确定
vbCancel	2	取消
vbAbort	3	中止
vbRetry	4	重试
vbIgnore	5	忽略
vbYes	6	是
vbNo	7	否

2) InputBox ()函数

InputBox()函数用于显示一个输入框，允许用户输入数字、中/英文字符等内容。基本语法如下：

> InputBox (提示信息 [, 标题])

InputBox()函数的返回值是输入的内容，默认为文本数据类型。程序可以根据这个返回值进行相应的处理和操作。

文本输入框模块

【例 9-5】　创建名为"计算正方形面积"的模块，使用 InputBox() 函数显示输入框，用于接收边长数据，计算并显示该边长的正方形面积。输入框和计算结果如图 9-3 和图 9-4 所示。

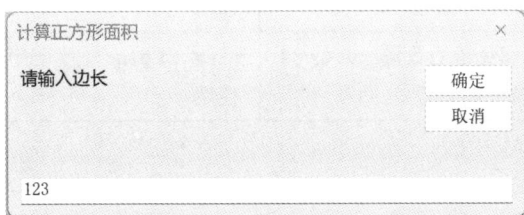

图 9-3　InputBox 对话框　　　　　图 9-4　正方形面积计算的运行结果

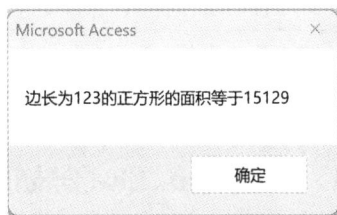

基本操作步骤如下：

(1) 单击"创建"选项卡"宏与代码"组中的"Visual Basic"图标，打开 VB 编辑器。

(2) 选择"插入"菜单中的"模块"选项。

(3) 输入以下语句：

```
Public Sub area ()
    Dim b As Long, s As Long              '定义长整型变量 b 和 s
    b = InputBox ("请输入边长", "计算正方形面积")
    s = b * b
    MsgBox ("边长为" & b & "的正方形的面积等于" & s)
End Sub
```

(4) 保存模块并命名为"计算正方形面积"。

本节介绍了 VB 编辑器(VBE)、VBA 数据类型、声明语句的语法及其使用方法，通过示例介绍了声明、MsgBox()函数和 InputBox()函数的使用方法。

9.3　VBA 程序流程控制

程序流程控制包括了顺序结构、选择结构和循环结构。本节重点介绍 VBA 选择和循环控制语句。通过本节的学习，可以完成如表 9-8 所示的任务并掌握相应的知识点。

表 9-8　VBA 流程控制的任务和知识点

任　务	涉及的知识点
创建名为"判断闰年"的模块。使用 InputBox()函数显示输入框，用于接收查询的年份，判断并显示该年份是否为闰年	If…Then…Else 分支语句的使用
创建名为"判断成绩等级"的模块。显示一个系统随机产生 0～100 的整数，然后根据该随机数按照如下规则评定等级：数值大于等于 85 为"优秀"，介于 75～85 之间为"良好"，介于 60～75 之间为"合格"，小于 60 为"不合格"	Select Case 多分支语句的使用
创建名为"求 2 的 N 次方"的模块。使用 InputBox()函数显示输入框，用于接收次方数 N，计算 2^N 并显示结果	For…Next 循环语句的使用
创建名为"求动物数量"的模块。已知小鸡和兔子的数量一共是 34 只(头)，脚的总数是 100 只，分别求出小鸡和兔子的数量	Do…Loop 循环语句的使用

9.3.1　If…Then…Else 分支语句

If…Then…Else 语句是 VBA 中用于条件判断和分支执行的语句。它根据条件表达式的结果，有条件地执行一组语句：当条件表达式的结果为 True(非零)时，执行 Then 子句后的语句 1；当条件表达式的结果为 False(零)时，执行 Else 子句后的语句 2，如果不存在 Else 子句，则不执行任何语句。

If …Then… Else 语句的基本语法如下：

```
If 条件表达式 Then 语句 1
[Else
    语句 2]
End if
```

If …Then… Else 语句以 If 子句开始，并以 End If 子句结束。同时，条件表达式可以是任何返回 True 或 False 的表达式，如比较运算符(=、<、>、<=、>=、<>)的结果，或者逻辑运算符(And、Or、Not)的组合。

【例 9-6】 创建名为"判断闰年"的模块。该模块的功能是：使用 InputBox()函数显示输入框，用于接收查询的年份，判断并显示该年份是否为闰年。输入框和判断结果如图 9-5 和图 9-6 所示。

If 分支语句的使用

图 9-5　InputBox 对话框

图 9-6　闰年判断的运行结果

基本操作步骤如下：

(1) 单击"创建"选项卡"宏与代码"组中的"Visual Basic"图标，打开 VB 编辑器。

(2) 选择"插入"菜单中的"模块"选项。

(3) 输入以下语句：

```
Public Sub leapyear ()
    Dim A As Long
    A = InputBox ("请输入查询的年份", "闰年判断")
    If (A Mod 4 = 0 Or A Mod 400 = 0) Then
        MsgBox (Str (A) + "年是闰年。")
    Else
        MsgBox (Str (A) + "年不是闰年! ")
    End If
End Sub
```

(4) 保存模块并命名为"判断闰年"。

9.3.2　Select Case 多分支语句

Select Case 语句是 VBA 中用于多分支选择执行的语句。它根据表达式的值，运行若干组语句中的某一组。Select Case 语句通常用于处理多个条件分支的情况，比多个 If…Then…Else 语句更加简洁和易于维护。

Select Case 语句的基本语法如下：

```
Select Case  表达式
    Case  表达式表 1
        语句组 1
        …
    [Case Else
        [语句组 n+1]]
End Select
```

Select Case 语句中的表达式是用于判断的值，可以是变量、常量或表达式。Case 表达式表用于指定与表达式匹配的值或值范围。如果表达式的值与某个 Case 表达式表匹配，则执行相应的语句组。如果表达式的值与所有 Case 表达式表都不匹配，则执行 Case Else 子句后的语句组(如果存在)。

Select Case 语句可以包含多个 Case 表达式表，每个 Case 表达式表可以指定一个值或一个值范围。值范围可以使用 To 关键字指定，如 Case 1 To 100 表示匹配 1 到 100 之间的所有值。此外，Case 表达式表还可以使用逗号分隔多个值，如 Case 2, 4, 6 表示匹配 2、4 或 6。

【例 9-7】 创建名为"判断成绩等级"的模块。该模块的功能是显示一个系统随机产生 0～100 的整数，然后根据该随机数按照如下规则评定等级：85～100 分为"优秀"，75～84 之间为"良好"，60～74 之间

Select Case 多分支
语句的使用

为"合格"，小于 60 为"不合格"。随机数显示和判断结果如图 9-7 和图 9-8 所示。

图 9-7   显示随机数的对话框   图 9-8   等级判断结果的对话框

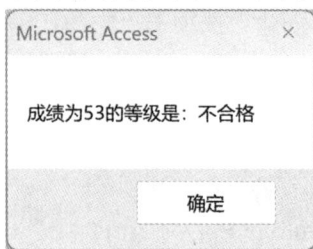

基本操作步骤如下：

(1) 单击"创建"选项卡"宏与代码"组中的"Visual Basic"图标，打开 VB 编辑器。

(2) 选择"插入"菜单中的"模块"选项。

(3) 输入以下语句：

```
Public Sub gdez ()
        Dim b As Byte
        Dim p As String
        p = Rnd () * 100        'Rnd ()函数产生一个 0～1 的随机数
        MsgBox ("产生的随机数是：" & b)
        Select Case b
        Case 85 To 100
            p = "优秀"
        Case 75 To 84
            p = "良好"
        Case 60 To 74
            p = "合格"
        Case Else
            p = "不合格"
        End Select
        MsgBox ("成绩为" & b & "的等级是：" & p)
End Sub
```

(4) 保存模块并命名为"判断成绩等级"。

9.3.3   For...Next 循环语句

For…Next 循环语句是 VBA 中用于重复执行一组语句的语句。它将一组语句重复执行指定次数，通过循环变量从初值递增到终值，每次循环都会执行一次语句组。循环变量在每次循环后都会自动增加步长值(默认为 1)，直到循环变量的值超过终值时循环结束。

For...Next 语句的基本语法如下：

```
For 循环变量 [As 数据类型] = 初值 To 终值 [Step 步长]
    [语句组]
```

[Exit For]

Next [循环变量]

For...Next 语句以 For 子句开始，并以 Next 子句结束。同时，循环变量是用于控制循环次数的变量，其数据类型可以是任何数值类型。初值和终值分别指定了循环变量的起始值和结束值。步长用于指定每次循环后循环变量的增加量，可以是正数或负数，但不能为 0，以免导致死循环。循环体执行的次数为 Int((终值 − 初值)/步长) + 1。

如果需要提前退出 For...Next 循环，则可以使用 Exit For 语句。Exit For 是可选语句，可在循环体内强制跳出 For 循环体，并执行 Next 语句之后的下一条语句。

For...Next 循环
语句的使用

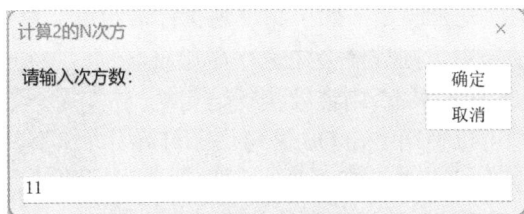

【例 9-8】　创建名为"求 2 的 N 次方"的模块。该模块的功能是：使用 InputBox()函数显示输入框，用于接收次方数 N，计算 2^N 并显示结果。输入框和计算结果如图 9-9 和图 9-10 所示。

图 9-9　InputBox 对话框

图 9-10　运行结果

基本操作步骤如下：

(1) 单击"创建"选项卡"宏与代码"组中的"Visual Basic"图标，打开 VB 编辑器。

(2) 选择"插入"菜单中的"模块"选项。

(3) 输入以下语句：

```
Public Sub npower ()
    Dim n, t, p As Long        '分别保存次方数、循环指针和计算结果
    p = 1
    n = InputBox ("请输入次方数：", "计算 2 的 N 次方")
    For t = 1 To n
        p = p * 2
    Next t
    MsgBox ("计算 2 的" & n & "次方结果是：" & p)
End Sub
```

(4) 保存模块并命名为"求 2 的 N 次方"。

9.3.4　Do...Loop 循环语句

Do...Loop 循环语句是 VBA 中用于重复执行一组功能的语句。它根据指定的条件，重复执行一组语句。Do...Loop 语句的循环判断子句有两种形式，分别是 While 和 Until。While 表示条件为 True 时执行语句组，Until 则表示条件变为 True 之前执行语句组。

Do...Loop 语句的基本语法如下：

```
Do {While | Until} 条件
    [语句组]
    [Exit Do]
Loop
```

或者

```
Do
    [语句组]
    [Exit Do]
Loop {While | Until} 条件
```

Do...Loop 语句以 Do 子句开始，并以 Loop 子句结束。同时，条件是用于判断的值，可以是变量、常量或表达式。While 和 Until 子句用于指定循环的执行条件。如果 While 子句出现在 Do 子句中，则程序会先判断条件是否满足，如果满足则执行语句组，否则直接跳出循环体。如果 Until 子句出现在 Do 子句中，则程序会先执行语句组，然后再判断条件是否满足，如果满足则跳出循环体，否则继续执行语句组。

如果需要提前退出 Do...Loop 循环，则可以使用 Exit Do 语句。Exit Do 语句会立即结束循环，并继续执行 Loop 语句之后的代码。

Do...Loop 循环
语句的使用

【例 9-9】 创建名为"求动物数量"的模块。该模块的功能是：已知小鸡和兔子的数量一共是 34 只(头)，脚的总数是 100 只，分别求出小鸡和兔子的数量。计算结果如图 9-11 和图 9-12 所示。

图 9-11　运行结果—小鸡的数量　　　图 9-12　运行结果—兔子的数量

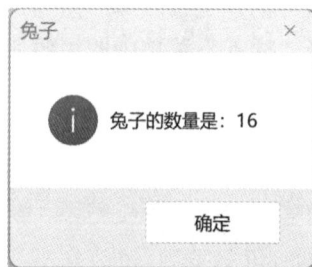

基本操作步骤如下：

(1) 单击"创建"选项卡"宏与代码"组中的"Visual Basic"图标，打开 VB 编辑器。

(2) 选择"插入"菜单中的"模块"选项。

(3) 输入以下语句：

```
Public Sub num ()
    Dim n, t As Byte        '分别保存小鸡的数量和动物脚的数量
    n = 0
    Do While n < 34
        t = n * 2 + (34 - n) * 4
        If t = 100 Then
            MsgBox "小鸡的数量是：" & n, vbInformation, "小鸡"
```

```
            MsgBox "兔子的数量是：" & 34 - n, vbInformation, "兔子"
        End If
        n = n + 1
    Loop
End Sub
```

(4) 保存模块并命名为"求动物数量"。

9.3.5　注释语句

注释语句在 VBA 编程中用于说明程序段的功能，提高程序的可读性。注释语句不会影响程序的执行，它们只是为了让其他程序员或未来的自己更容易理解代码的逻辑和目的。

在 VBA 中，注释语句可以使用单引号(')或 Rem 关键字。单引号注释通常放在代码行的末尾，用于对当前行或下一行代码进行简短的说明。Rem 注释则可以放在代码行的开头，用于对整个代码块进行详细的说明。

注释语句的基本语法如下：

1) 使用单引号

例如：

```
Mytxt1 ="Hello Kity"     '这是一个单引号注释语句
```

2) 使用 Rem

例如：

```
Mytxt2 ="Snoopy"     :Rem 注释在语句之后要用冒号隔开
```

在编写 VBA 代码时，良好的注释习惯是非常重要的。通过在代码中添加注释，可以帮助其他程序员更快地理解代码的逻辑和目的，也可以帮助未来的自己更快地回忆起代码的编写思路。注释还可以用于记录代码的修改历史和重要信息，以便在需要时进行参考。

本节通过四个示例介绍了常用的分支和循环语句的使用方法。对于基本的分支结构，可以使用 If … Then … Else 语句，在判断条件很多的情况下，使用 Select Case 语句能够更好地提高程序的可读性。在 Do … Loop 语句中，循环次数是未知的，如果 While 或 Until 子句出现在 Do 子句中，则属于先判断后执行，如果第一次判断条件不满足，则程序会直接跳出循环体；如果 While 或 Until 子句出现在 Loop 子句中，则属于先执行后判断，程序至少执行一次循环体内的语句之后，再判断是否满足循环的条件。在循环语句中，使用 While 子句表示当 While 后面的条件成立时，执行循环体内的语句组；使用 Until 了句表示当 Until 后面的条件成立时跳出循环体。

习　题　9

一、单选题

1. 以下关于模块功能的描述中，错误的是(　　)。

A. 维护数据库　　　　　　　　B. 创建自定义函数

C. 显示详细的错误提示　　　　　D. 执行用户级的操作

2. VBA 中的数据类型不包括(　　)。

A. 数值数据类型　　　　　　　　B. 布尔数据类型

C. 日期数据类型　　　　　　　　D. 24 小时制时间类型

3. 定义 VBA 变量的关键词不包括(　　)。

A. Public　　　　　B. Private　　　　　C. Set　　　　　　D. Dim

4. 下列关于模块的说法中，错误的是(　　)。

A. 窗体或报表控件中的程序代码都属于类模块

B. 类模块不能独立存在

C. 模块由声明、语句和过程组成

D. 标准模块包含通用过程和常用过程

5. 以下不是系统定义常量的是(　　)。

A. True　　　　　　B. False　　　　　C. Empty　　　　D. Null

6. 定义了二维数组 A(2 To 5，5)，该数组的元素个数为(　　)。

A. 20　　　　　　　B. 24　　　　　　　C. 25　　　　　　D. 36

7. 以下可以得到 "2*5=10" 结果的 VBA 表达式是(　　)。

A. "2*5" & "=" &2*5　　　　　　B. "2*5" + "=" +2*5

C. 2*5& "=" &2*5　　　　　　　D. 2*5+ "=" +2*5

8. 对于以下循环结构，正确的叙述是(　　)。

```
Do Until 条件
    循环体
Loop
```

A. 如果 "条件" 值为 0，则一次循环体也不执行

B. 如果 "条件" 值为 0，则只执行一次循环体

C. 如果 "条件" 值不为 0，则一次循环体也不执行

D. 不论 "条件" 是否为 "真"，至少要执行一次循环体

9. 以下程序段运行后，n 值是(　　)。

```
n=0
For  i = 1  To  3
    For  j= -4  To  -1
        n=n+1
    Next    j
Next  i
```

A. 0　　　　　　　　B. 3　　　　　　　C. 4　　　　　　D. 12

10. 在 VBA 代码调试过程中，能够显示出所有当前过程中变量声明及变量值信息的是(　　)。

A. 快速监视窗口　　B. 监视窗口　　　C. 立即窗口　　　D. 本地窗口

11. 合法的变量名是(　　)。

A. 789xyz　　　　　　B. vbYes　　　　　C. P12_　　　　　D. Dim

12. 不能转换成布尔值 True 的数值是(　　)。

A. 1　　　　　　　　B. 0　　　　　　　C. -1　　　　　　D. 0.1

13. 下面正确的赋值语句是(　　)。

A. X-Y=7　　　　　　B. A=C+20　　　　C. 3X=Y　　　　　D. Y*R=X*5

14. 下面不属于常量的是(　　)。

A. vbOk　　　　　　B. Null　　　　　　C. PI　　　　　　D. "abc"

15. 在 VBA 中定义符号常量，使用的关键字是(　　)。

A. Private　　　　　B. Public　　　　　C. Static　　　　　D. Const

16. 在 VBA 中，InputBox 函数返回值的默认数据类型是(　　)。

A. 字符或数值　　　　B. 数值　　　　　C. 字符　　　　　D. 变体

17. 程序的基本控制结构是(　　)。

A. 子过程结构和自定义函数结构

B. If … Then … Else 结构、Select Case 结构、For … Next 结构和 Do … Loop 结构

C. 顺序结构、选择结构和循环结构

D. 单行结构、多行结构和多分支结构

18. 下列程序的执行结果是(　　)。

```
a=75
If a>90 Then i=4
If a>80 Then i=3
If a>70 Then i=2
If a>60 Then i=1
Print　"i=", i
```

A. i=4　　　　　　　B. i=3　　　　　　C. i=2　　　　　　D. i=1

19. 下面程序段，循环的执行次数与执行结束后 k 的值是(　　)。

```
k=8
Do While k<=10
    k=k+2
Loop
```

A. 1，10　　　　　　B. 1，12　　　　　C. 2，10　　　　　D. 2，12

二、填空题

1. 模块可以分为＿＿＿＿＿＿＿和＿＿＿＿＿＿＿。

2. VBA 的数据类型可以分为＿＿＿＿＿＿数据类型、＿＿＿＿＿＿数据类型、＿＿＿＿＿＿数据类型、＿＿＿＿＿＿数据类型、＿＿＿＿＿＿数据类型、＿＿＿＿＿数据类型和＿＿＿＿＿＿数据类型。

3. 变量声明语句 Dim a 表示变量 a 是＿＿＿＿＿类型。

4. 在使用 Dim 语句定义数组时，在默认情况下数组下标的下限为＿＿＿＿＿。

5. 在 VBA 中，过程中参数的传递有两种方式：按＿＿＿＿＿传递和按＿＿＿＿＿传递。

6. 程序流程控制包括了_____结构、_____结构和_____结构。

7. 要求循环体执行 3 次后结束循环，补充完整程序段。

```
x=1
Do
x = x+2
Loop Until _____
```

8. 在窗体上有两个文本框和一个命令按钮 Command1，在命令按钮的代码窗口中编写如下事件过程，单击命令按钮，文本框 Text2 中显示的内容为_____。

```
Private Sub Command1_Click ()
    Text1 = "VB programing"
    Text2 = Text1
    Text1 = "ABCD"
End Sub
```

9. 下面程序段，循环的次数是_____。

```
For t = 2 to 10 step 2
    t = t + 2
Next i
```

三、简答题

1. 简述 VBA 中三种常见的循环语句。

2. 如何进行 VBA 出错处理？

第 10 章

高校学费管理系统

在数据库应用系统的开发过程中，系统的需求分析、数据模型的设计、数据库实现等是至关重要的开发环节。本章以"高校学费管理系统"的开发为例，介绍数据库应用系统开发的过程和系统集成的方法。本章将 Access 表、查询、窗体、报表、宏和模块对象进行了有机的融合，并应用于实际的管理过程，为高校财务管理和宿舍管理等部门提供了一套可行的数字化管理方案，也为其他行业数据库应用系统的开发提供了有益的借鉴作用。

网络课程平台中的"高校学费管理系统"是一个能够满足实际管理需求的数据库应用系统，将基础数据导入后，可以投入实际应用。

建议学习时间　　**理论 2 课时**

10.1　需 求 分 析

根据高等学校学生缴纳学费和住宿费行为的调查和分析，确定用户的需求和系统实现的管理目标，提出实施的可行性方案。

1. 可行性研究

随着数字化校园的不断推进，高等学校各管理职能部门也必然需要进行信息化，使管理工作更规范化、系统化、程序化，能够及时、准确、有效地管理数据。"高校学费管理系统"就是基于方便高校掌握学生费用的缴纳与欠款情况，易于数据查询和修改、核对账目、账目汇总分析而设计的，能够满足高校与银行批量划扣费用的管理要求，为高校日常业务提供全面的信息服务。

Excel 和 Access 各有所长，二者结合最完美：Excel 负责数据的输入和输出，Access 负责数据的存储和分析处理。本系统提供 Excel 电子表格与 Access 数据库的数据通道，方便用户在两个优秀的软件工具中有所侧重地操作使用。

2. 数据来源

任何管理系统都离不开数据信息。收集系统所需要的数据主要是根据用户提出的需求和实现的目标，围绕应用场景中的实际工作流程，提取并分类整理有用的数据。

"高校学费管理系统"主要进行高校学生学费和住宿费缴纳行为的数据分析。缴费行为包括了每一笔费用缴纳的明细情况、各项费用标准等数据信息；涉及的用户包括了高校学生、财务管理人员、收费银行等信息。

3. 研究目标

用户可以得到满足一定准则的数据结果，如：会计学专业的学生、未缴纳费用的学生、各类宿舍入住情况等；对缴纳的费用进行单个或批量缴纳处理、已缴纳数据的备份或删除；也可以生成诸如银行划扣费用统计报表等统计、分析结果并打印输出。

10.2   设计功能结构

高校学费管理
系统(完整版)

"高校学费管理系统"功能结构如图 10-1 所示。

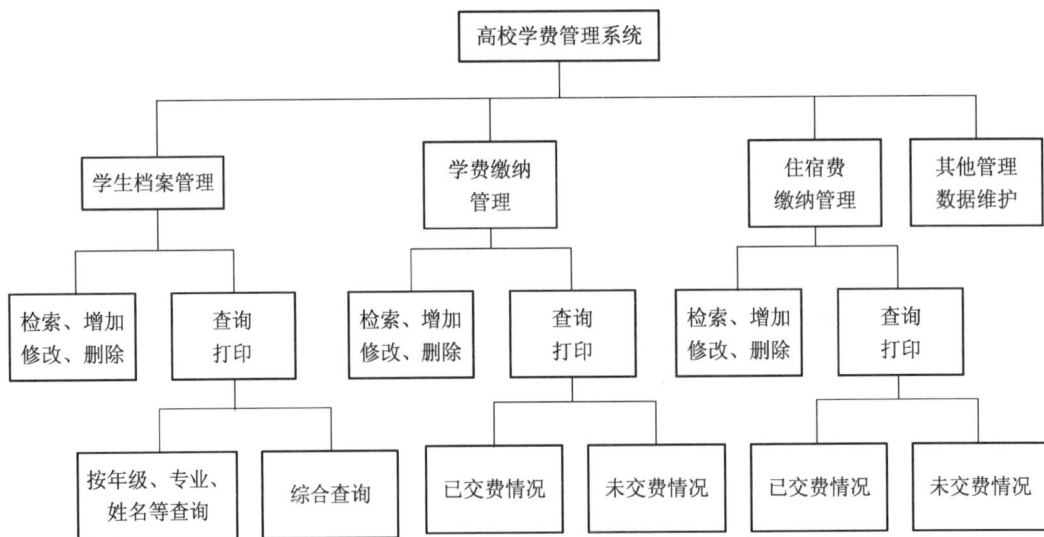

图 10-1   "高校学费管理系统"功能结构

10.3   设计表的结构

"高校学费管理系统"中主要的表结构及其表间关系如图 10-2 所示。

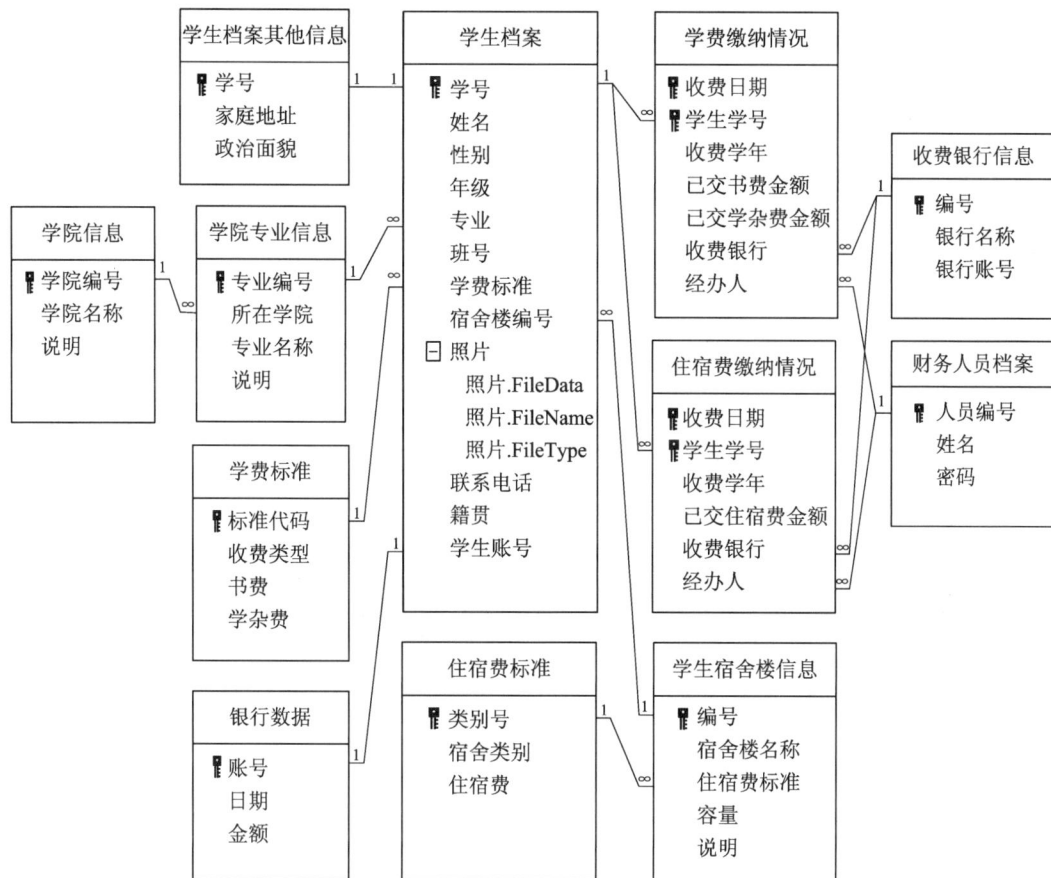

图 10-2　"高校学费管理系统"表结构及其表间关系

管理系统中主要的表结构如表 10-1～表 10-10 所示。

表 10-1　"学院信息"表结构

序号	字段名称	字段类型	字段大小	说　　明
1	学院编号	短文本	2	主键，输入掩码为 00
2	学院名称	短文本	20	
3	说明	长文本		

表 10-2　"学院专业信息"表结构

序号	字段名称	字段类型	字段大小	说　　明
1	专业编号	短文本	4	主键，输入掩码为 0000
2	所在学院	短文本	2	查阅列显示"学院信息"表"学院名称"字段值
3	专业名称	短文本	20	
4	说明	长文本		

表 10-3 "学费标准"表结构

序号	字段名称	字段类型	字段大小	说 明
1	标准代码	短文本	2	主键
2	收费类型	短文本	20	
3	书费	货币		格式：标准，小数位数：2
4	学杂费	货币		格式：标准，小数位数：2

表 10-4 "住宿费标准"表结构

序号	字段名称	字段类型	字段大小	说 明
1	类别号	短文本	2	主键
2	宿舍类别	短文本	20	
3	住宿费	货币		格式：标准，小数位数：2

表 10-5 "学生宿舍楼信息"表结构

序号	字段名称	字段类型	字段大小	说 明
1	编号	短文本	3	主键
2	宿舍楼名称	短文本	20	
3	住宿费标准	短文本	2	查阅列显示"住宿费标准"表"宿舍类别"字段值
4	容量	数字	整型	宿舍可容纳学生人数
5	说明	长文本		

表 10-6 "学生档案"表结构

序号	字段名称	字段类型	字段大小	说 明
1	学号	短文本	12	主键，输入掩码为 000000000000
2	姓名	短文本	10	有(有重复)索引
3	性别	短文本	1	从值列表(男、女)中取值，默认值为女
4	年级	短文本	4	由 4 位数字组成，输入掩码为 0000
5	专业	短文本	4	查阅列显示"学院专业信息"表"专业名称"字段值
6	班号	短文本	2	输入掩码为 09
7	学费标准	短文本	2	查阅列显示"学费标准"表"收费类型"字段值
8	宿舍楼编号	短文本	3	查阅列显示"学生宿舍楼信息"表"宿舍楼名称"字段值

续表

序号	字段名称	字段类型	字段大小	说　明
9	照片	附件		
10	联系电话	短文本	20	
11	籍贯	短文本	30	
12	学生账号	短文本	18	输入掩码为 000000000000000000

表 10-7　"收费银行信息"表结构

序号	字段名称	字段类型	字段大小	说　明
1	编号	短文本	2	主键
2	银行名称	短文本	20	
3	银行账号	短文本	18	输入掩码为 000000000000000000

表 10-8　"财务人员档案"表结构

序号	字段名称	字段类型	字段大小	说　明
1	人员编号	短文本	2	主键
2	姓名	短文本	10	
3	密码	短文本	10	输入掩码为密码

表 10-9　"学费缴纳情况"表结构

序号	字段名称	字段类型	字段大小	说　明
1	收费日期	日期/时间		"收费日期"和"学生学号"构成复合主键，格式：长日期，验证规则：不得超过系统日期，验证文本：收费日期不能在今日之后！
2	学生学号	短文本	12	输入掩码为 000000000000
3	收费学年	短文本	4	输入掩码为 0000，有(有重复)索引
4	已交书费金额	货币		格式：标准，小数位数：2
5	已交学杂费金额	货币		格式：标准，小数位数：2
6	收费银行	短文本	2	查阅列显示"收费银行信息"表"银行名称"字段值
7	经办人	短文本	2	查阅列显示"财务人员档案"表"姓名"字段值

表 10-10 "住宿缴纳情况"表结构

序号	字段名称	字段类型	字段大小	说　明
1	收费日期	日期/时间		"收费日期"和"学生学号"构成复合主键，格式：长日期，验证规则：不得超过系统日期，验证文本：收费日期不能在今日之后！
2	学生学号	短文本	12	输入掩码为 000000000000
3	收费学年	短文本	4	输入掩码为 0000
4	已交住宿费金额	货币		格式：标准，小数位数：2
5	收费银行	短文本	2	查阅列显示"收费银行信息"表"银行名称"字段值
6	经办人	短文本	2	查阅列显示"财务人员档案"表"姓名"字段值

10.4　功 能 实 现

10.4.1　建立和维护表

1. 创建表

以"学生档案"表和"学费缴纳情况"表为例，介绍 Access 表的查阅向导、计算字段、多值字段、附件字段和日期/时间字段的创建。

使用 Access 的查阅向导功能，当用户新增数据的时候，既可以通过单击该字段单元格右侧的下拉列表选择列表中的选项，也可以通过键盘直接输入字段值，结果如图 10-3 所示。

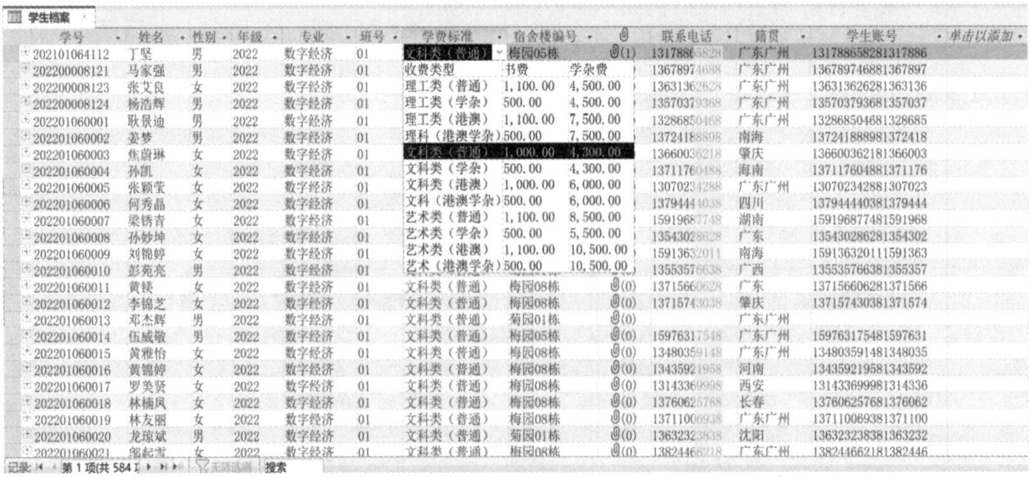

图 10-3　"学生档案"数据表视图中显示为组合框的字段

在"学生档案"表的数据表视图下，附件数据类型字段的显示结果如图 10-4 所示。

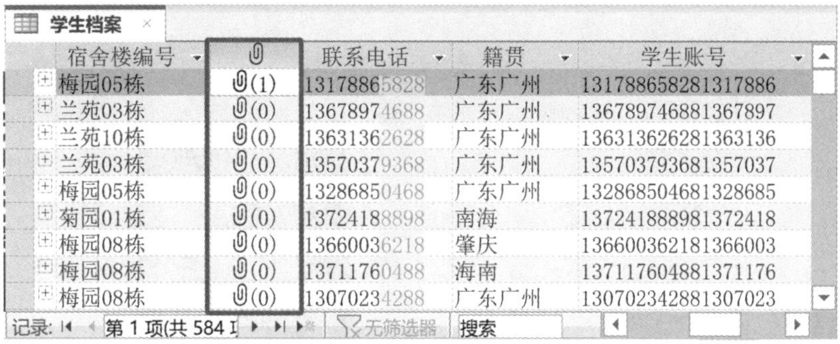

图 10-4　"学生档案"数据表视图中的附件数据类型字段

2．建立表间关系

Access 表间关系的创建有以下两种方法：

(1) 设置 Access 表的查阅向导字段。设置完毕后，存在关联的两个表会自动添加一条关系连接线。

(2) 单击"数据库工具"选项卡"关系"组中的"关系"图标。在关系视图中添加数据库中各表的关系连线并设置连接线的属性。

10.4.2　学生档案管理

"学生"在"高校学费管理系统"的设计中是关键的数据信息，在数据库中以"学生档案"表来存储，并通过查询、窗体、报表、模块等数据库对象的设计实现对学生信息的维护。

学生档案管理
模块的实现

1．学生档案的基本处理

学生档案的基本处理包括了对学生档案信息的浏览、增加、删除、编辑、排序、筛选、搜索、打印等操作。"高校学费管理系统"中"学生档案"表数据基本处理的窗体和报表通过"快速创建"方式产生，运行结果如图 10-5 和图 10-6 所示。

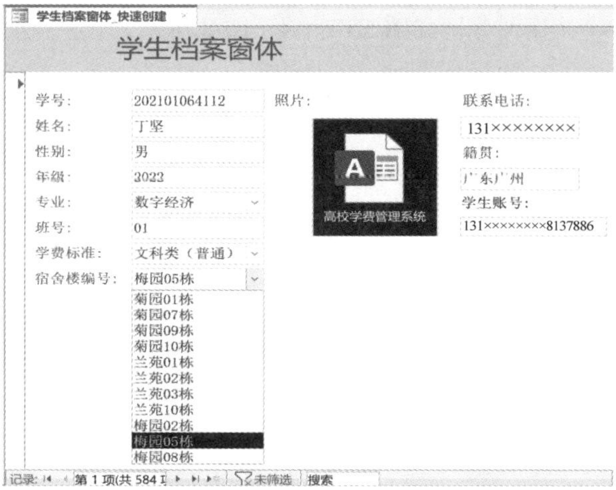

图 10-5　"学生档案窗体"运行结果

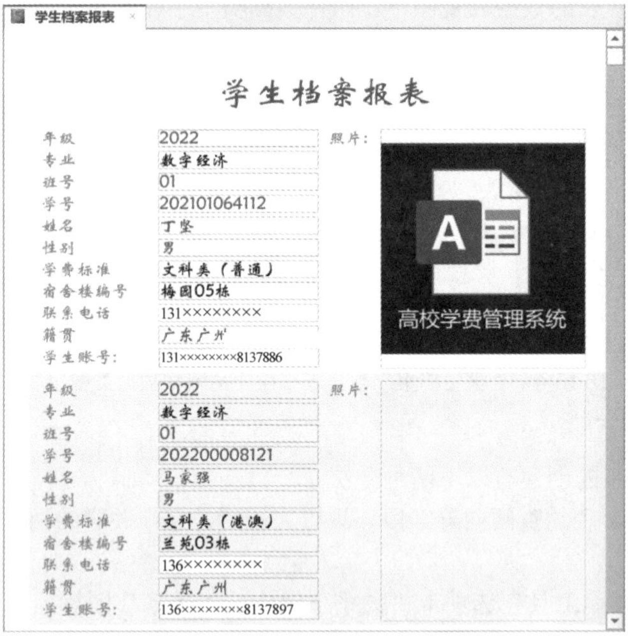

图 10-6 “学生档案报表”运行结果

2. 学生档案统计分析

以学生档案管理子系统中的主要功能模块为例，介绍如何创建相应的查询、窗体和报表对象。

1) 按年级或专业查询学生档案

“学生档案”表中每一条记录都包含了学生的所在年级和专业资料，“按年级或专业查询学生档案”功能模块能够以年级或者专业字段作为查询准则，筛选出满足条件的学生档案记录。

(1) 查询专业代码为 0103 的学生档案。

创建查询时，查询准则([专业]="0103")中的常量表达式已经被写入查询对象中，查询对象的数据表视图和设计视图分别如图 10-7 和图 10-8 所示。

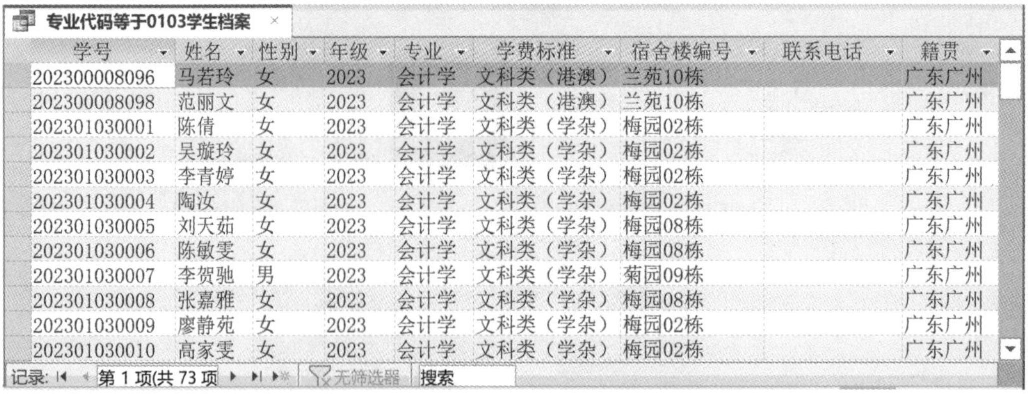

专业代码等于0103学生档案

学号	姓名	性别	年级	专业	学费标准	宿舍楼编号	联系电话	籍贯
202300008096	马若玲	女	2023	会计学	文科类（港澳）	兰苑10栋		广东广州
202300008098	范丽文	女	2023	会计学	文科类（港澳）	兰苑10栋		广东广州
202301030001	陈倩	女	2023	会计学	文科类（学杂）	梅园02栋		广东广州
202301030002	吴璇玲	女	2023	会计学	文科类（学杂）	梅园02栋		广东广州
202301030003	李青婷	女	2023	会计学	文科类（学杂）	梅园02栋		广东广州
202301030004	陶汝	女	2023	会计学	文科类（学杂）	梅园02栋		广东广州
202301030005	刘天茹	女	2023	会计学	文科类（学杂）	梅园08栋		广东广州
202301030006	陈敏雯	女	2023	会计学	文科类（学杂）	梅园08栋		广东广州
202301030007	李贺驰	男	2023	会计学	文科类（学杂）	菊园09栋		广东广州
202301030008	张嘉雅	女	2023	会计学	文科类（学杂）	梅园08栋		广东广州
202301030009	廖静苑	女	2023	会计学	文科类（学杂）	梅园02栋		广东广州
202301030010	高家雯	女	2023	会计学	文科类（学杂）	梅园02栋		广东广州

记录: 第 1 项(共 73 项 无筛选器 搜索

图 10-7 “专业代码等于 0103 学生档案”的查询结果

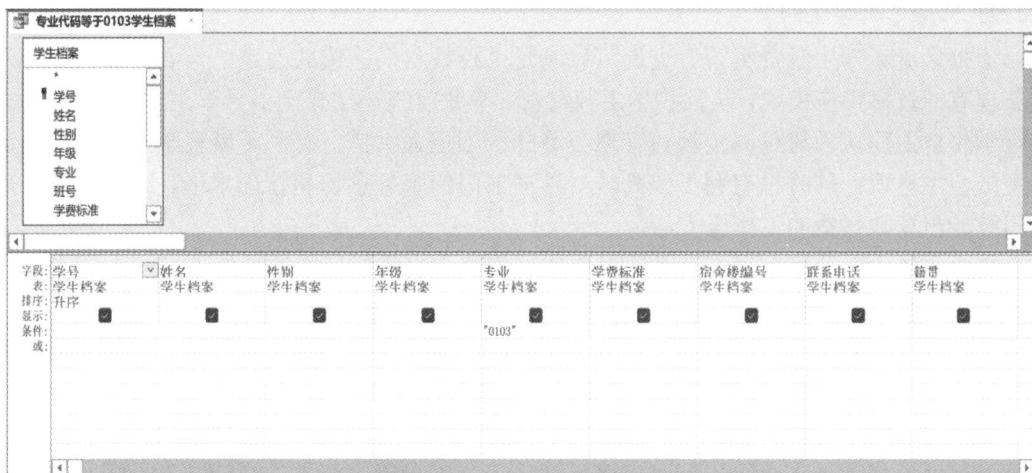

图 10-8　"专业代码等于 0103 学生档案"查询的设计视图

(2) 按用户输入的年级或专业代码(名称)查询学生档案。

将用户每次设定的条件以参数的形式传递给选择查询。用户根据需要在运行查询时通过对话框输入实际的查询准则，运行查询并显示结果。如：设置查询准则为"专业代码等于 0103"，运行结果和查询对象的设计视图如图 10-9 和图 10-10 所示。很明显，图 10-9 所示的查询结果与图 10-7 是一样的。

图 10-9　输入专业代码为 0103 时的学生档案查询结果

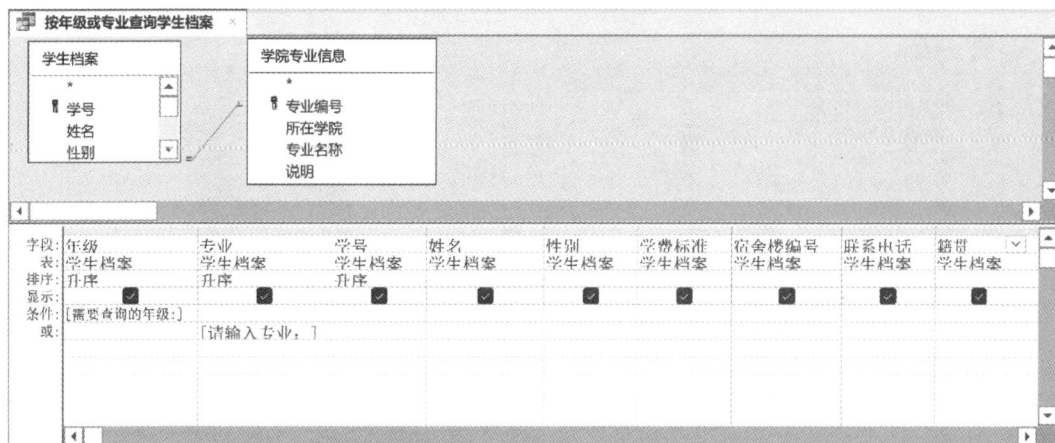

图 10-10　"按年级或专业查询学生档案"查询的设计视图

2) 批量更新学生档案

“批量更新学生学费类型”查询可以满足高校教材供应模式改革的需要。高校正逐步改革现有的教材供应模式，从预收学生教材费、毕业前统一结算到引导学生自主购买教材。实行学生自主购买教材是高校教材管理改革的一项重大举措，有利于减轻学生负担，提高学生的自主意识；同时也有利于提高教材管理部门的服务意识和管理水平，减轻财务管理部门统一核算教材费的工作压力。

在本系统中，可以有以下两种途径来实现修改学生收费标准的目的：

① 直接修改“学费标准”表中的“书费”字段值。

② 先在“学费标准”表中增加若干条新的学费标准记录，然后通过创建更新查询，将某一类收费标准代码批量调整为另一种新学费标准代码。

在上述的两种途径中，第一种途径操作比较简单，可以直接对原有学费标准进行修改，但是，这样的修改操作会影响到“学费缴纳情况”表中历史数据的统计结果，同时，也不能很好地保留历史操作的痕迹，因此，在本系统中采用第二种途径来实现高校教材供应模式改革后数据的批量更新。假设某一类学生原来的学费标准代码为 W1 的“文科类(普通)”收费类型，现统一调整为取消书费后的收费标准代码 W9 的“文科(港澳学杂)”收费类型。本查询运行前后的数据表视图和设计视图分别如图 10-11～图 10-13 所示。

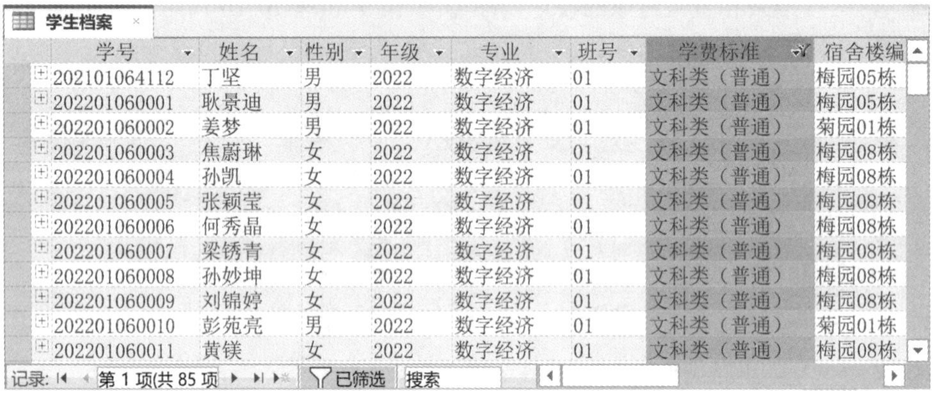
学生档案

学号	姓名	性别	年级	专业	班号	学费标准	宿舍楼编
202101064112	丁坚	男	2022	数字经济	01	文科类（普通）	梅园05栋
202201060001	耿景迪	男	2022	数字经济	01	文科类（普通）	梅园05栋
202201060002	姜梦	男	2022	数字经济	01	文科类（普通）	菊园01栋
202201060003	焦蔚琳	女	2022	数字经济	01	文科类（普通）	梅园08栋
202201060004	孙凯	女	2022	数字经济	01	文科类（普通）	梅园08栋
202201060005	张颖莹	女	2022	数字经济	01	文科类（普通）	梅园08栋
202201060006	何秀晶	女	2022	数字经济	01	文科类（普通）	梅园08栋
202201060007	梁锈青	女	2022	数字经济	01	文科类（普通）	梅园08栋
202201060008	孙妙坤	女	2022	数字经济	01	文科类（普通）	梅园08栋
202201060009	刘锦婷	女	2022	数字经济	01	文科类（普通）	梅园08栋
202201060010	彭苑亮	男	2022	数字经济	01	文科类（普通）	菊园01栋
202201060011	黄镁	女	2022	数字经济	01	文科类（普通）	梅园08栋

记录: 第 1 项(共 85 项 已筛选 搜索

图 10-11 更新前学费标准为 W1 的学生档案

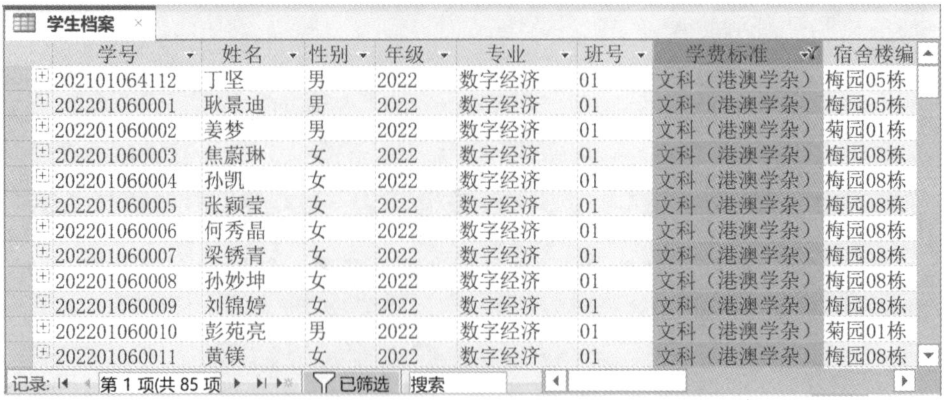
学生档案

学号	姓名	性别	年级	专业	班号	学费标准	宿舍楼编
202101064112	丁坚	男	2022	数字经济	01	文科（港澳学杂）	梅园05栋
202201060001	耿景迪	男	2022	数字经济	01	文科（港澳学杂）	梅园05栋
202201060002	姜梦	男	2022	数字经济	01	文科（港澳学杂）	菊园01栋
202201060003	焦蔚琳	女	2022	数字经济	01	文科（港澳学杂）	梅园08栋
202201060004	孙凯	女	2022	数字经济	01	文科（港澳学杂）	梅园08栋
202201060005	张颖莹	女	2022	数字经济	01	文科（港澳学杂）	梅园08栋
202201060006	何秀晶	女	2022	数字经济	01	文科（港澳学杂）	梅园08栋
202201060007	梁锈青	女	2022	数字经济	01	文科（港澳学杂）	梅园08栋
202201060008	孙妙坤	女	2022	数字经济	01	文科（港澳学杂）	梅园08栋
202201060009	刘锦婷	女	2022	数字经济	01	文科（港澳学杂）	梅园08栋
202201060010	彭苑亮	男	2022	数字经济	01	文科（港澳学杂）	菊园01栋
202201060011	黄镁	女	2022	数字经济	01	文科（港澳学杂）	梅园08栋

记录: 第 1 项(共 85 项 已筛选 搜索

图 10-12 更新后学费标准为 W9 的学生档案

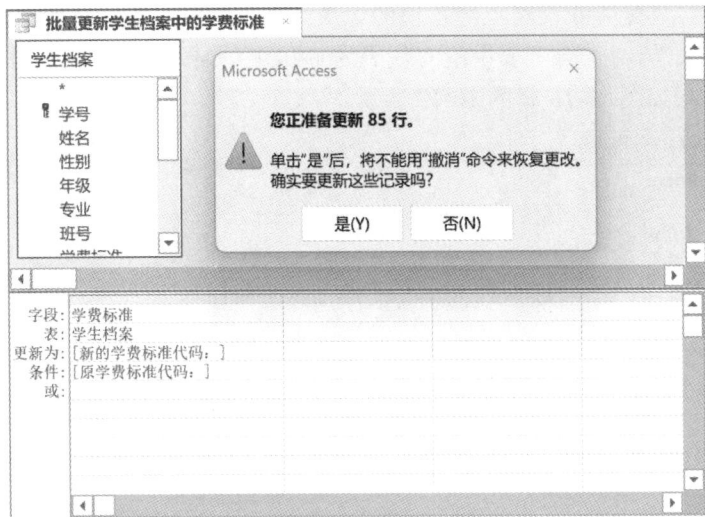

图 10-13　"批量更新学生档案中的学费标准"查询的设计视图和运行过程

3) 备份、删除学生档案

通过操作查询或 OutputTo 宏操作命令，都可以很好地实现数据的备份或删除任务。

(1) 通过追加查询和删除查询实现学生档案的备份、删除。

创建一个带有参数的追加查询，运行本查询时，用户通过对话框输入需要备份的专业(如：专业代码 1401 的"环境工程"专业)，查询运行完成后，数据库将对应专业的学生档案记录复制到指定的表(如："专业备份学生档案"表)，结果如图 10-14 和图 10-15 所示。

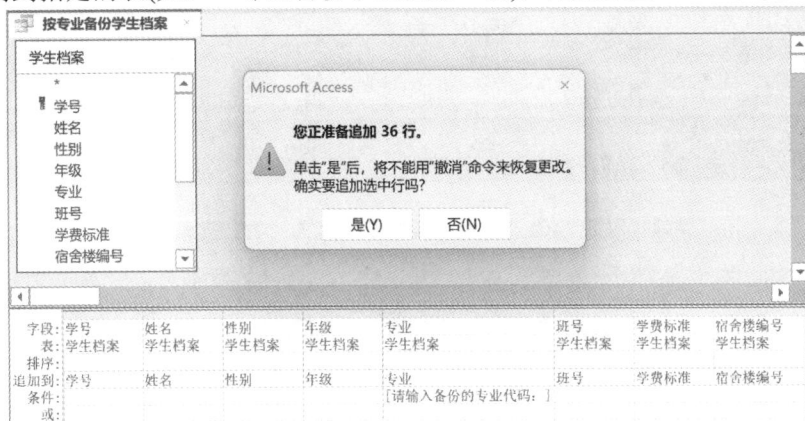

图 10-14　输入专业代码为 1401 的备份学生档案查询运行结果

图 10-15　"专业备份学生档案"表中 1401 专业的数据

同样，通过创建删除查询将已经备份的记录或多余的沉淀数据从数据库中批量移除。在本查询中，删除"学生档案"表中所有代码为 1401 的"环境工程"专业学生档案的记录，运行查询后的结果如图 10-16 和图 10-17 所示。

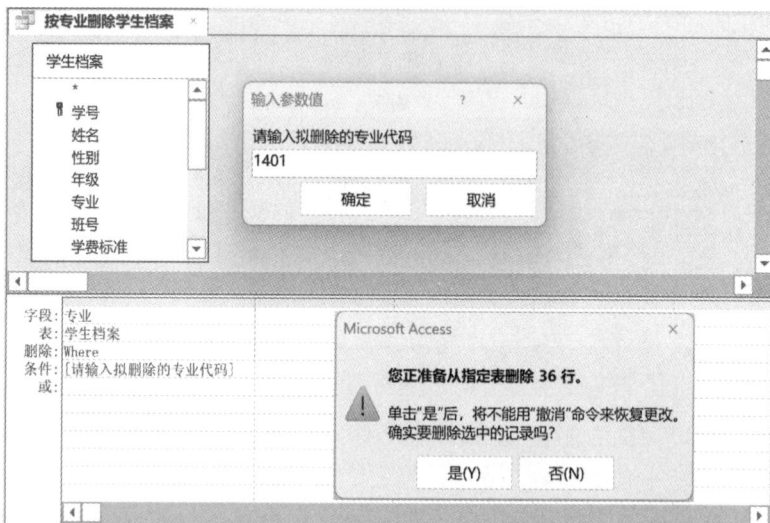

图 10-16   输入专业代码为 1401 的删除学生档案查询运行结果

(a) 删除代码为 1401"环境工程"专业前的"学生档案"表数据

(b) 删除代码为 1401"环境工程"专业后的"学生档案"表数

图 10-17   删除专业代码为 1401 前后的"学生档案"表

(2) 通过 OutputTo 宏操作命令将学生档案导出到外部文件。

通过菜单执行的"导出"命令，每次都需要用户选择导出文件路径和文件名，对于不太熟悉 Access 操作的用户而言，会造成不便，并且只能将表中的所有数据导出，无法进行某一类筛选数据的导出。通过 OutputTo 宏操作命令，可以很好地改变因为使用"导出"功能选项组而带来的不便。

　　在"高校学费管理系统"中，导出文件类型为电子表格(.xlsx 或.xls)文件，尤其适用于熟悉 Microsoft Office 组件操作的用户。首先，创建一个无数据来源的窗体对象"专业学生导出窗体"，在该窗体的主体节中通过一个文本框(控件名：txtpath)显示导出文件的路径和文件名，通过一个组合框(控件名：zytext)方便用户选择需要备份的学生专业，窗体执行结果如图 10-18 所示。

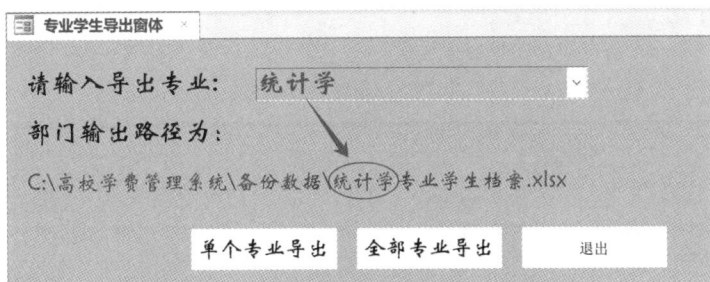

图 10-18　"专业学生导出窗体"执行结果

　　"专业学生导出窗体"中还有两个命令按钮：单个专业导出(控件名称为"btnrunbm")和全部专业导出(控件名称为"rtnrunall")。用户通过组合框选择需要备份的学生专业后，txtpath 文本框的控件值会自动更新为含有文件路径、专业名称和"专业学生档案.xls"字样的完整文件名。单击命令按钮 btnrunbm 触发 OutputTo 宏操作命令，将表中对应的专业学生记录导出到指定的 Excel 文件。宏的设计如图 10-19 所示。

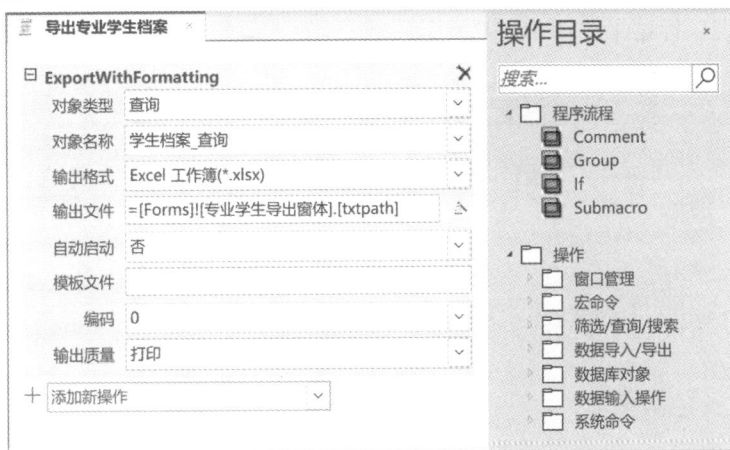

图 10-19　"导出专业学生档案"宏的设计

　　假设用户需要将所有学生档案记录按照专业分别导出为若干个外部文件，那么需要用户重复上述操作，在涉及的学生专业很多的情况下，窗体上提供了另外一个命令按钮 rtnrunall，用户无需选择导出的学生专业，系统自动执行批量处理所有"学生档案"数据的导出。

　　按钮控件 rtnrunall 同样会触发 OutputTo 宏操作命令，但是在执行 OutputTo 宏操作之前，通过一个循环体自动提取组合框中的信息作为操作参数。在 VBE 环境下，可以看到按钮控件 rtnrunall 的代码如图 10-20 所示。

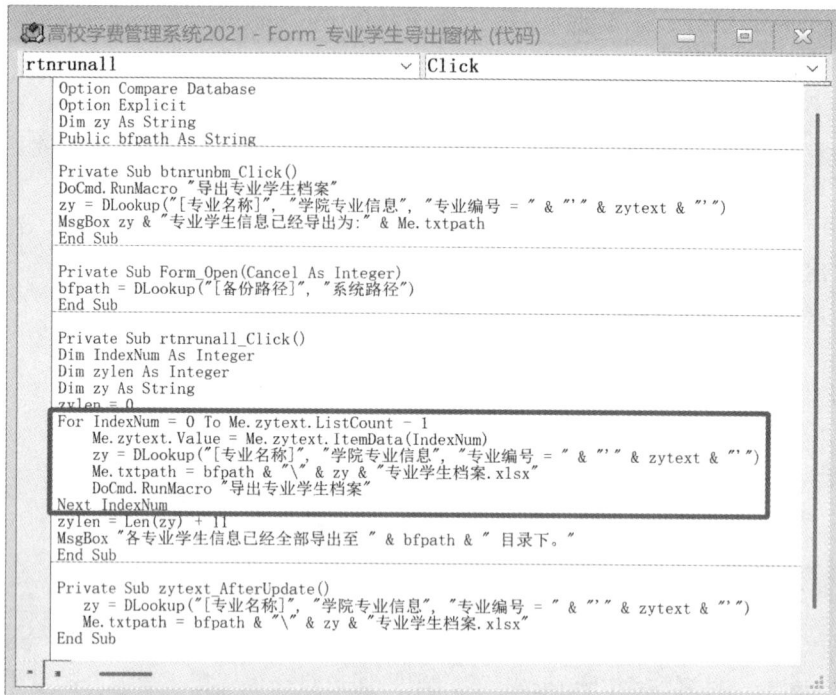

图 10-20   "专业学生导出窗体"中按钮控件的 VBA 代码

4) 打印学生档案标签

通过标签向导创建"学生档案标签"报表，可以给所有的学生打印一份标签。"学生档案标签"报表执行结果如图 10-21 所示。

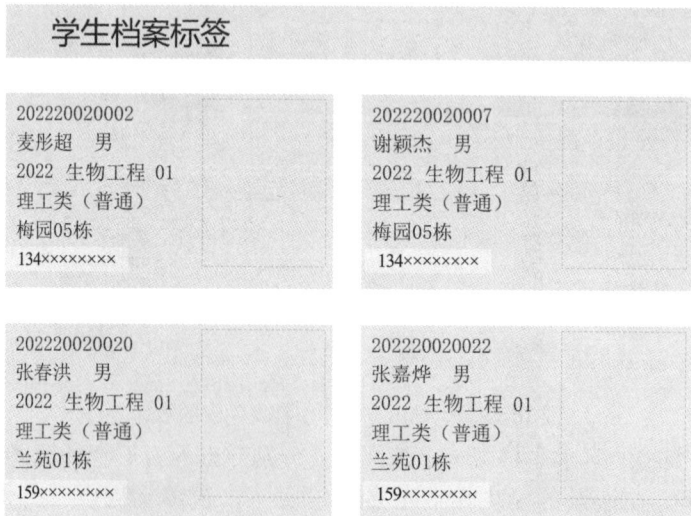

图 10-21   "学生档案标签"报表的打印预览视图

除了使用标签向导创建如图 10-21 所示的"学生档案标签"报表外，也可以在设计视图中创建包含相应字段内容的报表。为了达到"一行多列"的标签效果，需要在报表的"页面设置"对话框中设置报表的列数、列尺寸等参数，设置结果如图 10-22 所示。

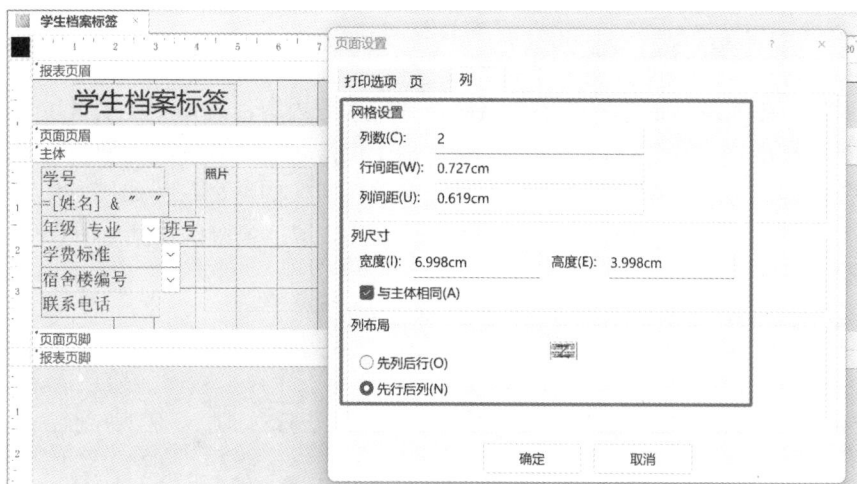

图 10-22　标签报表的设计视图和页面设置对话框

10.4.3　学生费用缴纳管理

"学费缴纳"在"高校学费管理系统"的设计中是另一个关键的实体，该实体在数据库中以"学费缴纳情况"表来存储数据信息，并通过查询、窗体、报表、模块等数据库对象的设计实现对学费缴纳信息的维护。下面以"学费缴纳管理"为例，介绍主要功能的实现。

学生费用缴纳管理
模块的实现

1. 基本缴费数据处理

用户单笔增加学费缴纳数据的时候，由系统自动在"经办人"字段填入当前登录系统的用户编号，"已交书费金额"和"已交学杂费金额"字段自动填入该名学生应缴纳的金额，无需手工输入，这样就大大减少了输入数据的工作量，同时也确保了系统用户的权益。本系统通过一个单独的"学费缴纳情况_单笔增加"窗体来完成该项任务，运行结果如图10-23 所示。

图 10-23　"学费缴纳情况_单笔增加"窗体运行结果

2. 学费缴纳情况统计分析

1) 按学生姓名模糊查询学费缴纳情况

用户通过弹出的对话框输入学生姓名的全部或部分内容，查询相应的学生学费缴纳情况。如设置查询准则为姓名中包含"敏"字，由于用户设置的查询准则中包含了某一指定范畴的字符内容，因此，在编辑查询准则时需要使用对应的通配符，如代表任意长度字符串的星号(*)、代表一位长度任意字符的问号(？)、代表取值范围的中括号([ ])等 。运行结果如图 10-24 所示。

图 10-24　输入"敏"的"按姓名模糊查询学费缴纳"运行结果

2) 未缴纳学费情况统计

高校财务管理部门定期根据未缴费学生名单，向学生催交学费。在催交学费时，可以是按照某一收费学年将未缴费的学生名单以学院为单位进行催交。查询结果如图 10-25 所示。

图 10-25　输入 2024 的"未缴纳学费情况"查询运行结果

创建本查询的方法有以下两种：

(1) 在设计视图中选择统计结果字段所在的"学生档案"表、"学费标准"表和"某学年已缴费情况"查询作为查询的数据源，根据统计条件设置查询准则为"某学年已缴费情况.学费缴纳情况.学生学号 Is Null"，如图 10-26 所示。

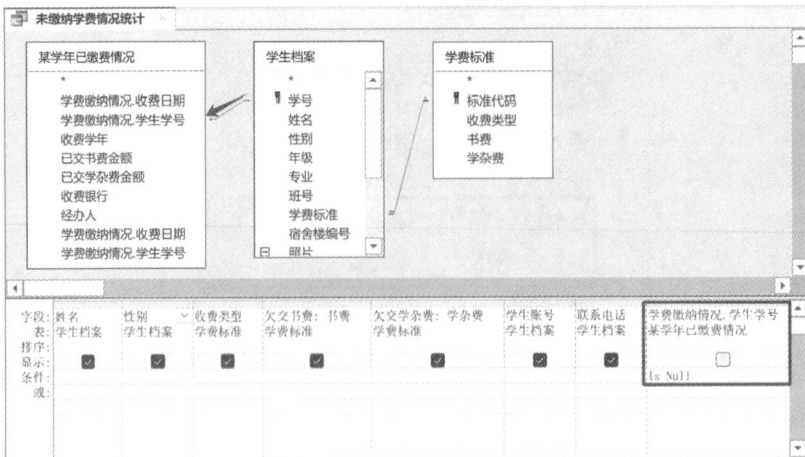

图 10-26　"未缴纳学费情况统计"查询的设计视图

操作到此，如果立即运行查询，则结果无一例外地显示为无满足条件。相信很多的操作者都碰到过这样的情形，究竟原因在哪里呢？

在本查询中出现了无满足条件结果的原因在于没有使用合适的联接类型。在查询结果中仅包含父子表中"有父无子"记录集合的情况下，存在关联的父子表需要执行左外联接关系运算，在本查询中，"学生档案"表在联接关系中充当左侧表的角色。双击关系联接线进入联接属性对话框，修改联接类型，如图 10-27 所示，这样，无返回结果的问题马上就迎刃而解了。

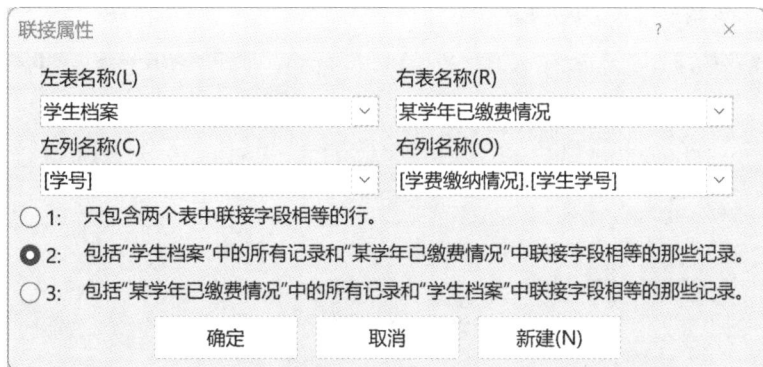

图 10-27　"未缴纳学费情况统计"查询中表间联接属性

(2) 使用 Access"查找不匹配项查询向导"创建查询返回结果。

3) 批量缴纳学费

目前，大部分的高校已经采用了通过银行划扣的方式在约定的日期统一扣收学生学费，这样既避免了学生扎堆缴费和费用收缴期间找零的麻烦，也大大减轻了高校财务管理人员点收现金和核对缴费情况的压力，同时也确保了学校资金的及时入库。

本系统提供以下两种批量缴纳学费数据处理的方式：

(1) 通过银行划扣数据，批量处理学费缴纳记录。

首先，由高校财务管理部门根据应缴费学生账号、应缴费金额向银行提供划扣资料，这个操作称为"倒盘"行为。"倒盘"成功后，系统会在指定路径生成一个.xls 数据文件；然后，银行将划扣成功的数据盘返回，财务管理部门就可以将银行返回盘中的数据导入成为数据库中的表中记录，从而达到优化高校学费管理的目的。

银行提供的划扣成功盘中一般以 .xls 或 .dbf 类型文件保存每一笔划扣费用的数据，本系统提供一个专门用于导入银行返回数据的"银行数据"表，在正式导入数据之前，务必确保外部文件拥有与"银行数据"表一一对应的字段名称和数据类型，如表 10-11 所示。

表 10-11　"银行数据"表结构

字段名称	字段属性	说　明
账号	短文本(18)	字段大小：18，输入掩码：000000000000000000，索引：有(有重复)索引；与"学生档案"表的"学生账号"相关
日期	日期/时间	银行划账日期
金额	货币	银行划账金额

操作界面和具体的操作步骤如图 10-28 所示。

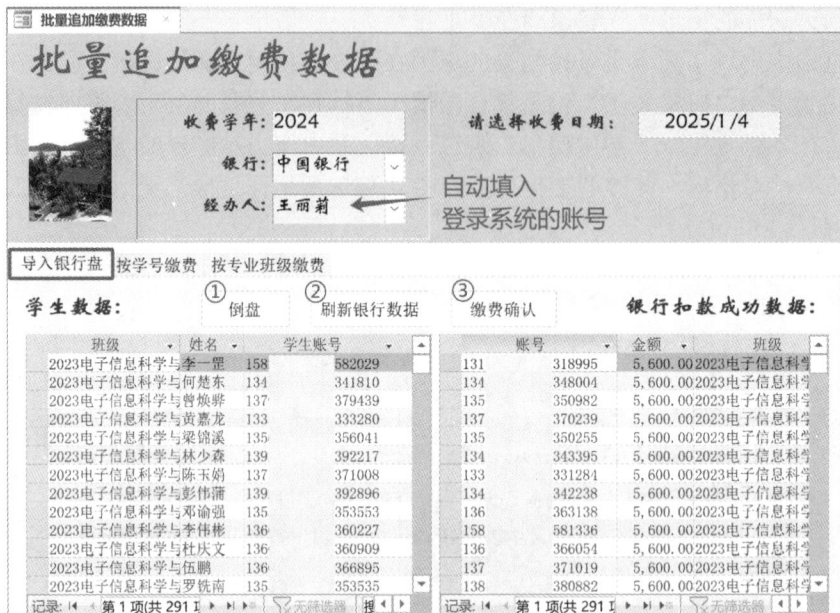

图 10-28　"批量追加缴费数据"窗体的操作界面

(2) 通过学生档案追加学费缴纳记录。

用户只需在窗体中轻松地输入收费日期、收费学年、收费银行等信息检索出缴费学生范围，单击"确认缴费"按钮后，就可以快速准确地完成大量学费缴纳数据的处理了。窗体运行结果如图 10-29 和图 10-30 所示。

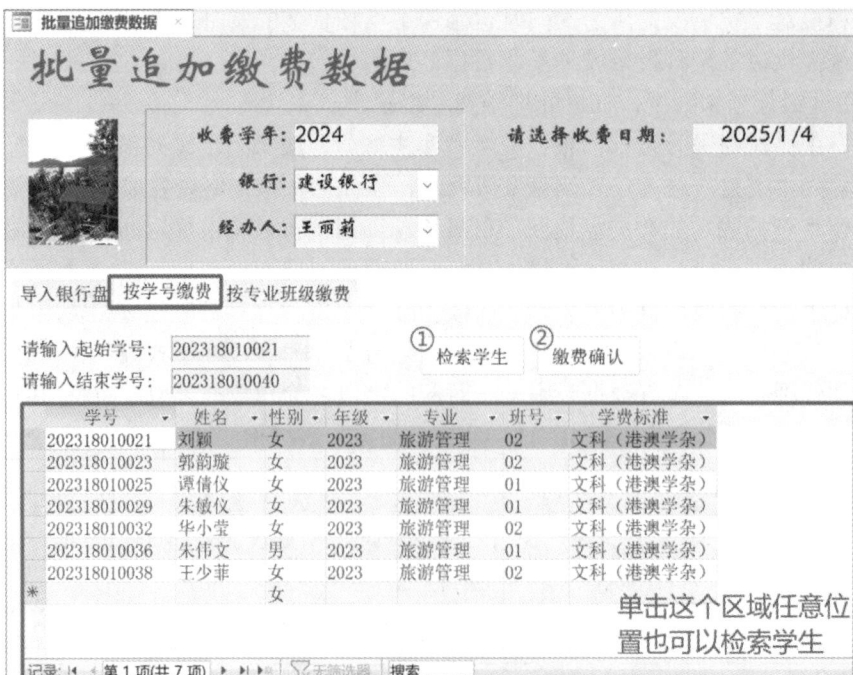

图 10-29　"批量追加缴费数据"窗体效果图—按学号缴费

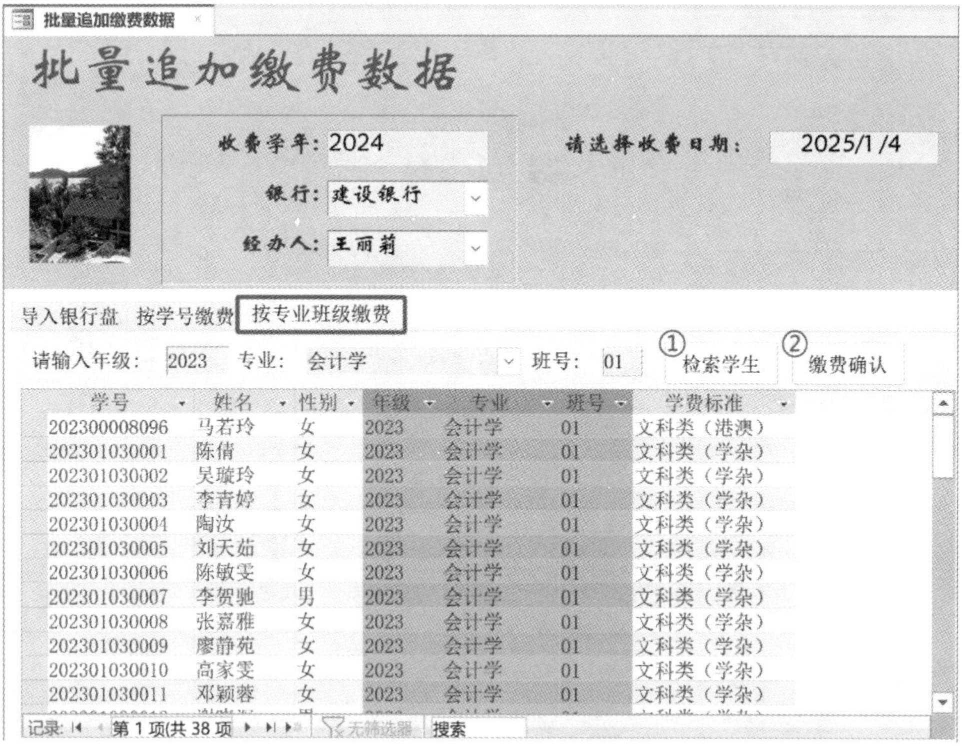

图 10-30　"批量追加缴费数据"窗体效果图—按专业班级缴费

"批量追加缴费数据"窗体由两个区域构成，窗体的上半部分包括了用于接收用户输入的收费日期、收费学年、收费银行、经办人数据的四个控件，各控件类型如表 10-12 所示。

表 10-12　"批量追加缴费数据"窗体控件说明

序号	控件名称	控件类型	说　明
1	xntext	文本框	收费学年。4 位数字，手工输入
2	banktext	组合框	组合框中内容为"收费银行信息"表中记录，用户通过下拉列表直接选择，禁止用户输入组合框取值之外的数据
3	jbtext	组合框	经办人。无需用户手工输入，直接提取登录系统时的用户名
4	rqtext	文本框	收费日期。输入掩码：9999/99/99，默认值：系统日期 date()

4) 备份、删除学费缴纳情况

(1) 通过生成表查询和删除查询实现备份、删除。

运行本查询时，通过对话框输入需要备份的收费学年(如：2023)，数据库将对应专业的记录复制到指定的新表(如"按学年备份缴费情况"表)，执行结果如图 10-31 所示。

可以通过创建删除查询将已经备份的记录或多余的沉淀数据从数据库中批量移除。在本查询中，删除"学费缴纳情况"表中所有缴纳 2023 学年学费的记录，如图 10-32 所示。

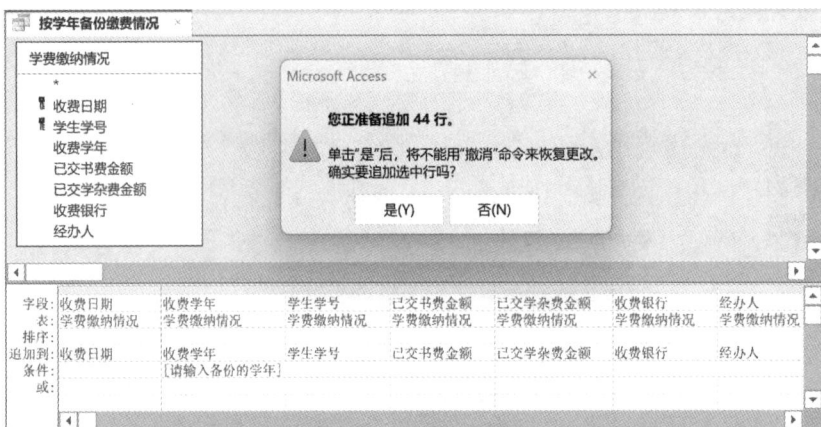

图 10-31   输入 2023 的"按学年备份缴费情况"查询的运行结果

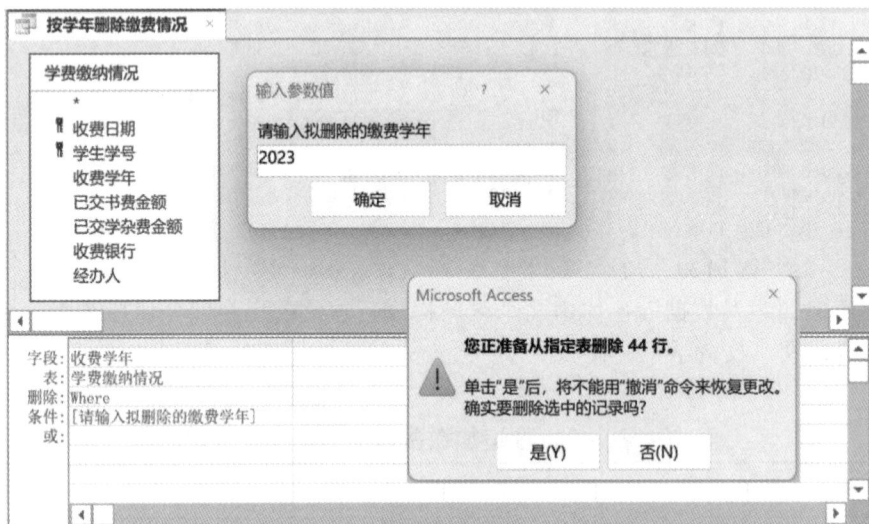

图 10-32   输入 2023 的"按学年删除缴费情况"查询的运行结果

(2) 使用 TransferSpreadSheet 命令将学费缴纳情况导出到外部 Excel 文件。

前面已经介绍了使用 OutputTo 宏操作命令导出"学生档案"数据，在此介绍另外一个具有类似功能的 TransferSpreadSheet 命令，完成数据的导出任务。导出文件路径默认为"系统路径"表中"备份路径"字段所存储的路径，操作界面如图 10-33 所示。

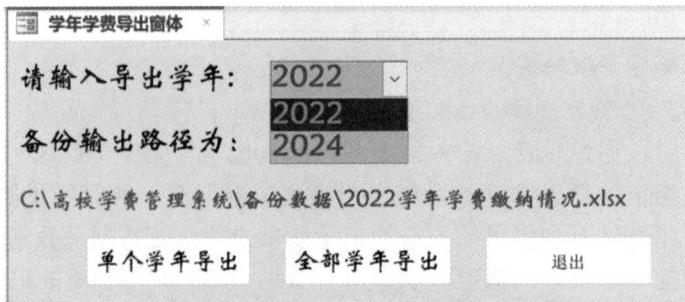

图 10-33   按学年导出缴费数据的操作界面

在 Access 数据库中，"导出外部数据"功能是把表或查询输出到某个外部文档，常见的导出文档类型包括电子表格 Excel、文本文件 TXT、文稿 PDF 等。

在导出数据时，若同时勾选"导出数据时包含格式和布局"，则外部文档中所有字段的外观都与在 Access 中的浏览结果一致，但操作会占用大量内存，不适用于庞大的数据集。TransferSpreadsheet 命令的功能是把数据导出到某个外部.xlsx 文件中，或导入.xlsx 文档中的数据，导出的数据是表或查询对象的原始字段值，而不是类似于组合框查阅显示的字段值，可用于自动备份大量数据，具有占用内存不多的特点。将执行这两种操作命令导出的电子文档在 Excel 环境下并排打开，上面显示的是通过 TransferSpreadSheet 命令导出的.xlsx 文件，下面显示的是通过"导出外部数据"导出的.xlsx 文件，比较结果如图 10-34 所示。

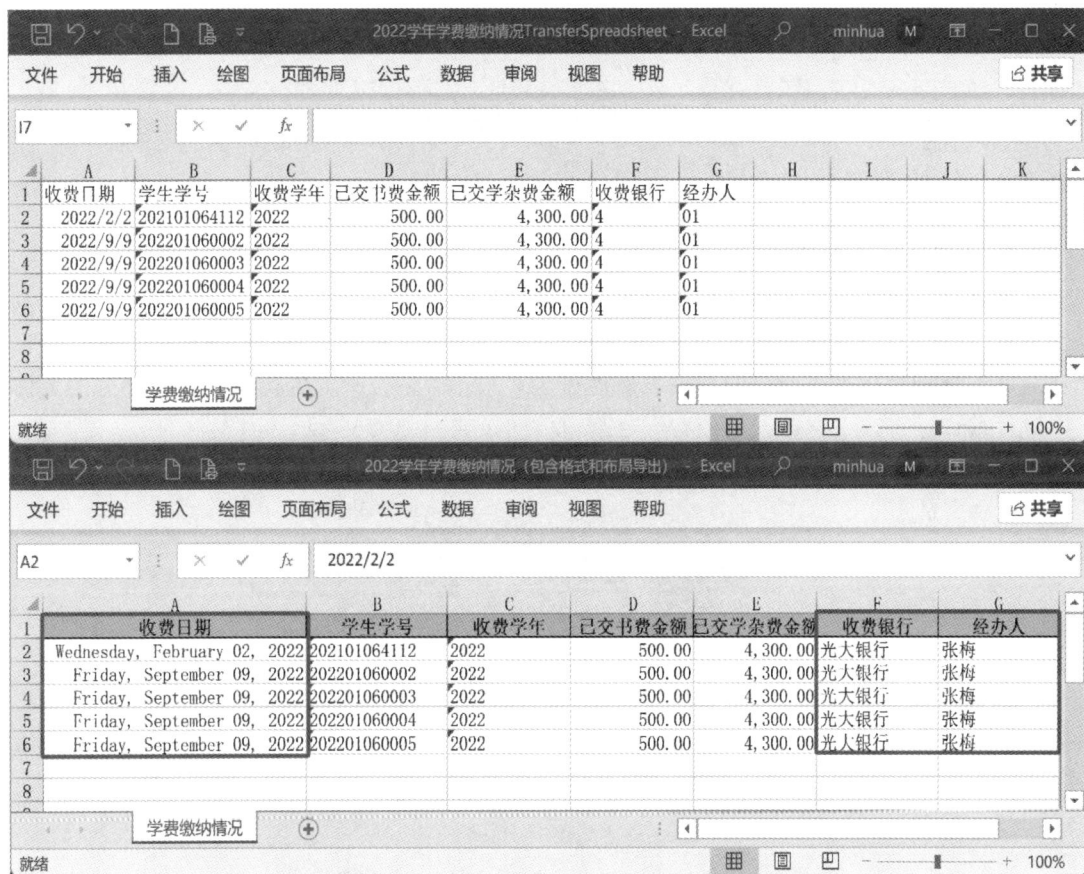

图 10-34　使用 TransferSpreadSheet 与"导出外部数据"工具导出数据的比较

5) 打印学费缴纳情况统计报表

"按收费银行打印统计缴费报表"功能将某一收费学年已缴费记录按照收费银行分组并统计输出。套用"Office"样式之后，"2024 年银行划扣金额统计报表"的输出结果如图 10-35 所示。

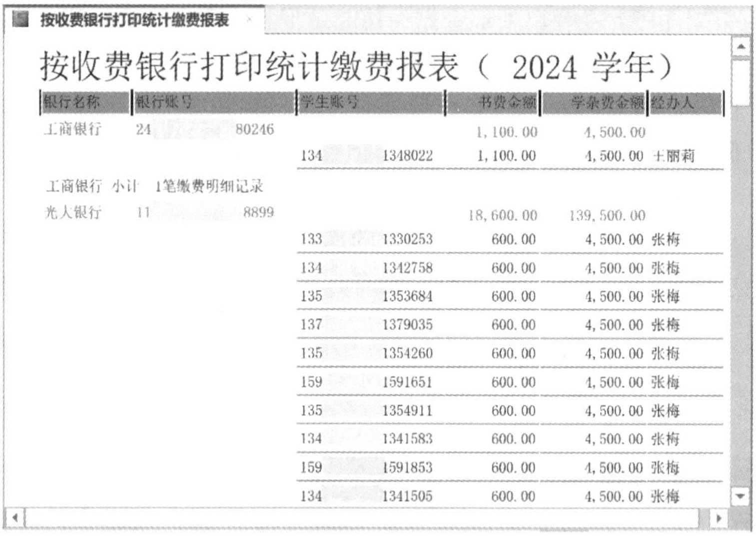

按收费银行打印统计缴费报表

按收费银行打印统计缴费报表（ 2024 学年）

银行名称	银行账号	学生账号		书费金额	学杂费金额	经办人
工商银行	24 80246			1,100.00	4,500.00	
		134	1348022	1,100.00	4,500.00	王丽莉
工商银行 小计 1笔缴费明细记录						
光大银行	11 8899			18,600.00	139,500.00	
		133	1330253	600.00	4,500.00	张梅
		134	1342758	600.00	4,500.00	张梅
		135	1353684	600.00	4,500.00	张梅
		137	1379035	600.00	4,500.00	张梅
		135	1354260	600.00	4,500.00	张梅
		159	1591651	600.00	4,500.00	张梅
		135	1354911	600.00	4,500.00	张梅
		134	1341583	600.00	4,500.00	张梅
		159	1591853	600.00	4,500.00	张梅
		134	1341505	600.00	4,500.00	张梅

图 10-35 “按收费银行打印统计缴费报表”的运行效果

10.4.4 其他管理数据维护

1. 用户信息基本处理

本模块以“财务人员档案”表作为数据源，使用“创建”选项卡创建分割窗体。分割窗体既方便用户浏览全部数据，又使用户能在统一的窗体控件位置上进行数据编辑。在设计上，将分割窗体下半部分的数据表属性设为“只读”后，只允许用户在上半部分的窗体中进行编辑操作。“财务人员档案”分割窗体结果如图 10-36 所示。

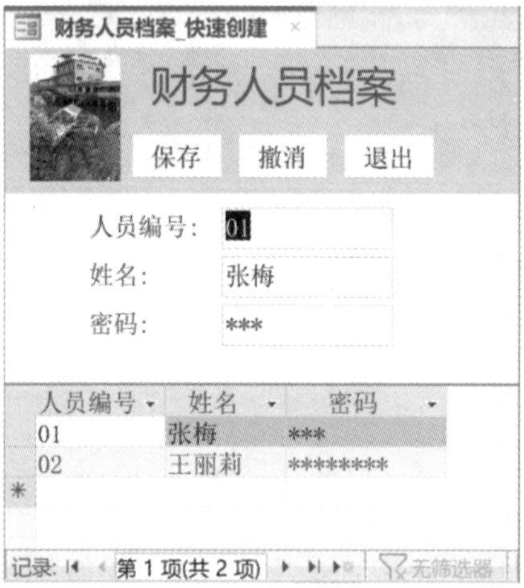

图 10-36 “财务人员档案”分割窗体

2. 系统默认路径

本系统通过建立一个独立的表保存系统路径和数据备份路径，在涉及数据库中数据信息的备份或批量处理时，自动指定生成对象(文件)的地址。“系统路径”窗体如图 10-37 所示。

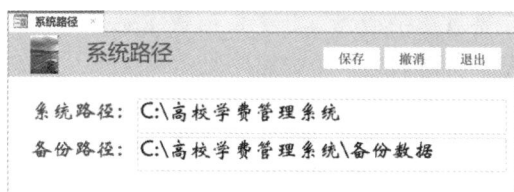

图 10-37　"系统路径"窗体

3. 系统初始化

正式使用应用系统之前需要对测试数据进行删除或者保留处理。"系统初始化"功能模块为用户提供数据库涉及的数据名称列表，用户在列表中根据实际需要对应用系统中已存在的测试数据进行处理：用户选中某一个数据名称后，该数据名称的前端显示"√"符号，表示用户需要删除对应类型的测试数据，窗体运行结果如图 10-38 所示。

图 10-38　"系统初始化"窗体

由于数据库已经建立了表间关系并实施了级联删除相关记录和级联更新相关字段，因此对于数据的初始化会引起关联数据的变化。数据之间的关联影响情况如表 10-13 所示。

表 10-13　初始化数据的关联关系

数据名称	学费缴纳情况	住宿费缴纳情况	收费银行	财务人员	学生档案	学生宿舍楼	学费标准	住宿费标准	学院专业	学院信息
学费缴纳情况	√									
住宿费缴纳情况		√								
收费银行	√	√	√							
财务人员	√	√		√						
学生档案	√	√			√					
学生宿舍楼	√	√			√	√		√		
学费标准	√	√			√		√			
住宿费标准	√	√			√			√		
学院专业	√	√			√				√	
学院信息	√	√			√				√	√

从表 10-13 可知，"学费缴纳情况"和"住宿费缴纳情况"表为子级表，位于整个表间关系的最底层，对该类表数据的编辑不会影响到数据库中其他表的数据；"学院信息"表为父级表，位于整个表间关系的最高层，对该表数据的编辑会影响到数据库中其他大部分表的数据。

由于对数据实施了级联删除相关记录和级联更新相关字段，对父表的数据处理必然会影响子表的数据。为了避免误删除数据，应该从子级表开始进行数据的初始化操作，逐步向上操作，直至父级表数据的初始化。

4. 登录验证和电子签名

为了确保系统的正常使用以及系统数据的安全，需要设置相关的系统用户账号，同时，为每一位合法的用户设置各自的用户密码。用户登录系统时，必须先通过用户名和密码的验证，只有通过验证为合法的用户才能进入系统菜单进行相应的数据处理操作。

对于部分需要电子签名的功能模块，如：单笔收缴学费或住宿费、批量处理学费，系统能够根据登录用户名称自动填入经办人员的姓名。系统运行时，首先运行如图 10-39 所示的"用户登录"窗体，用于识别登录用户身份。

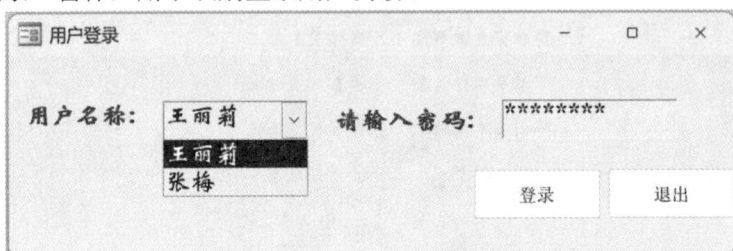

图 10-39 "用户登录"窗体

在如图 10-39 所示的"用户登录"窗体中，密码输入框设置了密码输入掩码，可以有效地防止非法用户盗取用户密码。用户选择了自己的注册用户名并输入正确的密码之后，单击"确定"命令按钮即可进入系统菜单操作。如果用户输入的密码出错，则系统会提示"密码错误！"，同时清空已输入的用户密码，结果如图 10-40 所示。

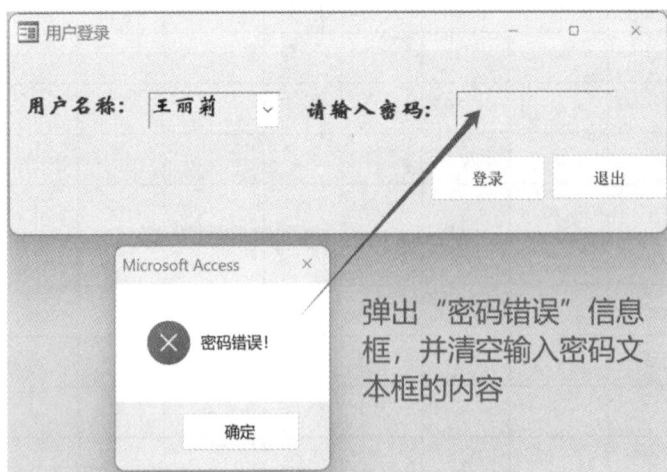

图 10-40 用户密码输入错误时的窗体运行结果

10.5 系 统 集 成

　　至此，本系统的主要数据库对象已经建立完毕，但是用户只能通过打开某一个表、查询、窗体、报表或宏等数据库对象才能进行数据处理和统计分析，还不能够有序地执行系统，实现有效的信息化管理；另外，单独运行某个数据库对象，不利于系统中各功能模块之间的协调工作，为此，有必要将已建立的多个数据库对象进行系统集成。

10.5.1　准备工作

1. 系统集成的必要性和可行性

　　根据系统的需求，在数据库中会形成大量的表、查询、窗体、报表等对象。这些对象可以由使用者或设计者直接运行，但是这种运行对象的方式只适合独立功能模块的实现，对于模块之间的交互会带来诸多的不便。例如，本系统关于"缴纳学费模块"中经办人员的电子签名是由登录用户名自动产生的，如果仅仅单独运行学费缴纳处理，没有将经办人员限定为登录用户的话，将会影响缴费数据的统计和分析结果；再者，直接运行数据库对象，无法避免使用者在操作过程中造成系统的破坏，不利于系统的维护和安全保障。系统集成可以有效地解决上述问题。

　　在系统集成过程中，可以通过 Access 提供的切换面板管理器、宏和 VBA 模块代码等工具来保证系统的有序运行。本节重点讲解 Access 切换面板管理器的使用方法以及通过宏操作如何制作出用户的自定义菜单。

2. 系统功能模块的归集

　　要更好地有序管理数据库中各个不同的表、查询、窗体和报表等对象，应根据用户提出的需求和设计的方法对已建立的多个数据库对象进行分类整理。对每个数据库对象进行分类时，一般是以系统的功能模块作为分类的依据。

　　"高校学费管理系统"的功能结构如图 10-1 所示，将各功能模块归集整理如图 10-41～图 10-44 所示，并以此作为创建本系统切换面板的依据。

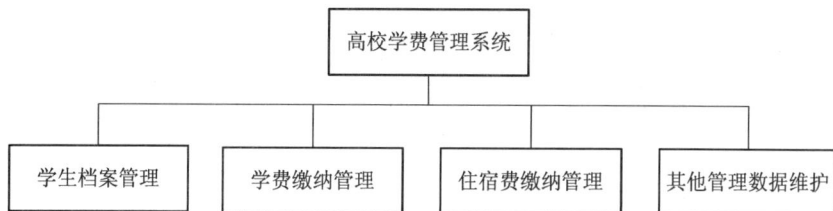

图 10-41　"高校学费管理系统"的一级模块和二级模块图

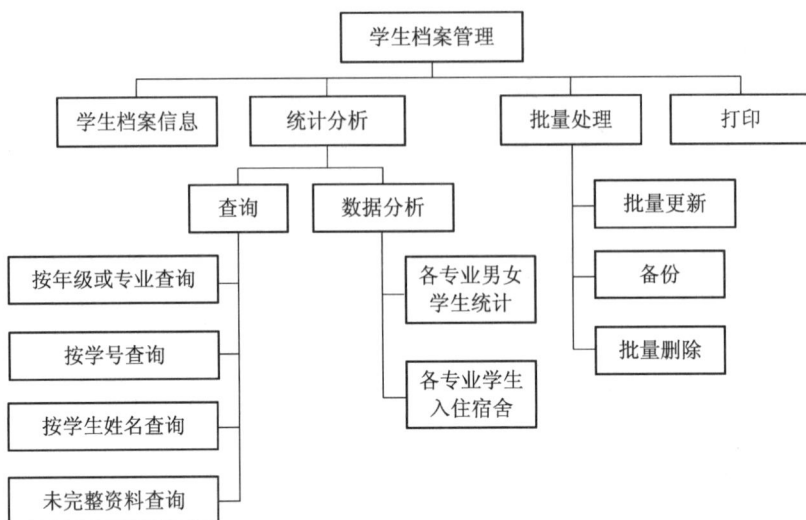

图 10-42　"学生档案管理"子系统的模块图

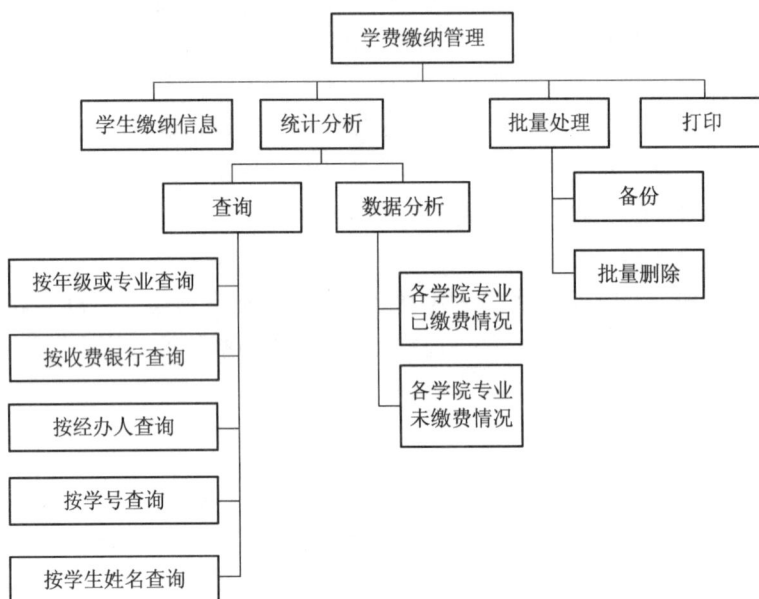

图 10-43　"学费缴纳管理"子系统的模块图

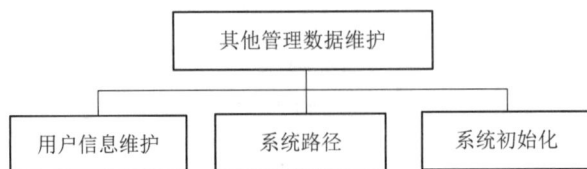

图 10-44　"其他管理数据维护"子系统的模块图

　　根据数据对于各个模块的流入和流出方向，将模块分为两大类：① 只有数据流入，没有数据流出的模块，如图 10-42 所示的"按年级或专业查询""各专业男女学生统计"等模块，这一类模块在切换面板中称为切换面板项目；② 有数据流出的模块，如图 10-42 所示的"统计分析""批量处理"等模块，这一类模块在切换面板中称为切换面板页。

3. 通过窗体、报表、宏或 VBA 代码实现系统各功能模块

切换面板管理器中各切换面板项目的可执行命令包括：转至"切换面板"、在"添加"模式下打开窗体、在"编辑"模式下打开窗体、设计应用程序、退出应用程序、运行宏和运行代码。使用切换面板管理器生成系统菜单之前，需要将原来使用表或查询进行数据处理的数据库对象，转换为以窗体、报表、宏或 VBA 代码形式来体现处理结果。下面以查询对象作为窗体的数据来源为例介绍转换过程。

利用窗体中的文本框控件具有能直观接收用户输入信息的特点，将原本通过对话框接收用户输入实际参数的形式转变为通过窗体中的文本框，同时，将窗体中的文本框与作为子窗体的查询对象中相应字段进行关联，这个关联代替了参数查询"条件"行中的参数表达式，关联表达式的格式为[Forms]! [关联控件所在的窗体名称]![关联控件名称]。将"年级或专业代码查询学生档案"查询对象与窗体关联后的窗体运行结果如图 10-45 所示。

图 10-45　"年级或专业查询学生档案"窗体

10.5.2　切换面板管理器

Access 切换面板实际上是一个特殊的窗体，主要的作用在于帮助用户梳理管理系统中各功能模块，按照应用逻辑，单击相应页面上的命令按钮即可执行其他页面的跳转或模块的调用，而这些操作是不需要用户制作专门的宏操作和编写 VBA 程序代码就可以实现的。

创建切换面板的基本操作步骤如下：

(1) 向"快速访问工具栏"添加"切换面板管理器"工具。单击"文件"选项卡 | "选项" | "快速访问工具栏"，从"不在功能区中的命令"位置中选择"切换面板管理器"命令，然后单击"添加(A)>>"按钮，如图 10-46 所示。

图 10-46　自定义快速访问工具栏

(2) 单击"快速访问工具栏"中的"切换面板管理器"图标。如果系统不存在切换面板窗体，那么 Access 将会询问是否要创建切换面板，如图 10-47 所示。

(3) 确定要创建新的切换面板后，Access 弹出"切换面板管理器"窗口，如图 10-48 所示，在该窗口中自动生成一个名为"主切换面板(默认)"的切换面板页。

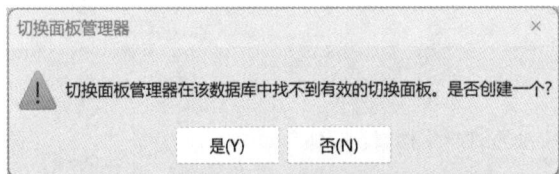

图 10-47　"创切换面板管理器"对话框

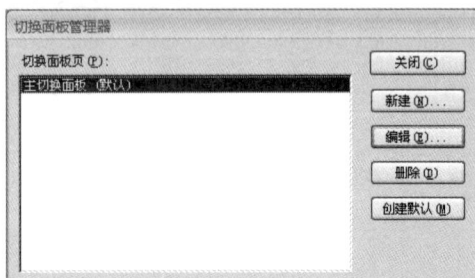

图 10-48　"切换面板管理器"窗口

(4) 单击"新建"按钮，Access 显示如图 10-49 所示的"新建"对话框。输入"切换面板页"的名称，如"高校学费管理系统"，然后单击"确定"按钮，Access 会将切换面板添加到"切换面板页"的列表中。

图 10-49　"新建"切换面板页名对话框

(5) 重复执行步骤(3)，直至涉及系统中各级模块的切换面板页创建完毕。"切换面板页"中的列表按照已创建的切换面板页名称的升序显示出来。"高校学费管理系统"的"切换面板页"列表如图 10-50 所示。

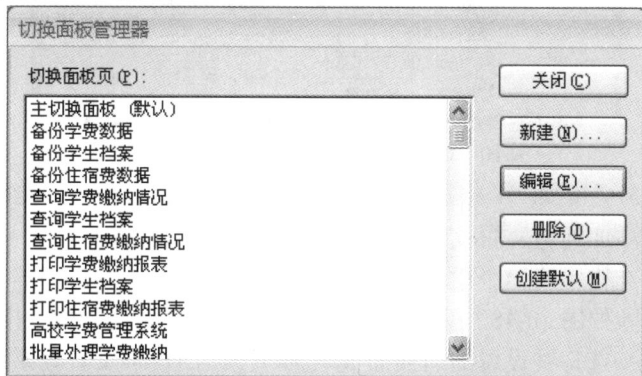

图 10-50　已创建切换面板页的"切换面板管理器"窗口

(6) 单击已创建的某个切换面板页名称，如"高校学费管理系统"，然后单击"编辑"按钮，Access 会显示"编辑切换面板页"对话框。单击"新建"按钮，Access 显示"编辑切换面板项目"对话框。

(7) 对于需要创建分支的其他切换面板页的切换面板页，在"文本"框中键入下级切换面板页的名称，然后从"命令"列表中选择转至"切换面板"命令，从该列表中选择切换面板或输入其他切换面板的名称，如图 10-51 所示。

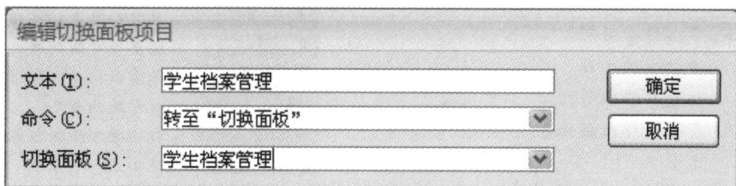

图 10-51　"编辑切换面板项目"对话框

重复步骤(5)和步骤(6)创建下级分支的其他切换面板页，直至所有的分支切换面板页创建完毕。"高校学费管理系统"功能模块的切换面板页及其分支切换面板页列表如图 10-52 所示。

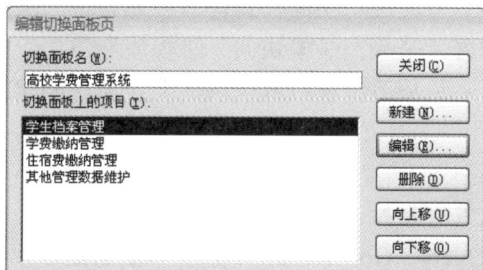

图 10-52　"高校学费管理系统"下级切换面板列表

(8) 对于需要创建下级切换面板项目的切换面板页，在"文本"框中键入切换面板项目的名称，然后从"命令"列表中选择一个对应的执行命令。例如，在"学生档案管理"切换面板页"编辑切换面板项目"对话框的"文本"框中键入"学生档案信息"，然后在

"命令"列表中选择在"编辑"模式中打开窗体，并从"命令"列表下面的另一个列表中选择命令执行的数据库对象或项目，如图 10-53 所示。

图 10-53 "编辑切换面板项目"对话框

(9) 重复步骤(5)至步骤(7)，根据系统的功能模块图，从上级开始逐级向下创建和编辑，直至将所有项目都添加到切换面板中。

要使系统模块结构中的一级模块在打开数据库时处于打开状态，需要在"切换面板管理器"窗口中先删除如图 10-48 所示的默认切换面板——"主切换面板(默认)"，然后重新设置默认切换面板：选择被设置的切换面板名称——"高校学费管理系统"，单击"创建默认"命令按钮。

使用切换面板管理器创建切换面板时，Access 会创建一个切换面板项目表 Switchboard Items 以描述窗体上各个按钮的外观和功能，同时以"切换面板"命名的窗体来保存所创建的切换面板。一般情况下，无需手动修改 Switchboard Items 表，否则将会影响切换面板的正常使用。切换面板运行结果如图 10-54 和图 10-55 所示。

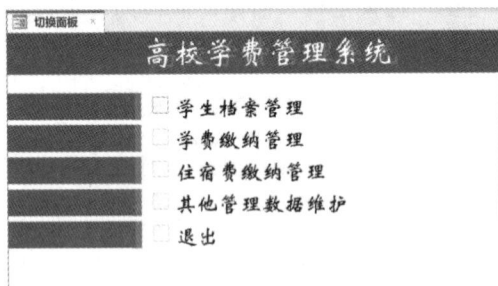

图 10-54 系统切换面板运行效果图——一级模块

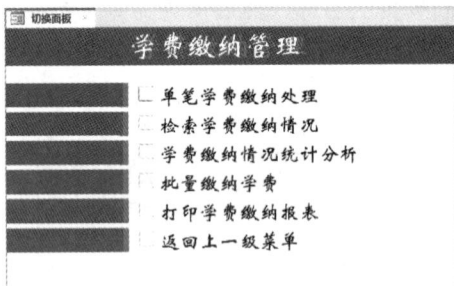

图 10-55 系统切换面板运行效果图——子级模块

10.5.3 制作自定义菜单

通过宏创建自定义菜单与通过切换面板管理器创建菜单的最大区别在于创建的次序不一样：使用切换面板管理器，是从上级模块向下级模块创建相应的切换面板页或项目；使用宏对象制作自定义菜单，是从下级项目或模块往上级模块创建。创建自定义系统菜单的基本步骤如下：

(1) 创建底层项目宏组。

底层项目一般是通过宏对象执行数据库对象的打开操作，根据数据库对象类型创建包含诸如 OpenForm、OpenQuery、OpenReport 等宏操作的宏组。以"查询学费缴纳情况"模块为例，创建与图 10-55 所示切换面板功能一致的宏组，宏组中每条宏操作都是快捷菜单上的一个单独的命令。

宏组中，在"宏名"参数中输入将在快捷菜单上显示的文本，若要创建访问键以便用户能够使用键盘来选择命令，可以在命令名称后作为访问键的字母前面键入一个"与号"

(&)(如"按收费银行查询(&B)"),该字母将在菜单中显示为带有下画线效果。如果要在两个菜单命令之间创建一条直线,则在"宏名"栏中相应的菜单命令之间输入一个"连字符"(-)就可以了,如图 10-56 所示。使用相同的方法可以创建其余的底层宏组。

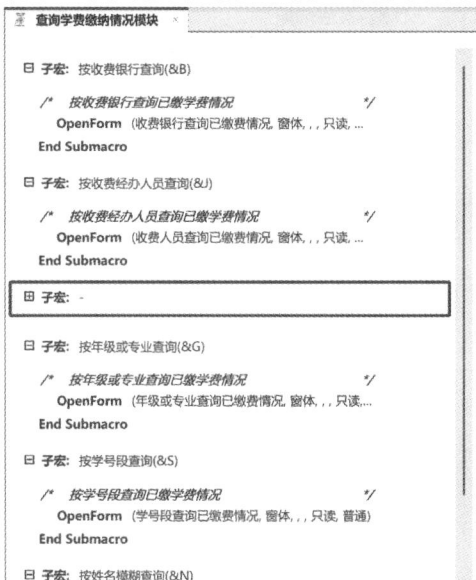

图 10-56 "查询学费缴纳情况模块"宏

(2) 创建中间级"菜单宏"。

在每个中间菜单级别的宏组中可以使用 AddMenu 宏操作来创建多个级别的子菜单。创建 AddMenu 宏操作时应确保每个 AddMenu 操作的"菜单名称"参数提供一个值,否则子菜单将在更高级别的菜单中显示为空行。宏组"学费缴纳情况统计分析模块"如图 10-57 所示,使用相同的方法可以创建其余的中间菜单宏。

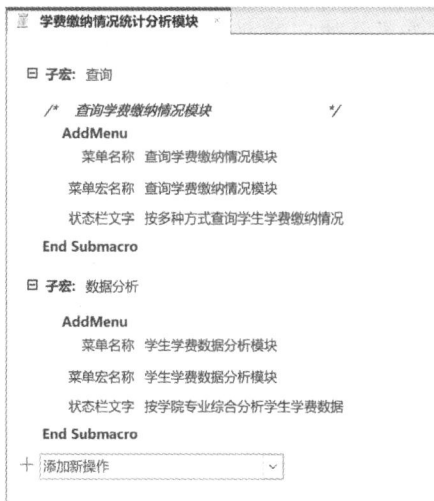

图 10-57 "学费缴纳情况统计分析模块"宏

(3) 创建顶级"菜单宏"。

生成系统主菜单之前,需要创建一个包含 AddMenu 宏操作的顶级"菜单宏",该宏组执行应用系统中第一层次的功能模块。宏组"主菜单"如图 10-58 所示。

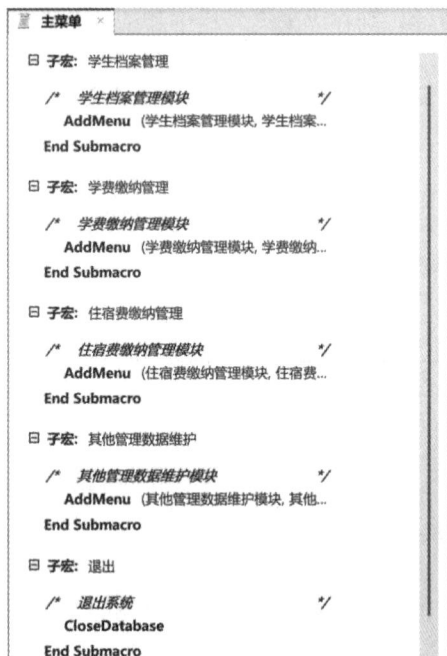

图 10-58   宏组"主菜单"

10.5.4 系统设置

1. 当前数据库参数设置

1）应用程序选项设置

用户打开数据库文件时自动运行的窗体称为启动窗体，本系统将用于验证用户名和用户密码的"用户登录"窗体作为系统的启动窗体。方法是：选择"文件"选项卡｜"选项"｜"当前数据库"｜设置"应用程序选项"中相关参数，用户还可以给应用程序添加显示在 Access 标题栏中的"应用程序标题"和"应用程序图标"，如图 10-59 所示。

图 10-59   设置管理系统选项

用户打开数据库时，同时按下 Shift 键可以跳过启动窗体的运行。

2) 导航窗格设置

Access 数据库文件打开时，系统默认为"显示导航窗格"状态，为了避免用户直接接触数据库对象(尤其是保存基本数据的表或关键的查询等对象)，可以将"显示导航窗格"选项前面的"√"符号去掉，对应的参数设置如图 10-60 所示。

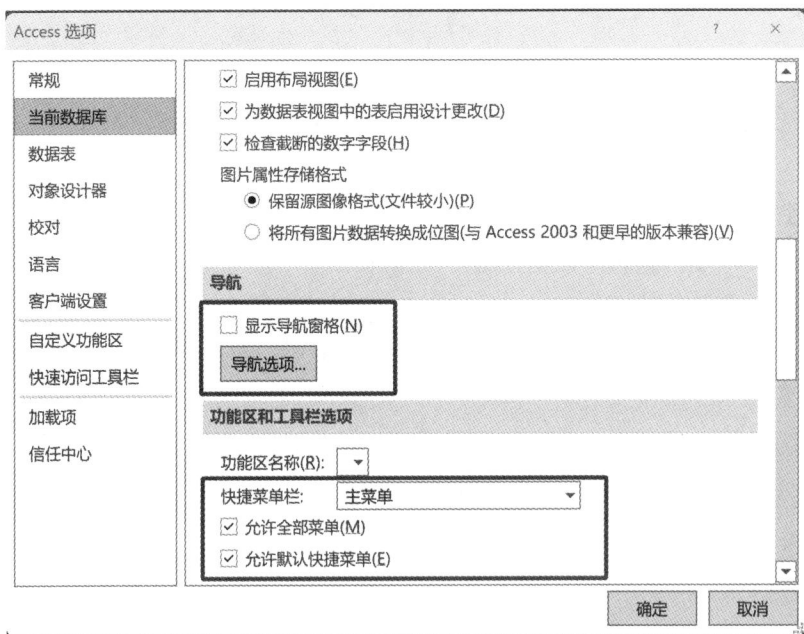

图 10-60　设置管理系统的快捷菜单栏

3) 设置系统快捷菜单

自定义菜单与"切换面板"配合使用，能够大大地提高系统的可操作性，将自定义菜单设置为"当前数据库"|"功能区和工具栏选项"中的快捷菜单栏，如图 10 60 所示。

Access 选项中的任何更新设置，都需要单击"确定"按钮以保存并退出数据库后才能生效。

习题参考答案

习 题 1

一、单选题

1. C   2. A   3. C   4. D   5. C   6. D   7. A   8. C
9. C   10. C   11. D   12. C

二、填空题

1. 数据定义，数据操纵，数据控制，数据库维护
2. 数据库管理员(DBA)
3. 数据库(DB)，数据库管理系统(DBMS)，数据库管理员(DBA)

三、简答题

略。

习 题 2

一、单选题

1. B   2. C   3. A   4. D   5. C

二、填空题

1. 标记   2. 生成器   3. 树形   4. 行为心理学

三、简答题

1. 监督学习：利用已经标记的训练数据对模型进行训练，通过这些数据模型可以学习到如何正确地分类或预测。其主要特点是需要预先标注好的数据。其应用场景包括图像分类(如识别照片中的物体)、语音识别(如将语音转换为文本)、垃圾邮件过滤等。

无监督学习：使用的训练数据没有标签，无需提前标记。无监督学习的目标是从未标记的数据中发现模式和结构，或者对数据进行分组和聚类。其主要特点是不需要标注数据，但可解释性、应用范围以及性能评估方面相对较弱。其应用场景包括客户细分(如根据购买行为将客户分为不同群体)、异常检测(如识别信用卡欺诈行为)、数据压缩等。

强化学习：受到行为心理学的启发，主要关注智能体如何在环境中采取不同的行动，以最大限度地提高累积奖励。智能体通过与环境互动，不断调整自己的行为策略，最终学会最优的行为方式。其应用场景包括游戏 AI(如 AlphaGo)、机器人导航、自动驾驶等。

2. 自动化运维与智能监控：AI 可以帮助自动检测、诊断并修复数据库系统中的问题，包括硬件故障、软件配置错误和性能瓶颈等。通过分析历史数据和实时监控指标，AI 可以预测潜在的问题(如磁盘空间不足、网络延迟增加)，并提前采取措施进行预防，从而提高数据库的稳定性和效率。

查询优化与性能提升：AI 可以通过学习用户的查询模式和数据库的工作负载，自动生成最优的查询执行计划，提高查询效率。此外，AI 还可以根据不同的工作负载动态调整索引策略，以适应变化的数据访问模式。AI 还可以自动调整数据库的配置参数(如缓存大小、连接池设置)，以达到最佳性能。

安全性和隐私保护：AI 可以实时监控数据库活动，采用行为分析和模式识别技术来检测异常操作(如未授权访问或恶意攻击)，并及时发出警报或采取防护措施。针对敏感信息，AI 可以在不影响数据分析的前提下，对数据进行智能化的脱敏处理。同时，AI 还可以用于优化加密策略，确保数据的安全性。

习 题 3

一、单选题

1. D   2. C   3. B   4. A   5. C   6. D   7. D

二、填空题

1. accdb   2. 数据表   3. 表，查询，宏，模块
4. 导航窗格   5. PDF   6. 数据表

三、简答题

略。

习 题 4

一、单选题

1. C   2. A   3. B   4. B   5. C   6. A   7. D   8. B   9. A
10. C   11. D   12. A   13. C   14. B   15. D   16. C   17. A

二、填空题

1. 长文本   2. 一   3. 一对多   4. 附件
5. 主键   6. 有(无重复)   7. 电子邮件地址   8. 表字段

三、简答题

略。

习 题 5

一、单选题

1. D   2. C   3. B   4. C   5. A   6. C   7. A   8. D   9. C
10. C   11. A   12. B   13. A   14. C   15. A   16. C   17. A   18. C
19. C   20. C   21. A

二、填空题

1. 记录   2. 不满足条件的记录   3. 汇总   4. 生成表查询   5. *sh*
6. 子查询   7. 交叉表查询，操作查询 8. SQL 视图

三、简答题

略。

习 题 6

一、选择题

1. B   2. C   3. D   4. C   5. A   6. B   7. A   8. D
9. B   10. D   11. C   12. B   13. C   14. C   15. C   16. C

二、填空题

1. 布局视图   2. 徽标，标题，日期和时间   3. 主子
4. 组合框   5. 导航窗体   6. 布局
7. 子窗体   8. 页面页眉，页面页脚   9. 导航   10. 0

习 题 7

一、单选题

1. D   2. B   3. D   4. A   5. C   6. A   7. B   8. D   9. A
10. A   11. A   12. B   13. C   14. A   15. Q   16. D   17. B   18. B
19. C   20. A

二、填空题

1. 分页符   2. 文本框   3. 第一页顶部
4. 最后一页的页面页脚节之上   5. 十   6. 报表节
7. 报表向导   8. 报表页眉/报表页脚，=sum([已缴纳学费金额])
9. 自动套用格式   10. 打印预览

三、简答题

略。

习 题 8

一、单选题

1. D   2. A   3. C   4. C   5. D   6. B   7. A   8. C   9. D
10. B   11. B   12. B   13. A   14. C   15. B   16. D   17. C   18. A
19. D

二、填空题

1. [宏组名称].[宏名称]   2. 调试   3. Quit   4. 操作
5. Submacro   6. 单步执行   7. RunMacro

习 题 9

一、单选题

1. D   2. D   3. C   4. B   5. C   6. B   7. A   8. C   9. D   10. B
11. C   12. B   13. B   14. C   15. D   16. C   17. C   18. D   19. D

二、填空题

1. 类模块，标准模块　　　2. 数值，布尔，日期，字符，对象，变体，用户自定义

3. 变体　　　4. 0　　　5. 值，地址　　　6. 顺序，选择，循环

7. x=7　　　8. VB programming　　　9. 3

三、简答题

略。

参 考 文 献

[1] 教育部教育考试院. 全国计算机等级考试二级教程　Access 数据库程序设计. 北京：高等教育出版社，2025.

[2] 策未来. 全国计算机等级考试教程　二级 Access 数据库程序设计. 北京：人民邮电出版社，2021.

[3] 未来教育. 全国计算机等级考试二级 Access 上机考试题库. 广州：广东人民出版社，2023.

[4] 谷岩，刘敏华. 数据库技术及应用(Access 2007). 北京：高等教育出版社，2011.

[5] 吴飞. 人工智能导论：模型与算法. 北京：高等教育出版社，2020.

[6] 杨璠，张承德. 人工智能与数据处理基础. 北京：清华大学出版社，2021.

[7] 戴红，侯爽，常子冠，等. Access 数据库应用. 北京：清华大学出版社，2022.

[8] 刘凌波. Access 数据库应用基础. 3 版. 北京：科学出版社，2024.